UTB **2568**

Eine Arbeitsgemeinschaft der Verlage

Beltz Verlag Weinheim · Basel
Böhlau Verlag Köln · Weimar · Wien
Wilhelm Fink Verlag München
A. Francke Verlag Tübingen und Basel
Haupt Verlag Bern · Stuttgart · Wien
Lucius & Lucius Verlagsgesellschaft Stuttgart
Mohr Siebeck Tübingen
C. F. Müller Verlag Heidelberg
Ernst Reinhardt Verlag München und Basel
Ferdinand Schöningh Verlag Paderborn · München · Wien · Zürich
Eugen Ulmer Verlag Stuttgart
UVK Verlagsgesellschaft Konstanz
Vandenhoeck & Ruprecht Göttingen
Verlag Barbara Budrich Opladen · Bloomfield Hills
Verlag Recht und Wirtschaft Frankfurt am Main
VS Verlag für Sozialwissenschaften Wiesbaden
WUV Facultas Wien

PETER KOHLSTOCK

Kartographie

Eine Einführung

FERDINAND SCHÖNINGH

PADERBORN · MÜNCHEN · WIEN · ZÜRICH

Der Autor:
Prof. Dr.-Ing. Peter Kohlstock studierte *Kartographie* an der TFH Berlin und *Geodäsie* an der Technischen Universität Berlin. Nach Tätigkeiten als Mitarbeiter zweier Luftbildfirmen und Wissenschaftlicher Assistent am Institut für Photogrammetrie und Kartographie der TU Berlin lehrt er seit 1973 *Kartographie*, *Photogrammetrie* und *Topographische Vermessung* an der HAW Hamburg und seit 1980 auch *Kartographie* und *Luftbildauswertung* am Institut für Geographie der Universität Hamburg.

Umschlagabbildung:
Flächentreue unecht-azimutale Abbildung von *Wagner* (1962). Siehe auch Seite 34, Abbildung 2.4.11

Bibliografische Information Der Deutschen Bibliothek

Die Deutsche Bibliothek verzeichnet diese Publikation in der Deutschen Nationalbibliografie; detaillierte bibliografische Daten sind im Internet über http://dnb.ddb.de abrufbar.

Gedruckt auf umweltfreundlichem, chlorfrei gebleichtem Papier ⊗ ISO 9706

© 2004 Ferdinand Schöningh, Paderborn
(Verlag Ferdinand Schöningh GmbH, Jühenplatz 1, D-33098 Paderborn)
ISBN 3-506-71710-3

Internet: www.schoeningh.de

Printed in Germany.
Herstellung: Ferdinand Schöningh, Paderborn
Einbandgestaltung: Atelier Reichert, Stuttgart

UTB-Bestellnummer: ISBN 3-8252-2568-2

Inhalt

Vorwort

‚Landkarten' sind aus unserem täglichen Leben nicht mehr wegzudenken. Bereits im Geographieunterricht vermitteln sie uns ein ‚Bild' der Erde, als Stadtplan, Straßenkarte oder Wanderkarte erleichtern sie die Orientierung und in Bildung, Wissenschaft, Wirtschaft und Verwaltung sind sie einerseits unverzichtbare Informationsquelle, andererseits einzige Möglichkeit, im Zusammenhang mit der Erdoberfläche stehende Sachverhalte übersichtlich und anschaulich darzustellen.

Der sachverständige Umgang mit Karten, ihre über die Orientierung hinausgehende Nutzbarmachung setzen Kenntnisse über ihre Entstehung, inhaltliche Gestaltung sowie über Möglichkeiten und Grenzen der Informationsentnahme voraus. Hierbei geht es nicht um Spezialwissen, sondern um Orientierungswissen als Basis für eine optimale und sachgerechte Nutzung.

Wenn auch ein großer Teil der herausgegebenen Karten thematischen Inhalts ist, so bilden die topographischen Karten bzw. Daten sowohl hierfür, als auch für die zunehmend in der Praxis verwendeten Geoinformationssysteme die Voraussetzung. Daher ist die Herstellung topographischer Karten und die damit zusammenhängenden Verfahren und Methoden von der Aufnahme der Erdoberfläche bis zur Präsentation, sei es als gedrucktes Exemplar oder auf dem Bildschirm eines PC, zentraler Gegenstand der folgenden Ausführungen. Die hier vermittelten Einsichten ermöglichen schließlich auch die sachgerechte Nutzung thematischer Karten. Für vertiefende Betrachtungen und Aufgaben der Kartengestaltung sei auf die weiterführende Literatur verwiesen.

Besonderer Wert wird auf eine zusammenhangende und etwas ausfuhrlichere Darstellung der topographischen Landesaufnahme gelegt, welche die Grundlage kartographischer Produkte bildet. Deren Verfahren sind zwar in den Lehrbüchern der Fachdisziplinen Vermessungskunde, Photogrammetrie und Fernerkundung behandelt, jedoch isoliert voneinander und damit ohne die Möglichkeit eines Vergleichs hinsichtlich Bedeutung und Anwendung.

Die Literatur zur Kartographie ist umfangreich, zugleich aber zu spezialistisch, da sie sich in der Regel sowohl an Fachleute als auch an Nutzer unterschiedlicher Fachrichtungen wendet, mit der Folge, daß letztere nicht selten durch die Fülle von Einzelheiten abgeschreckt werden. Das vorliegende Buch ist daher vorwiegend für diejenigen gedacht, für welche Karten sowohl Informationsquelle als auch Arbeitsmittel darstellen, also Studierende und Praktiker der Geowissenschaften, Raumplanung u.a., aber auch für die des Vermessungswesens und der Kartographie, denen die Verknüpfung der fachdisziplinären Methoden erleichtert werden soll.

Hamburg, im Juni 2004   Peter Kohlstock

1. Einleitung

Die ‚Aufnahme' und ‚Speicherung' von Bildern der Umwelt durch unsere Sinnesorgane ist ein für uns alltäglicher und vertrauter Vorgang, ohne den eine Orientierung nicht möglich wäre. Fast ebenso vertraut ist vielen Menschen, für diese Aufgabe ggf. auch Hilfsmittel in Form künstlicher Bilder heranzuziehen, wie z.B. Stadtpläne, Straßenkarten und Wanderkarten. Berichte über politische und kulturelle Ereignisse, Naturkatastrophen, Reisebeschreibungen, Wetterprognosen u.ä. werden mit Hilfe von ‚Landkarten' vorstellbar und lokalisierbar und Planungen, die in Zusammenhang mit der Erdoberfläche stehen, sind ohne Karten nicht denkbar. Deren Existenz setzt zweierlei voraus:

- Eine Erfassung und Vermessung der Erdoberfläche mit ihren wesentlichen natürlichen und künstlichen Objekten und Erscheinungsformen, d.h. die Durchführung einer *Landesaufnahme*, und
- eine für die Nutzung besonders geeignete Form der Präsentation der Aufnahmeergebnisse, d.h. eine entsprechende Bearbeitung durch die *Kartographie*.

Landesaufnahme und Kartographie sind also eng miteinander verknüpft, was nicht zuletzt seinen Ausdruck darin findet, dass beide auch Teilgebiete der *Geodäsie* sind, nämlich desjenigen Fachgebiets, welches sich mit der *Erfassung und Vermessung sowohl der Erdfigur als auch der Erdoberfläche sowie mit deren Abbildung* befaßt. Die zentrale Rolle der Landesaufnahme für die Bearbeitung und Lösung zahlreicher staatlicher und wirtschaftlicher Aufgaben dokumentiert sich insbesondere auch darin, dass ihre Durchführung in vielen Ländern als gesetzlicher Auftrag formuliert ist und für diesen Zweck behördliche Institutionen, wie z.B. Landesvermessungsämter eingerichtet wurden.

Gleichermaßen eng verbunden ist die Kartographie mit der *Geographie*, deren Aufgabe *„im Studium der räumlichen Differenzierung der Erdoberfläche und in der Erklärung des kausalen Zusammenspiels aller Erscheinungen, die das Bild der Erde formen, liegt"* (*Schneider* 1974, S.1) und für welche Karten unverzichtbar sind, einerseits als Informationsmittel, andererseits als Mittel zur anschaulichen Darstellung geowissenschaftlicher Sachverhalte. Zugleich liefern die Erkenntnisse der Geographie wichtige Impulse für die Kartographie. Trotz dieser weit reichenden Überschneidungen kann die Kartographie als eigenständiges Fachgebiet angesehen werden, da die Modellierung der Erdoberfläche und die Gestaltung der vielfältigen Karten ein aufwendiger und komplizierter Prozeß ist, der eigenständige Forschungen und Entwicklungen erfordert, insbesondere auch im Hinblick auf die Nutzung elektronischer Medien.

1.1 Zur Entwicklung der Landesaufnahme

Das Bedürfnis der Menschen nach Erkundung und Darstellung ihrer Umwelt ist wohl so alt wie die Menschheit selbst, sei es aus Neugier oder aus der Notwendigkeit, sich in einer unbekannten Welt zurechtzufinden. So ist eine Darstellung des nördlichen Mesopotamien auf einer Tontafel fast sechstausend Jahre alt. Der *Stadtplan von Nippur*, vor nahezu 3500 Jahren ebenfalls auf einer Tontafel angelegt, diente sicherlich der Orientierung, aber wohl auch bereits planerischen Zwecken. Kartographische Darstellungen des Mittelalters und vom Beginn der Neuzeit zeugen nicht nur vom Bestreben der Menschen, die Welt zu erkunden, sondern auch von der Ausdehnung ihrer Machtansprüche und von wirtschaftlichen Interessen (vgl. *Bialas* 1982 u. *Sammet* 1990).

Abb. 1.1.1: Stadtplan von Nippur auf einer Tontafel

Die Erkenntnis, dass Karten unabdingbare Voraussetzung für vielerlei wirtschaftliche und vor allem auch militärische Bedürfnisse eines Staates sind, führte bereits im 18. Jahrhundert zu einer Systematisierung der topographischen Landesaufnahme. Beispielhaft hierfür ist die *Kurhannoversche Landesaufnahme* von 1764 bis 1786, die zu 165 Kartenblättern im Maßstab von etwa 1:21000 führte (vgl. *Bauer, H.* 1993). Die Aufnahme erfolgte mit dem Meßtischverfahren durch das zwanzig Mann umfassende ‚Ingenieurkorps‘ der Hannoverschen Armee und hatte ihren Ursprung in der Herstellung von Planungsunterlagen für den Bau eines Kanals von Osterholtz-Scharmbeck nach Bremervörde. Die Karten enthielten neben Siedlungen, Verkehrswegen, Gewässern und der Vegetation auch eine Höhendarstellung durch eine anschaulich-plastische Schummerung. Letztere beruhte allerdings nicht auf einer exakten Höhenaufnahme, sondern wurde im ,Anblick des Geländes' entworfen. Eine systematische Höhenaufnahme und ihre Darstellung durch Höhenlinien erfolgte mit der 1821 in Preußen begonnenen Herstellung des *Meßtischblattes 1:25000* (vgl. *Kraus u. Harbeck* 1985). Sie ist auch heute noch in zahlreichen Blättern der *Topographischen Karte 1:25000* (TK 25) zu finden, nicht zuletzt ein Beweis für die sorgfältige und präzise Arbeit der damaligen Topographen.

Landesaufnahme und Kartenherstellung waren eng verknüpft mit der Entwicklung vermessungstechnischer Methoden und Instrumente sowie reproduktionstechnischer Verfahren. Die Aufnahme mit Meßtisch und Kippregel, bei der Situation und Höhen unmittelbar im Gelände kartiert wurden, wurde infolge der technischen Entwicklung zunehmend durch die zahlentachymetrische Methode ersetzt, welche eine Beschleunigung der Geländearbeit durch Trennung von Aufnahme und Auswertung zur Folge hatte. Mit der Erfindung der Photographie im Jahre 1839 durch die Franzosen *Niepce* und *Daguerre* war es erstmals möglich, Objekte zu erfassen und auszumessen, ohne diese betreten oder berühren zu müssen, eine Methode, die sich der französische Oberst *Laussedat* nach Konstruktion eines speziellen Photoapparates bereits 1851 zunutze machte. Sein Verfahren wurde als Meßtischphotogrammetrie bezeichnet und gestattete, Situation und Höhen graphisch aus den photographischen Bildern zu rekonstruieren. Aber erst durch die Möglichkeit systematischer photographischer Aufnahmen von Flugzeugen aus mit großformatigen Luftbildkameras sowie der Konstruktion von Stereo-Kartiergeräten, die eine räumliche Rekonstruktion des aufgenommenen Geländes ermöglichten, konnte die terrestrisch-topographische Vermessung durch die Luftbildmessung ersetzt werden. Diese ist heute das wichtigste Verfahren für die Landesaufnahme.

Trotz des instrumentellen Fortschritts, insbesondere infolge der zunehmenden Elektronisierung und damit der Automatisierung von Arbeitsprozessen, beträgt der Zeitraum von der Aufnahme bis zur endgültigen reproduzierbaren Karte mehrere Monate. Dies bedeutet nicht nur, dass in zahlreichen Ländern der Erde ein Mangel an Karten besteht, sondern dass die bestehenden Karten häufig veraltet sind (vgl. *Konecny* 1996). So ist die Aktualisierung von Karten durch die Luftbildmessung selbst in der Bundesrepublik mit ihrem vergleichsweise hohen technischen Standard nur etwa alle fünf Jahre möglich.

Die Entwicklung der Raumfahrttechnik ermöglicht heute eine Aufnahme der Erdoberfläche aus sehr viel größerer Höhe von Satelliten aus, wodurch große Flächen in relativ kurzen Zeitabständen erfaßt werden können. Verwendet werden hierfür überwiegend Zeilenabtaster (Scanner), welche es anders als die konventionelle Photographie ermöglichen, die Bildinformation in digitalisierter Form per Funk zur Erde übermitteln. Das Ergebnis der Weiterverarbeitung über digitale Bildverarbeitungsprozesse sind mittel- und kleinmaßstäbige Bildkarten. Das Verfahren wird allgemein als *Fernerkundung* bezeichnet und der Begriff umschließt prinzipiell auch die Luftbildmessung. Bildkarten aus Luftbildern und Scanner-Daten können zwar konventionelle Karten nicht vollständig ersetzen, ermöglichen aber eine rasche und aktuelle Information für viele Zwecke und bilden zugleich eine wertvolle Ergänzung bestehender Karten.

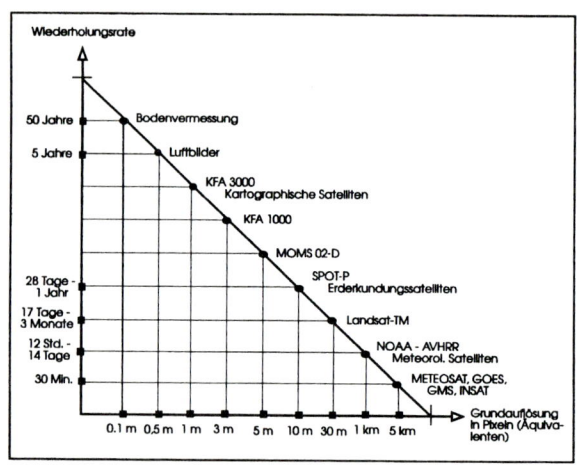

Abb. 1.1.2: Wiederholungsrate und Detailerkennbarkeit (Auflösung) bei verschiedenen Erfassungssystemen (nach *Konecny* 1996)

Die eigentliche Kartenherstellung, d.h. die Verarbeitung der Aufnahmedaten bis zur endgültigen Präsentation als Karte, war und ist von der technischen Entwicklung gleichermaßen betroffen. Die Möglichkeit einer systematischen Vervielfältigung eröffnete sich zunächst mit der Erfindung des Kupferstichs im 15. Jh. und mit der Lithographie 1798 durch *A. Senefelder*. Bei beiden Verfahren mußte das Kartenoriginal direkt auf der Druckplatte durch Gravur bzw. Tuschezeichnung erstellt werden. Entsprechend aufwendig war ihre Ergänzung und Korrektur. Einen entscheidenden Fortschritt brachte die Weiterentwicklung des durch die Lithographie bereits bekannten direkten Flachdrucks zum indirekten Flachdruck oder Offsetdruck zu Beginn des 20. Jahrhunderts, der nicht nur eine Steigerung der Druckqualität sondern auch der Druckauflage ermöglichte. Damit einher gingen Verbesserungen reproduktionstechnischer Verfahren, wie Kopie, Reproduktionsphotographie und Rastertechnik, aber auch der Zeichnungsträger, so dass eine Trennung zwischen Originalzeichnung und Druckplatte ermöglicht wurde. Schließlich wurde die lange Zeit übliche und sehr schwierige Tuschezeichnung abgelöst durch die Gravur auf maßhaltiger transparenter Zeichenfolie, mit der Folge einer weiteren Verbesserung der graphischen Qualität und einer Vereinfachung reproduktionstechnischer Prozesse.

Ebenso wie die Entwicklung der Mikroelektronik für die Landesaufnahme völlig neue instrumentelle und methodische Möglichkeiten eröffnet hat, gilt dies für die Datenverarbeitung. Der Übergang von analogen zu digitalen Prozessen ist auch hier in vollem Gang, mit der Folge, dass die aufwendigen Reproduktionsverfahren von der Originalherstellung bis zum vervielfältigten Exemplar langfristig durch leistungsfähige Rechner und Programme (Hard- und Software) ersetzt werden. Ziel ist die *elektronische* oder *digitale Karte*, jederzeit aktualisierbar und verfügbar im (fast) beliebigen Maßstab.

Die Veränderungen in der Aufnahme-, Verarbeitungs- und Präsentationstechnik haben zugleich auch für die Kartennutzer/innen das Spektrum der Anwendungen erweitert. Dies gilt nicht nur hinsichtlich der topographischen Daten, sondern auch solcher Informationen, welche in unmittelbarem oder mittelbarem Zusammenhang mit der Erde stehen. Ziel ist es, alle diese Informationen in *Geoinformationssystemen* zusammenzuführen und für vielerlei Bedürfnisse verfügbar zu machen. Neben der zumindest theoretischen Möglichkeit einer permanenten Aktualisierung aller Daten wird auch deren sehr viel flexiblere Handhabung und Kombinierbarkeit erreicht, als dies bei den ‚analogen‘ Geoinformationssystemen, und als solche kann man die bestehenden topographischen und thematischen Kartenwerke durchaus bezeichnen, je der Fall sein konnte.

1.2 Karten – Merkmale und Einteilung

Unabhängig von der vorstehend skizzierten Entwicklung haben zahlreiche Methoden, Begriffe und Probleme kartographischer Gestaltung nach wie vor ihre Bedeutung. Dies gilt auch für die Frage, was denn nun unter *Kartographie* eigentlich zu verstehen sei und als was man eine *Karte* bezeichnen könne. Eine einfache Definition könnte lauten:

> Eine *Karte* ist ein *verkleinertes, vereinfachtes und verebnetes Abbild* der Erdoberfläche, ggf. einschließlich mit ihr in Verbindung stehender Sachverhalte, und die *Kartographie* ist das *Fachgebiet*, welches sich mit der *Herstellung* derartiger Abbilder befaßt.

Der *Maßstab M* einer Karte gibt das Verkleinerungsverhältnis zwischen *Abbild* und *Urbild* an, d.h. zwischen Kartenstrecke s_k und Naturstrecke s:

$$M = \frac{1}{m} = \frac{s_k}{s}.$$

Je größer die *Maßstabszahl m* ist, desto kleiner ist der Maßstab. Für Umrechnungen von der Kartenfläche F_k in die Naturfläche F gilt

$$F = F_k \cdot m^2.$$

Da es keine vollständig verzerrungsfreie Abbildung der Erde in die Karte gibt, gilt die Maßstabsangabe streng nur für längentreu abgebildete Linien. Bis zum Maßstab 1:1 Mill. sind die Verzerrungen jedoch i.d.R. so gering, daß sie im einzelnen Kartenblatt nicht meßbar sind, so dass der Maßstab überall gilt.

Der Begriff *Karte* ist auf das Wort ‚charta' (lat. Brief, Urkunde) zurückzuführen und deutet darauf hin, dass Karten (urkundenähnlich) das Ergebnis einer sorgfältigen Bearbeitung von der Aufnahme bis zur Präsentation sind. Erwartet wird daher, dass eine Karte richtig, vollständig, zweckmäßig und lesbar ist.

Richtigkeit und *Vollständigkeit* werden zunächst von der Datenerfassung und -auswertung bei der topographischen Vermessung beeinflußt. Diese unterliegt traditionell durchgreifenden Kontrollen, so dass hier von einer geringen Fehlerquote ausgegangen werden kann. Problematisch ist allerdings, dass zwischen Aufnahme und Fertigstellung einer Karte ein längerer Zeitraum liegt und insbesondere groß- und mittelmaßstäbige Karten bei ihrer Herausgabe nicht mehr auf dem neuesten Stand sind. Dieser Zeitraum dürfte sich durch die digitale Aktualisierung und Speicherung zunehmend verkürzen. Jede Karte kann die Erdoberfläche nur modellhaft darstellen, d.h. es muß von der Aufnahme bis zur Ableitung von Folgekarten das Wesentliche vom Unwesentlichen getrennt werden, ein Vorgang, der als Generalisierung bezeichnet wird, und der mit kleiner werdendem Maßstab zunehmend zum Weglassen bzw. Vereinfachen von Kartenobjekten führt.

Die *Zweckmäßigkeit* einer Karte, d.h. der mit ihr verbundene Verwendungszweck, bestimmt den Maßstab, die Abbildungsart sowie die inhaltliche und äußere Gestaltung. Eine Katasterkarte, welche Eigentumsverhältnisse dokumentiert, kann nur großmaßstäbig (z.B. 1:1000) und eine Klimakarte, welche ein großräumiges Phänomen darstellt, nur kleinmaßstäbig sein (z.B. 1:20 Mill.). Jede Abbildung führt zwar zu Verzerrungen (s.o.), jedoch lassen sich bestimmte Eigenschaften, wie Winkeltreue oder Flächentreue erzielen. So hat sich z.B. die winkeltreue Zylinderabbildung für Seekarten als besonders zweckmäßig erwiesen. Schließlich unterliegt die inhaltliche Gestaltung, wie der Grad der Generalisierung, die Hervorhebung von Objekten u.a.m., dem Kartenzweck. Ein Stadtplan, der nur der Orientierung im Stadtgebiet dient, weist gegenüber einer gleichmaßstäbigen topographischen Karte ein vereinfachtes graphisches Bild auf. Zugleich ist das Kartenformat häufig auf die Verwendung auf engem Raum ausgerichtet, z.B. durch eine besondere Faltung oder als Atlasform.

Die *Lesbarkeit* einer Karte, d.h. die Detailerkennbarkeit, die Eindeutigkeit der Darstellung sowie die Deutbarkeit der dargestellten Objekte, wird beeinflußt von der graphischen Gestaltung, d.h. der Generalisierung, der Wahl der Signaturen und der Farbgebung, sowie von der graphischen Qualität der Zeichnung, sei es als Druck oder auf einem Bildschirm. Die Lesbarkeit ist die wichtigste Eigenschaft und hat absolute Priorität gegenüber Richtigkeit und Vollständigkeit.

Die große Zahl von Karten unterschiedlicher Maßstäbe und die Vielzahl von Themen, welche in Zusammenhang mit der Erdoberfläche kartographisch darstellbar sind, erfordern eine systematische Gliederung.

Nahe liegend ist zunächst eine *Einteilung nach dem Maßstab*. Danach werden Karten mit M≥1:10.000 als *großmaßstäbig*, Karten mit M<1:10.000 und M>1:500.000 als *mittelmaßstäbig* und Karten mit M≤1:500.000 als *kleinmaßstäbig* bezeichnet. Kriterium hierfür ist die Darstellbarkeit der Situation, insbesondere die der Siedlungen.

Die *Einteilung nach dem Inhalt* unterscheidet zwischen topographischen und thematischen Karten. Eine *topographische Karte* stellt eine vor allem maßstabsabhängige Auswahl der natürlichen und künstlichen Objekte der Erdoberfläche dar. Eine *thematische Karte* stellt ein oder mehrere in unmittelbarem oder mittelbarem Zusammenhang mit der Erde stehende Themen dar.

Schließlich ist noch eine *Einteilung nach Entstehung und Funktion* der Karten sinnvoll. Als *Grundkarte* (Primärkarte) bezeichnet man das grundlegende topographische Kartenwerk eines Landes, aus welchem die kleinermaßstäbigen Karten abgeleitet werden. Sie präsentieren die Landesaufnahme und haben i.d.R. einen Maßstab M≥1:25.000. In der Bundesrepublik war es die Deutsche Grundkarte 1:5000 (DGK 5), die z. Z. durch ein Digitales Basis-Landschaftsmodell (Basis-DLM) abgelöst wird. Eine *Folgekarte* (Sekundärkarte) ist die durch Verkleinerung und Generalisierung aus dem vorhergehenden größeren Maßstab abgeleitete Karte. Unter einem *Kartenwerk* versteht man die Gesamtheit von Kartenblättern für ein bestimmtes Gebiet, mit gleicher Gestaltung und im allgemeinen auch gleichem Maßstab. Im Unterschied hierzu ist ein *Atlas* eine Sammlung von Karten für einen bestimmten Zweck. Unter *Digitaler Karte* versteht man eine durch Objektkoordinaten und codierte Objektattribute in digitaler Form gespeicherte Karte. Und schließlich ist eine *Bildkarte* das Ergebnis einer photographischen bzw. Zeilenabtaster-Aufnahme oder einer Erfassung durch ein Radarsystem.

2. Die Abbildung der Erdoberfläche

Die Abbildung der Erdoberfläche, d.h. der in der Karte darzustellenden Objekte, erfordert prinzipiell drei Schritte:

- Erfassung (Vermessung) der Objekte,
- Abbildung der Objekte auf eine Bezugsfläche (Ersatzfläche),
- Abbildung der Bezugsfläche in die Ebene.

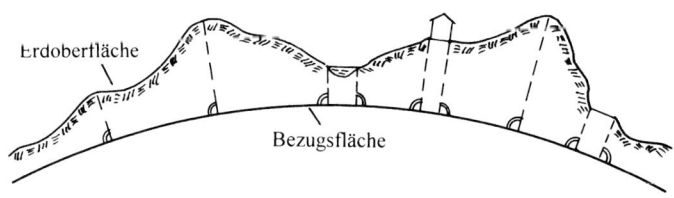

Abb. 2.1.1: Orthogonalprojektion der Erdoberfläche auf eine Bezugsfläche

Objekterfassung und -abbildung sind Aufgabe der Landesaufnahme, d.h. der topographischen Vermessung und Datenverarbeitung (vgl. Kap.3). Hierbei werden die Meßdaten so korrigiert, als wäre die Vermessung der Objekte auf der Bezugsfläche und nicht auf der physischen Erdoberfläche erfolgt. Dies entspricht anschaulich einer Orthogonalprojektion der Objektgrundrisse auf die Bezugsfläche. Deren Abbildung in die Ebene setzt schließlich hinreichende Kenntnisse über ihre Geometrie, also über die ‚eigentliche‘ Erdfigur voraus.

2.1 ‚Eigentliche‘ Erdfigur und Bezugsflächen

Ursprüngliche Vorstellungen der Menschen, welche die Erde zunächst als Würfel, Zylinder oder Scheibe ansahen, wurden etwa 500 Jahre vor Beginn unserer Zeitrechnung insbesondere auch aufgrund von Naturbeobachtungen von der Annahme einer Kugelgestalt abgelöst (vgl. *Jensch* 1970, *Bialas* 1982). Eine der ersten Umfangsbestimmungen wurde etwa 240 Jahre v.d.Z. von dem Griechen *Eratosthenes* vorgenommen. Ihm war bekannt, dass sich die Sonne am 21. Juni mittags 12 Uhr in einem Brunnen spiegelte, also zum Zeitpunkt der Sommersonnenwende senkrecht über dem Ort Syene (nahe Assuan) auf dem nördlichen Wendekreis stand. Ein zur gleichen Zeit im etwa 900 km nördlich gelegenen Alexandria aufgestellter Schattenstab ermöglichte die Berechnung des Breitenunterschiedes $\Delta\varphi$ mit etwa 7,2°. Die Entfernung m von 5000 Stadien zwischen Syene und Alexandria leitete er vermutlich aus Feldvermessungen im Niltal ab. Hieraus ergibt sich mit $U = m \cdot 360°/\Delta\varphi°$ ein Kugelumfang von 250000 Stadien. Da der Längeneinheit *Stadion* je nach Region unterschiedliche Meterangaben entsprachen, ergibt die Umrechnung Werte zwischen 37125 und 46250 km und damit Radien zwischen 5909 und 7361 km. Dies entspricht einer Abweichung zwischen –7,2 und +15,5% vom heutigen mittleren Kugelradius mit 6371km.

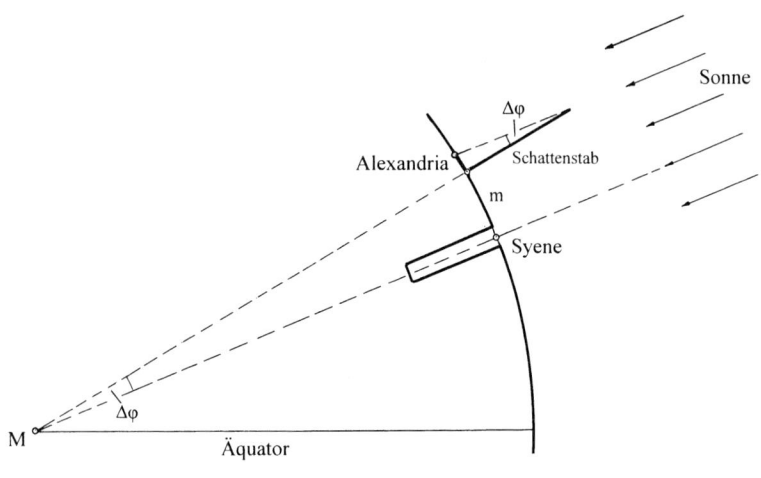

Abb. 2.1.2: Erdumfangsbestimmung durch *Eratosthenes*

Erdumfangsbestimmungen zu Beginn der Neuzeit führten schließlich mit verfeinerten Meßmethoden zu genaueren Werten (vgl. *Jensch* 1970 u. *Torge* 2003). So ermittelte der Franzose *Picard* 1670 den Breitenunterschied $\Delta\varphi$ mit Hilfe astronomischer Beobachtungen und die Bogenlänge *m* indirekt über eine Triangulation und erhielt so einen Kugelumfang von 40035 km, eine Abweichung von 0,1%. Zweifel an der Kugelgestalt der Erde ergaben sich im 17. Jahrhundert. 1677 beobachtete der Astronom *J.D. Cassini* beim Planeten Jupiter eine Abplattung an den Polen, also eine ellipsoidische Figur, welche damit auch für die Erde zu vermuten war. Untersuchungen zur Schwerkraft in unterschiedlichen Breiten stützten diese Annahme. So mußte der Astronom *J.Richer* 1672 die Länge eines in Paris (≈ 49°n.B.) justierten Sekundenpendels in Cayenne (≈ 5°n.B.) kürzen, um wieder Sekundenschwingungen zu erhalten, ein Hinweis auf die Abnahme der Schwerkraft vom Pol zum Äquator. Da die Zentrifugalkraft F mit $f = F \cdot \cos\varphi$ der Anziehungskraft A entgegenwirkt, gilt dies auch bei einer Kugelgestalt. Indessen war die aus der Pendelfrequenz ermittelte Schweredifferenz deutlich größer, was nur mit einer Abnahme der Anziehungskraft vom Pol zum Äquator erklärbar war, d.h. die Pole befinden sich dichter am Mittelpunkt der Erde als der Äquator.

Damit fand die aus der Gravitationstheorie von *I.Newton* (1643-1727) und den Gesetzen über die Zentrifugalkraft von *J.Huygens* (1629-1695) begründete Erdfigur als Rotationsellipsoid ihre Bestätigung.

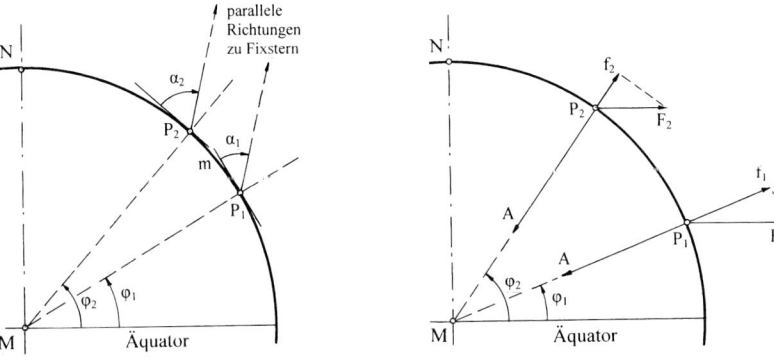

Abb. 2.1.3: Bestimmung des Breitenunterschiedes aus astronomischen Beobachtungen und Ermittlung der Schwerkraft in unterschiedlichen Breiten

Zur Bestimmung der Ellipsoid-Halbachsen *a* und *b* wurden im 18. Jahrhundert Messungen des Meridianbogens für einen Breitenunterschied von $\Delta\varphi \approx 1°$ (Gradmessungen) in Polnähe und in Äquatornähe durchgeführt. Widersprüche bei der Berechnung der Ellipsoidparameter aus unterschiedlichen Messergebnissen führten dann im 19.Jh. zu der Erkenntnis, dass die ‚eigentliche' Erdfigur nicht hinreichend genau einem Rotationsellipsoid entsprach. Bereits 1828 gab *C.F.Gauß* hierfür eine Erklärung: "Was wir im geometrischen Sinn Oberfläche der Erde nennen, ist nichts anderes als diejenige Fläche, welche überall die Richtung der Schwere senkrecht schneidet und von der die Oberfläche des Weltmeeres einen Theil ausmacht" (zit. nach *Torge* 2003, S.2). Damit kann die Erdfigur *geometrisch* als die unter den Kontinenten fortgesetzt gedachte ‚idealisierte' Meeresoberfläche und *physikalisch* als Fläche konstanten Schwerepotentials (Äquipotentialfläche) definiert werden. Diese, 1872 von dem Physiker *J.B.Listing* als *Geoid* bezeichnete Figur, ist infolge inhomogener Massenverteilungen in der Erdkruste ungleichmäßig und weicht von einem mittleren Ellipsoid um die *Geoidhöhe N* ab. Der maximale Wert hierfür beträgt etwa 110 m und ist für die Abbildung der Erdoberfläche in die Ebene vollständig vernachlässigbar. Für die Höhenangaben der physischen Erdoberfläche bildet jedoch das Geoid die Bezugsfläche, da Höhenmessungen sich unmittelbar an der Richtung der Schwerkraft orientieren.

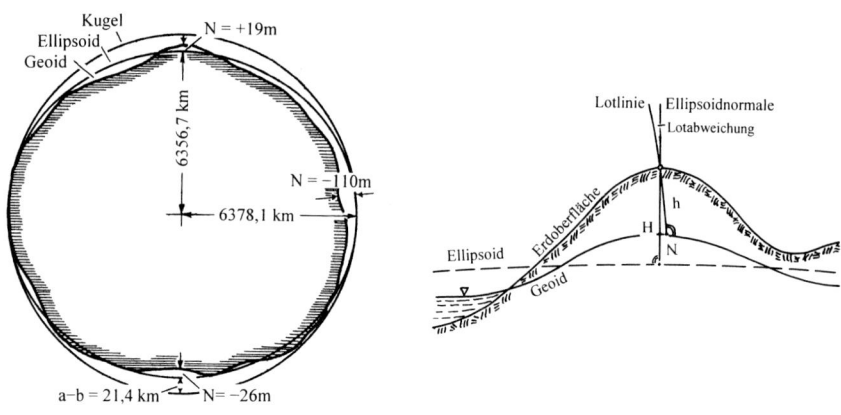

Abb. 2.1.4: Kugel, Ellipsoid, Geoid und ihr Zusammenhang mit der Erdoberfläche

Im Gegensatz zum Geoid sind Rotationsellipsoide mathematische Regelflächen und bilden daher als bestmögliche Näherung eine geeignete Bezugsfläche für die Landesaufnahme und die aus ihren Ergebnissen abgeleiteten groß- und mittel-maßstäbigen Karten. Eine Übersicht über die in den verschiedenen Ländern gebräuchlichen Ellipsoide gibt *Graf* (1988). Für Kartenabbildungen im Maßstab M<1:1 Mill. findet eine mit dem *Ellipsoid von 1980* (vgl.3.2.1) volumengleiche Kugel mit einem Radius von R=6371km Anwendung als Bezugsfläche.

2.2 Koordinatensysteme

Für die Abbildung von Kugel oder Ellipsoid in die Ebene bedarf es der Einrichtung von Koordinatensystemen, welche die abzubildenden Objekte in ihrer absoluten und gegenseitigen Lage festlegen. Hierfür kommen verschiedene Systeme in Betracht.

Globale geozentrische Koordinaten X,Y,Z finden Anwendung in der Erdmessung (mathematische und physikalische Geodäsie) und sind für Abbildungszwecke ungeeignet (vgl. *Torge* 2003).

Geographische Koordinaten φ, λ sind wegen ihrer Koordinatenlinien auf der Bezugsfläche, den Parallel- oder Breitenkreisen mit $\varphi=const.$ und den Meridianen mit $\lambda=const.$, sehr viel geeigneter. Neben den beiden Winkeln müssen noch der Kugelradius R oder ggf. die Ellipsoid-Halbachsen a und b bekannt sein. Die *geographische Breite* φ eines Punktes P ist der Winkel zwischen der Äquatorialebene und der Lotrichtung (Flächennormale) in P. Zu unterscheiden ist ausgehend vom Äquator zwischen 0°-90° nördlicher Breite (n.B.) und 0°-90° südlicher Breite

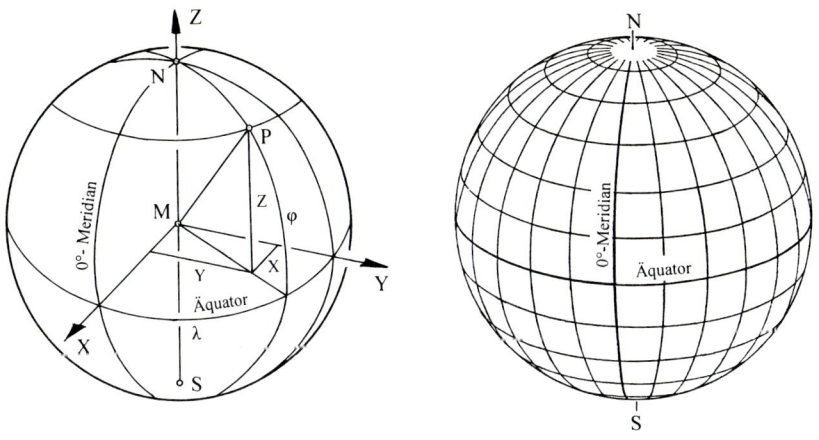

Abb. 2.2.1: Geozentrische und geographische Koordinaten auf der Kugel sowie Meridiane und Parallelkreise

(s.B.). Die *geographische Länge* λ ist der Winkel zwischen der Meridianebene durch Greenwich (Nullmeridian) und der Meridianebene durch *P*. Ausgehend vom Nullmeridian wird unterschieden zwischen 0°-180° östlicher Länge von Greenwich (ö.L.v.Gr.) und 0°-180° westlicher Länge von Greenwich (w.L.v.Gr.). Die Verwendung geographischer Koordinaten ist vor allem für Kartenabbildungen kleinen Maßstabs (M ≤ 1:500.000) üblich. Diese werden auch als *kartographische Abbildungen* bezeichnet (vgl. 2.4).

Lokale Koordinatensysteme, i.d.R. auf einem Ellipsoid, dienen der Abbildung kleinerer Gebiete (Region, Land) und bilden als *geodätische Abbildungen* die Grundlage der Landesaufnahme (vgl. 2.5).

Das Koordinatensystem der Bezugsfläche ist in die Ebene (Karte) abzubilden, d.h. in ein kartesisches System (x, y) oder ein Polarkoordinaten-System (ε, s) zu transformieren.

2.3 Abbildungsverzerrungen

Die geometrischen Eigenschaften einer Abbildung sind durch die Begriffe Längentreue, Flächentreue und Winkeltreue beschreibbar. Treffen alle Eigenschaften zu, so ist die Abbildung *kongruent* oder bei maßstäblicher Verkleinerung und unveränderten Winkeln *ähnlich* (*konform*).

Die Aufgabe der Abbildung von Kugel oder Ellipsoid in die Ebene kann allgemein mit Hilfe der Differentialgeometrie gelöst werden (vgl. *Kuntz* 1983). Hier läßt sich zeigen, dass eine ähnliche, also unverzerrte Abbildung nicht möglich ist.

Dies ist unmittelbar plausibel bei der Vorstellung, man wollte einen Ball, ohne ihn zu deformieren, also zu verzerren, vollständig in die Ebene pressen.

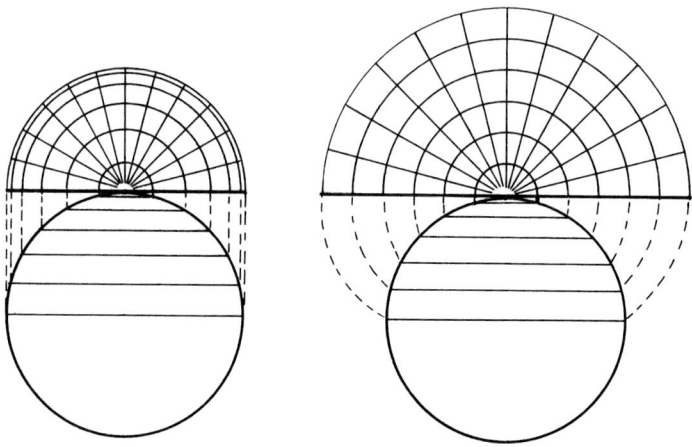

Abb. 2.3.1: Längentreue Parallelkreise und verkürzte Meridiane bzw. längentreue Meridiane und gedehnte Parallelkreise bei unterschiedlichen Abbildungen in die Ebene (die Abbildungsebene ist zur Hälfte hochgeklappt)

Am Beispiel einer Azimutalabbildung in normaler Lage (vgl. 2.4.3) sei dies verdeutlicht. Hierbei wird die Kugel im Pol von einer Ebene berührt und Meridiane und Parallelkreise werden in die Ebene abgebildet. Im ersten Fall erfolgt die Abbildung durch eine orthogonale Parallelprojektion. Hierdurch werden die Parallelkreise längentreu und die Meridiane, ausgehend vom Pol, zunehmend verkürzt abgebildet. Im zweiten Fall werden die Meridiane längentreu in die Ebene ‚abgewickelt‘, wodurch die Parallelkreise, wiederum ausgehend vom Pol, zunehmend gedehnt werden. Eine längentreue Abbildung sowohl der Meridiane als auch der Parallelkreise ist offenbar nicht möglich. In beiden Fällen werden weder Flächeninhalte noch Winkel richtig wiedergegeben, da jeweils nur in einer Richtung Längentreue besteht. Andererseits ist entweder Flächentreue oder Winkeltreue (im Differentiellen) erzeugbar, wenn man auf die längentreue Abbildung von Parallelkreisen und Meridianen verzichtet (vgl.2.4). Zur mathematischen Behandlung der Abbildungsverzerrungen sei auf die weiterführende Literatur verwiesen, z.B. *Wagner* (1962) oder *Hake u.a.* (2002).

Eine besondere Bedeutung für die Kartennutzung zur Navigation in der Luft- und Seefahrt hat die Abbildung zweier Linien. Die kürzeste Verbindung zwischen zwei Orten auf der Kugel ist ein Großkreisbogen, die sog. *Orthodrome* oder *geradlaufende Linie* (auf dem Ellipsoid die *geodätische Linie*). Diese schneidet die Meridiane immer unter einem anderen Winkel (Azimut). Will man ihr folgen, so ist eine fortlaufende Neuberechnung des Kurswinkels gegen Geographisch-Nord erforderlich. Dies entfällt, wenn man statt dessen der *Loxodrome* oder *schief laufenden Linie* folgt, welche die Meridiane stets unter demselben Winkel schneidet, jedoch stets länger ist als die Orthodrome. Eine Ausnahme bilden der Äquator sowie die Meridiane selbst, die zugleich kürzeste und kursgleiche Linien sind. Sowohl Orthodrome als auch Loxodrome werden i.a. verzerrt und nicht als Geraden in den Karten abgebildet (vgl. hierzu 2.4.2, 2.4.3 und Abb. 9.3.5).

Abb. 2.3.2: Orthodrome und Loxodrome (nach *Hake* u.a. 2002)

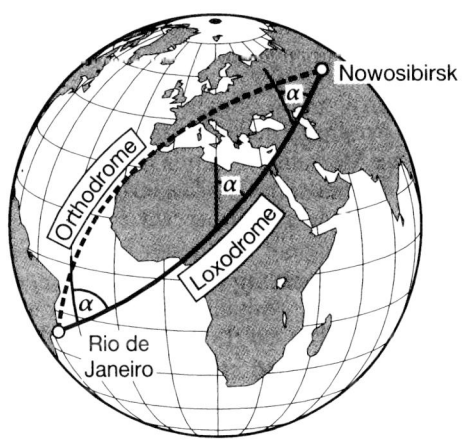

2.4 Kartographische Abbildungen

Aufgabe kartographischer Abbildungen ist die Darstellung von größeren Regionen, Ländern, Kontinenten oder der ganzen Erde in Karten kleinen Maßstabs (M ≤ 1:500.000) im *geographischen Koordinatensystem*. Für Karten mit M ≥1:1 Mill. bildet ein *Ellipsoid* die Bezugsfläche, da hier die Abbildungsverzerrungen noch relativ gering, d.h. im Kartenblatt nicht meßbar sind. Mit kleiner werdendem Maßstab werden so große Teile der Erdoberfläche in einem Kartenblatt abgebildet, dass die allgemeinen Abbildungsverzerrungen den Unterschied zwischen den Bezugsflächen zunehmend übersteigen und damit eine *Kugel* mit einem Radius von R=6371 km genügt (vgl. 2.1). Dies führt zu einer vereinfachten Herleitung von Abbildungsgleichungen für die Netzkonstruktion, wenn zugleich folgende Bedingungen erfüllt sind:

- Meridiane und Parallelkreise schneiden sich, wie auf der Kugel, auch in der Abbildung rechtwinklig.

- Die Abbildung der Netzlinien erfolgt zunächst auf eine Hilfsfläche, deren Abbildung in die Ebene dann verzerrungsfrei erfolgt.

Geeignete Hilfsfläche ist ein Kegel, der die Kugel in einem Parallelkreis berührt oder in zwei Parallelkreisen schneidet, d.h. Kegelachse und Erdachse fallen zusammen (normale oder polständige Lage). Hieraus resultieren die Begriffe *kegelige* oder *echte Abbildungen* und sie umfassen die ‚eigentliche‘ Kegelabbildung oder konische Abbildung, sowie ihre Grenzfälle, die Zylinderabbildung und die unmittelbare Abbildung in die Ebene (Azimutalabbildung). Letztere findet auch Anwendung in schiefachsiger (zwischenständiger) und in transversaler (äquatorständiger) Lage. Gebräuchlich ist die Deutung geodätischer Abbildungen als transversale oder auch schiefachsige Zylinderabbildungen (vgl. 2.5).

Die kegeligen Abbildungen sind für sehr kleinmaßstäbige Karten großer Teile der Erdoberfläche oder der gesamten Erde ungeeignet, da entweder die Verzerrungen zu sehr anwachsen oder die Abbildung nicht möglich ist. Hierfür finden *nichtkegelige* oder *unechte Abbildungen* Anwendung.

Im Folgenden werden Abbildungsprinzip und -eigenschaften der kegeligen Abbildungen dargestellt sowie Beispiele zu den nichtkegeligen Abbildungen gegeben. Hinsichtlich der Ableitung von Abbildungsgleichungen kann auf die Spezialliteratur zurückgegriffen werden (vgl. 2.3). Hier findet man auch an Stelle des Begriffes *kartographische Abbildungen* die Bezeichnungen *kartographische Netzentwürfe* oder *Kartenprojektionen*, wobei festzuhalten ist, dass es sich in den seltensten Fällen um Projektionen im Sinne eine Zentral- oder Parallelprojektion handelt.

2.4.1 Konische Abbildungen

Hierbei berührt ein Kegel die Kugel in einem in der Mitte des darzustellenden Gebietes festzulegenden Parallelkreis mit der geographischen Breite φ_o (oder schneidet in zwei hierzu symmetrischen Parallelkreisen φ_{o1} und φ_{o2}). Die Meridiane werden dann als Geraden und die Parallelkreise als Kreise auf dem Kegelmantel abgebildet. Bei der verzerrungsfreien ‚Abwicklung‘ des Kegels in die Ebene bilden die Meridiane ein Geradenbüschel und die Parallelkreise konzentrische Kreise um die Kegelspitze und der Berührungsparallelkreis bzw. die Schnittparallelkreise werden längentreu wiedergegeben.

Für den Winkel ε zwischen den Meridianen gilt in Abhängigkeit von φ_o die Beziehung $\varepsilon = \lambda \cdot \sin \varphi_o$ (vgl. *Wagner* 1962). Bei Berührung am Äquator ($\varphi_o = 0°$) ergibt sich $\varepsilon = 0°$, d.h. die Meridiane verlaufen parallel und der Kegel geht in einen Zylinder über. Bei Berührung am Pol ($\varphi_o = 90°$) ergibt sich $\varepsilon = \lambda$, d.h. der Winkel ist gleich der geographischen Länge und der Kegel geht über in eine Ebene (Azimutalabbildung). Für die ‚eigentliche‘ Kegelabbildung gilt schließlich $0° < \varphi_o < 90°$ und damit $0° < \varepsilon < \lambda$, d.h. der Kegel bildet in der Ebene keine geschlossene Kreisfläche.

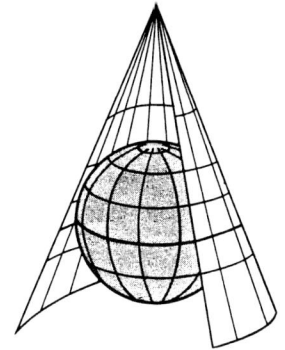 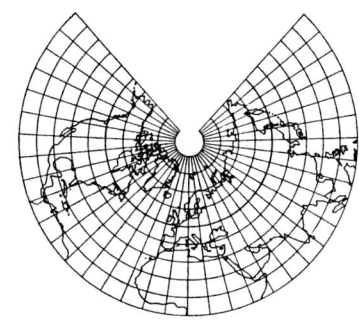

Abb. 2.4.1: Prinzip der konischen Abbildung und mittabstandstreue Darstellung der Nordhalbkugel mit $\varphi_0 = 50°$ n.B. (nach *Wagner* 1962)

Infolge der kontinuierlichen Divergenz der Meridiane in der Abbildung werden die Parallelkreise ausgehend vom Berührungsparallelkreis gegenüber ihrer Länge auf der Kugel zunehmend gedehnt. Durch Variation der Parallelkreisabstände, also der Meridianlänge, können schließlich bestimmte Abbildungseigenschaften erzeugt werden. Für eine *mittabstandstreue* Abbildung werden die Meridiane längentreu wiedergegeben, d.h. die Parallelkreisabstände bleiben konstant. Für eine *flächentreue* Darstellung müssen die Meridiane entsprechend der Dehnung der Parallelkreise verkürzt werden, d.h. ausgehend vom Berührungsparallelkreis nehmen die Parallelkreisabstände ab. Schließlich müssen für eine *winkeltreue (konforme)* Abbildung die Meridiane entsprechend gedehnt werden.

Abb. 2.4.2: Flächentreue (a), mittabstandstreue (b) und winkeltreue (c) konische Abbildung mit $\varphi_0 = 50°$ n.B.

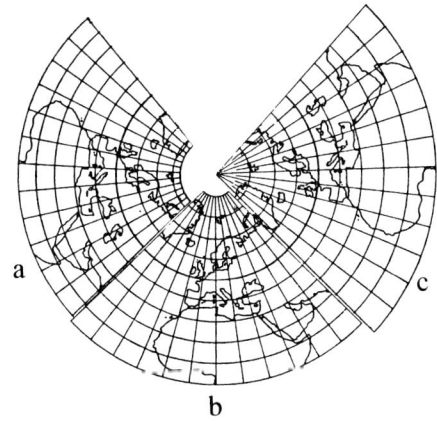

Konische Abbildungen sind besonders für Gebiete auf der Nord- oder Süd-halbkugel mit größerer Ost-West-Erstreckung geeignet, da die Verzerrungen in Nord-Süd-Richtung mit zunehmender Entfernung vom Berührungsparallelkreis immer deutlicher werden. Bei großer Nord-Süd-Ausdehnung des darzustellen-den Gebietes wird durch Verwendung eines Schnittkegels dieser Effekt etwas re-duziert, da zwischen den Schnittparallelkreisen eine Stauchung und außerhalb ei-ne Dehnung eintritt.

Verwendet man konische Abbildungen für die einzelnen Kartenblätter eines Kartenwerkes, so würden die von den längentreuen Parallelkreisen weiter ent-fernt liegenden Blätter zunehmend meßbare Verzerrungen aufweisen. Um dies zu verhindern, kann man jede Kartenblattreihe auf einen neuen Kegel abbilden (po-lykonische Abbildung). Die einzelnen Kartenblätter lassen sich dann in der Ebe-ne nicht mehr lückenlos zusammenlegen, weisen aber alle die gleichen, im Kar-tenblatt geringen oder überhaupt nicht meßbaren Verzerrungen auf.

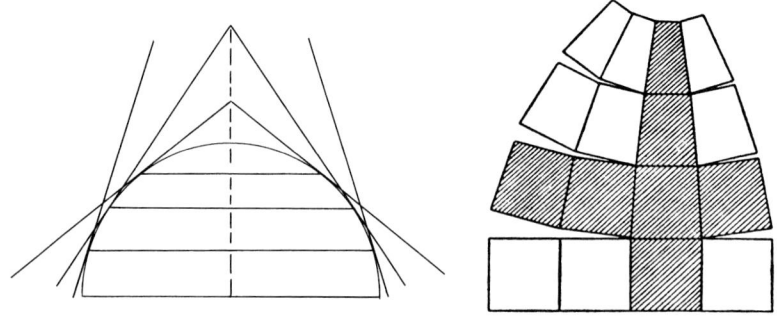

Abb. 2.4.3: Prinzip der polykonischen Abbildung und Auseinanderklaffen der Kartenblätter in der Ebene (nach *Imhof* 1968)

Ein Beispiel ist die Internationale Weltkarte 1:1 Mill. (IWK), eine winkeltreue konische Abbildung, deren Kartenblätter ein Hochformat von $\Delta\varphi = 4°$ aufwei-sen. Jede Kartenblattreihe wird hierbei auf einen neuen Kegel abgebildet, der im nördlichen und südlichen Parallelkreis schneidet .

2.4.2 Zylinderabbildungen

Ein Zylinder berührt die Kugel am Äquator (oder schneidet in zwei hierzu sym-metrischen Parallelkreisen) und die Meridiane werden als Geraden und die Paral-lelkreise als Kreise auf dem Zylindermantel abgebildet. Bei seiner ‚Abwicklung' in die Ebene bilden Äquator und Parallelkreise (einschließlich der Pole) parallele Geraden gleicher Länge und die Meridiane verlaufen als parallele Geraden ($\varepsilon = 0°$) senkrecht zum Äquator.

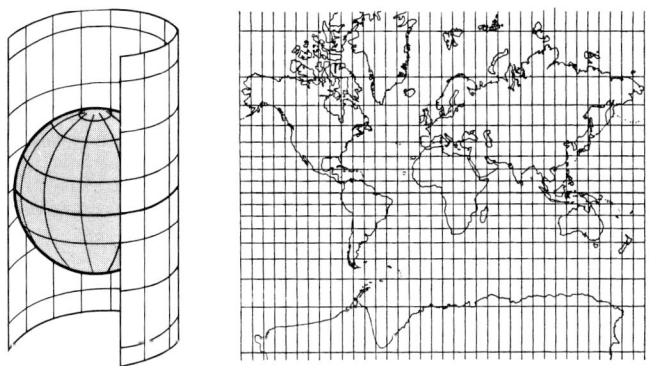

Abb. 2.4.4: Prinzip der Zylinderabbildung und Darstellung der Erde durch die winkeltreue Abbildung nach *Mercato*r (nach *Wagner* 1962)

Ausgehend vom Äquator wachsen die Verzerrungen nach Norden und Süden kontinuierlich an, d.h. der Abstand zwischen den auf der Kugel konvergierenden Meridianen wird zunehmend gedehnt. Bezüglich der Eigenschaften gilt das gleiche wie bei der konischen Abbildung. Mittabstandstreue ergibt sich durch län-

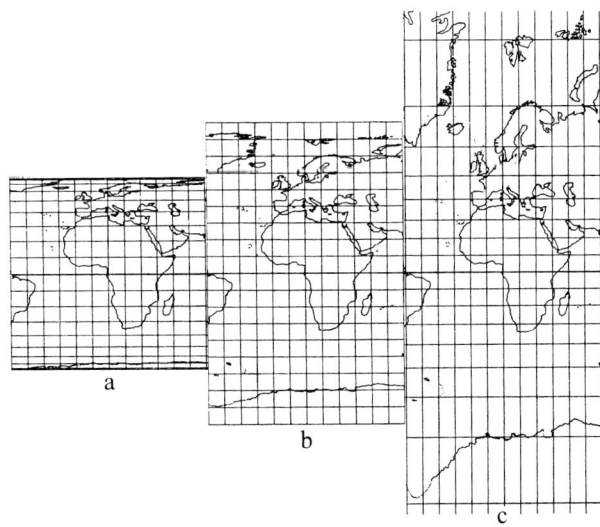

Abb. 2.4.5. Flächentreue (a), mittabstandstreue (b) und winkeltreue (c) Zylinderabbildung mit längentreuem Äquator

gentreue Meridiane, d.h. gleich bleibende Parallelkreisabstände, Flächentreue durch Verkürzung der Meridiane, also abnehmende Parallelkreisabstände, und Winkeltreue durch Dehnung der Meridiane und damit wachsende Parallelkreisabstände. Bei letzterer sind die Pole nicht abbildbar.

Die winkeltreue Abbildung geht auf *G. Mercator* (1512-1594) zurück und hat ihre besondere Bedeutung für Seekarten (vgl. 7.1.2). Hierin wird die ‚Kursgleiche‘ (Loxodrome), d.h. die Linie, welche die Meridiane stets unter dem gleichen Winkel schneidet, als Gerade abgebildet. Damit konnte der Kurswinkel, unter dem ein Schiff fahren wollte, direkt in der Karte gemessen werden (vgl. 2.3 und 9.3.5).

Mit Ausnahme der Seekarten ist die Anwendung der Zylinderabbildung nur für Gebiete um den Äquator zwischen etwa 40° nördlicher und südlicher Breite sinnvoll, da die Verzerrungen mit zunehmendem Abstand erheblich anwachsen. Bei Anwendung eines Schnittzylinders lassen sich diese wie beim Schnittkegel günstiger verteilen.

2.4.3 Azimutalabbildungen

Die unmittelbare Abbildung in die Ebene, als Grenzfall des Kegels mit $\varphi_o = 90°$ (vgl. 2.4.1), führt zu einer *polständigen Azimutalabbildung*, d.h. eine Ebene berührt die Kugel im Pol. Hiervon ausgehend werden die Meridiane als Geradenbüschel und die Parallelkreise als konzentrische Kreise wiedergegeben und der Winkel zwischen den Meridianen ist gleich ihrem Längenunterschied auf der Kugel ($\varepsilon = \lambda$).

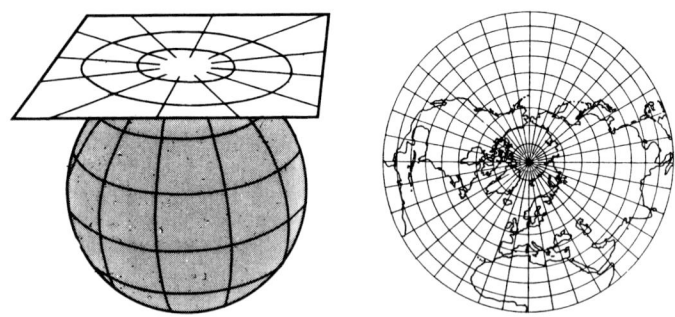

Abb. 2.4.6: Prinzip der polständigen Azimutalabbildung und flächentreue Darstellung der Nordhalbkugel (nach *Wagner* 1962)

Hinsichtlich der Eigenschaften Mittabstandstreue, Flächentreue und Winkeltreue ergeben sich wie bei den konischen und zylindrischen Abbildungen gleich bleibende, abnehmende oder zunehmende Meridianlängen bzw. Parallelkreisabstände.

Abb. 2.4.7: Flächentreue (a), mittabstandstreue (b) und winkel-
treue (c) Azimutalabbildung
in polständiger Lage

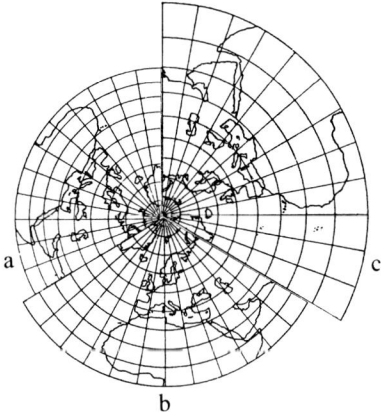

In polständiger (normaler) Lage sind Azimutalabbildungen wegen der vom Pol aus rasch zunehmenden Verzerrungen nur für die Polgebiete bis etwa 60° nördlicher bzw. südlicher Breite geeignet. Da die Verzerrungen unabhängig von der jeweiligen Eigenschaft radialsymmetrisch zum Berührungspunkt verlaufen, ist ihre Anwendung auch in beliebiger, also zwischenständiger (schiefachsiger) oder äquatorständiger (transversaler) Lage sinnvoll. Insbesondere für Gebiete, die sich ausgehend von einem in Gebietsmitte festzulegenden Berührungspunkt in allen Richtungen gleichmäßig ausdehnen, stellen sie eine Alternative zu den konischen und zylindrischen Abbildungen dar. Die Rechtwinkligkeit zwischen Meridianen und Parallelkreisen geht hierbei allerdings verloren.

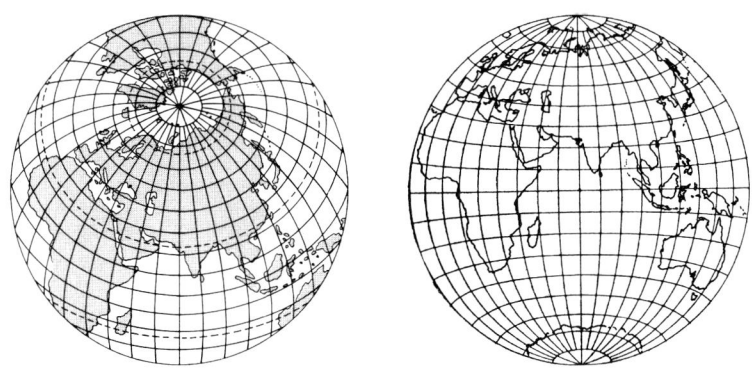

Abb. 2.4.8: Flächentreue Azimutalabbildung in schiefachsiger und transversaler Lage (nach *Wagner* 1962)

Eine Besonderheit bei den Azimutalabbildungen sind perspektive Darstellungen. Bei der *orthographischen Abbildung* (Parallelprojektion) werden die geographischen Netzlinien orthogonal in die Berührungsebene projiziert (vgl. Abb. 2.3.1). Sie ist besonders für Perspektivansichten der Erde geeignet (vgl. *Wagner* 1962). Die *stereographische Abbildung* entsteht durch Zentralprojektion der Netzlinien von einem dem Berührungspunkt gegenüberliegenden (diametralen) Punkt aus. Durch die Eigenschaft der Winkeltreue ist sie vor allem in Ergänzung der winkeltreuen konischen und der zylindrischen Abbildung für die Polgebiete in Gebrauch. Bei der *gnomonischen Abbildung*, auch als Zentralprojektion bezeichnet, werden die Netzlinien vom Mittelpunkt der Kugel aus in die Berührungsebene projiziert. Wegen der sehr rasch zunehmenden Verzerrungen ist sie für kartographische Zwecke wenig geeignet. Ihre Bedeutung liegt darin, dass alle Orthodromen (Großkreisbögen) hier als Gerade abgebildet werden (vgl. 2.3). Da jede einen Großkreis erzeugende Ebene durch den Mittelpunkt der Kugel geht und dieser zugleich Projektionszentrum der Abbildung ist, ergibt sich der Großkreisbogen durch den Schnitt zweier Ebenen stets als Gerade. Diese ist gegenüber der wahren Länge auf der Kugel allerdings je nach Abstand vom Berührungspunkt zunehmend gedehnt. Da die Orthodrome von Sonderfällen abgesehen in anderen Netzentwürfen keine Gerade darstellt, ist die Abbildung geeignet, sie von dieser aus in beliebige Karten zu übertragen (vgl. 9.3.3). Damit ist die gnomonische Projektion eine wichtige Arbeitsgrundlage für die Navigation in der Luft- und Seefahrt.

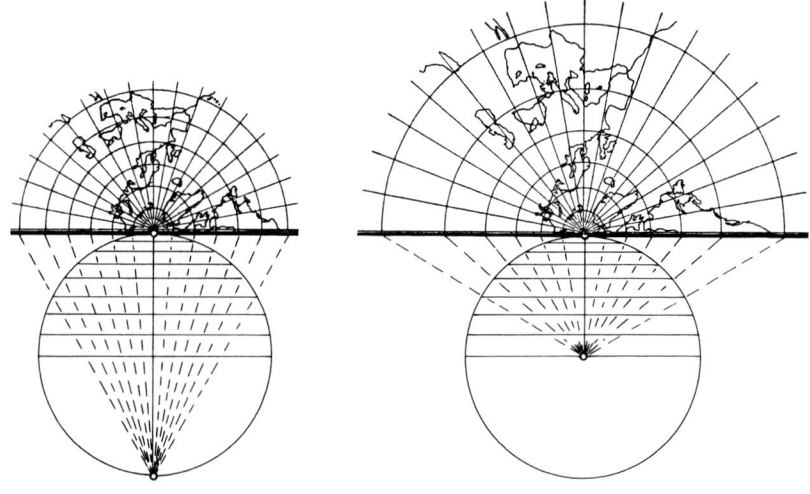

Abb. 2.4.9: Prinzip der stereographischen und der gnomonischen Abbildung in polständiger Lage (die Abbildungsebene ist jeweils zur Hälfte umgeklappt)

2.4.4 Nichtkegelige Abbildungen

Kegelige Abbildungen sind für Karten, in denen sehr große Teile der Erdoberfläche bzw. die gesamte Erde darzustellen sind, i.d.R. ungeeignet, da entweder die Verzerrungen zu stark anwachsen oder die vollständige Wiedergabe nicht möglich ist. Verzichtet man auf die Forderung, dass sich Meridiane und Parallelkreise in der Abbildung wieder rechtwinklig schneiden sollen, so ergibt sich eine Vielzahl von Netzentwürfen, welche auch als nichtkegelig ('unecht') bezeichnet werden. Es bestehen dann nur noch die Forderungen nach Netzsymmetrie sowie möglichst günstiger Verteilung der Verzerrungen. Deren Hauptrichtungen folgen allerdings nicht mehr wie bei den kegeligen Abbildungen der Richtung von Meridianen bzw. Parallelkreisen und sind auch auf letzteren nicht mehr konstant, sondern bilden weitaus kompliziertere Kurven.

Von besonderem Interesse ist die zusammenhängende Darstellung der gesamten Erde, auch als *Planisphäre* bezeichnet, da hierbei das Problem der zunehmenden Verzerrungen besonders deutlich wird. Eine häufige Vorgehensweise besteht darin, bestehende kegelige ('echte'), und hier vor allem zylindrische und azimutale Netzentwürfe, entsprechend zu modifizieren, wobei eine flächentreue Wiedergabe bevorzugt wird.

Verschiedene unecht-zylindrische Abbildungen gehen auf den Netzentwurf des Mathematikers *Mollweide* (1805) zurück (vgl. *Wagner* 1962), welcher auf einer mittabstandstreuen Zylinderabbildung beruht (vgl. 2.4.2). Besonderes Kennzeichen ist die Darstellung der Meridiane als Ellipsen und der Parallelkreise als Geraden. Ein neuerer unecht-zylindrischer Entwurf stammt von *Robinson* (1974) (vgl. *Hake u.a.* 2002).

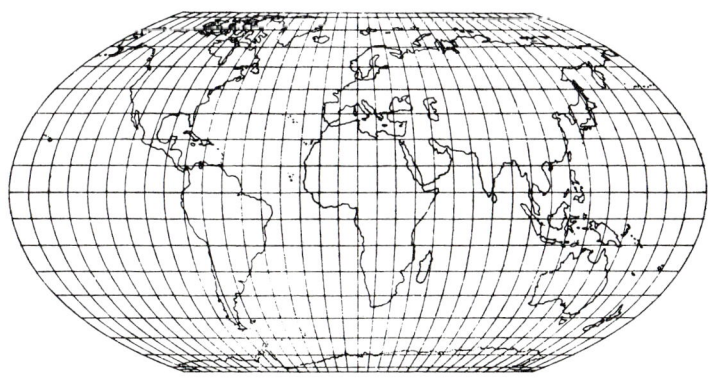

Abb. 2.4-10: Flächentreue unecht-zylindrische Abbildung mit elliptischen Meridianen (nach *Wagner* 1962)

Eine flächentreue Azimutalabbildung in transversaler Lage (vgl. Abb.2.4.8) bildet die Grundlage eines Netzentwurfes von *Hammer* (1892), auf dem ebenfalls verschiedene Varianten beruhen. So modifizierte *Wagner* (1962) diesen dahin gehend, dass die ursprünglich als Punkt dargestellten Pole hier als gekrümmte Linien erscheinen, wodurch eine günstigere Verzerrungsverteilung erreicht wird.

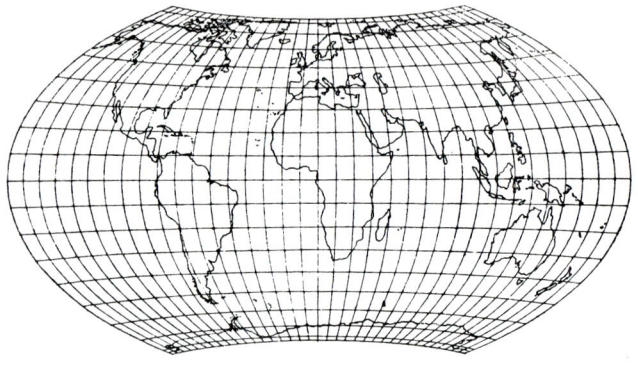

Abb. 2.4.11: Flächentreue unecht-azimutale Abbildung von *Wagner* (1962)

Eine weitere Methode der Darstellung von Planisphären sind die *vermittelnden Abbildungen*, auch als *Mischkarten* bezeichnet. Diese gehen aus zwei bestehenden Netzentwürfen durch Bildung des arithmetischen Mittels aus den jeweiligen

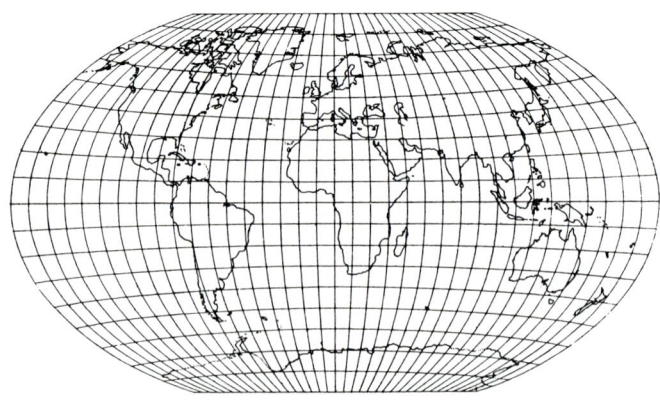

Abb. 2.4.12: Vermittelnde Abbildung von *Winkel* (nach *Wagner* 1962)

Abbildungskoordinaten hervor. Ein Beispiel ist die Abbildung von *Winkel* (1921), eine Kombination aus mittabstandstreuer Zylinderabbildung und der unecht-azimutalen Abbildung von *Aitoff* (vgl. *Wagner* 1962). Obwohl der Netzentwurf nicht flächentreu ist, wird er wegen seiner ausgeglichenen Wiedergabe häufig in der kartographischen Praxis angewandt.

2.5 Geodätische Abbildungen

Da Berechnungen im geographischen Koordinatensystem auf der Kugel oder dem Ellipsoid sehr aufwendig sind, wurden bereits im 18. Jahrhundert für Zwecke der Landesaufnahme (lokale) Koordinatensysteme entwickelt, welche bei Abbildung in die Ebene *kartesische Netze* ergaben und damit nach Korrektur der Meßdaten die Koordinatenberechnung über die ebene Trigonometrie ermöglichten. Als Bezugsfläche diente zunächst eine Kugel, die aber bald durch regional unterschiedliche Ellipsoide abgelöst wurde. Das in Deutschland verwendete Ellipsoid von *Bessel* (1841) wird heute durch das des *Geodätischen Referenzsystems von 1980* (GRS 80) ersetzt (vgl. *Tegeler* 2000).

2.5.1 Geodätische Koordinaten

Die heute noch gebräuchlichen Koordinatensysteme sind je nach Land unterschiedlich (vgl. *Hofmann-Wellenhof u.a.* 1994). Bei der am häufigsten anzutreffenden Anordnung bildet ein in der Mitte eines abzubildenden Gebietes befindlicher Meridian als sog. *Haupt-* oder *Mittelmeridian* die Abszissenachse eines symmetrisch hierzu angeordneten lokalen x,y-Koordinatensystems. Senkrecht zum Hauptmeridian verlaufen die Ordinatenlinien als mit zunehmendem Abstand von diesem konvergierende Großkreisbögen (auf einer Kugel) bzw. ,geodätische Linien' (auf einem Ellipsoid). Die Abszissen sind parallele Linien zum Hauptmeridian und damit keine Großkreisbögen oder geodätischen Linien. In Anlehnung an die kartographische Zylinderabbildung wird die Abbildung dieses Systems in die Ebene auch als ,*transversale Zylinderprojektion*' bezeichnet, d.h. ein Zylinder berührt die Kugel oder das Ellipsoid in einem Meridian (oder schneidet parallel hierzu) und Ordinaten und Abszissen werden zunächst unter bestimmten Vorgaben auf den Zylindermantel und dieser dann in die Ebene abgebildet.

Ein in Deutschland lange verwendetes System war das des bayerischen Astronomen *J.G.Soldner* (1776-1833). Koordinatenursprung war ein in Gebietsmitte gelegener Festpunkt (vgl. 3.2.1), der hier hindurchgehende Meridian bildete als Hauptmeridian die x-Achse und der rechtwinklig hierzu nach Osten verlaufende Großkreisbogen (geodätische Linie) die y-Achse. Bei der Abbildung in die Ebene wurde der Hauptmeridian als längentreue Gerade und die Ordinaten als senkrecht hierzu verlaufende, gleichabständige und längentreue Geraden wiedergegeben, mit der Folge einer zunehmenden Dehnung der Abszissen. Die Abbildung war damit weder flächen- noch winkeltreu und für Koordinatenberechnungen im verebneten System mußten alle Messungselemente, d.h. Strecken *und* Winkel, zunächst korrigiert werden.

Durch Beschränkung der Systembreite auf 2°, je 1° östlich und westlich des Hauptmeridians, waren diese Korrekturen nur für genaue Festpunktberechnungen erforderlich, nicht jedoch z.B. bei topographischen Vermessungen, da die Korrekturbeträge geringer waren als die erforderliche Erfassungsgenauigkeit. Wegen der geringen Ausdehnung gab es allein im preußischen Staatsgebiet 40 Soldner-Systeme (vgl. *Großmann* 1964).

Die fehlende Winkeltreue dieser auch als *ordinatentreu* bezeichneten Abbildung war für die damalige Methode der Festpunktbestimmung durch Winkelmessungen (Triangulation) wegen der aufwendigen Korrekturberechnungen von großem Nachteil. *C.F.Gauß*, von 1822 bis 1847 Leiter der Hannoverschen Landesvermessung, entwickelte daher ein Koordinatensystem, welches „*Winkeltreue und Ähnlichkeit in kleinsten Teilen*" bei seiner Abbildung in die Ebene aufweist. Ursprung des Systems ist der Schnittpunkt des Hauptmeridians als x-Achse mit dem Äquator, der dann die Ordinatenachse (y-Achse) bildet. Im Gegensatz zum Soldner-System nehmen hier die Abstände der Abszissenlinien auf der Bezugsfläche entsprechend der Ordinatenkonvergenz ab. Bei der Abbildung in die Ebene werden Ordinaten *und* Abszissen so gedehnt, dass ein kartesisches Koordinatensystem entsteht.

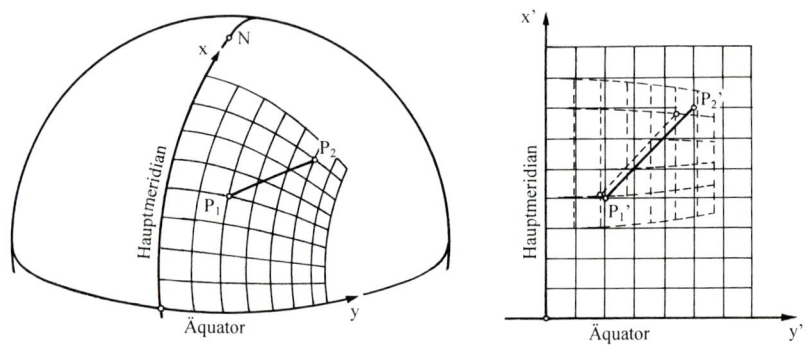

Abb. 2.5.1: Prinzip des Gaußschen Koordinatensystems auf dem Ellipsoid und seine Abbildung in die Ebene

Für die Berechnung von x,y-Koordinaten in der Ebene müssen daher nur noch die auf der Erdoberfläche gemessenen Strecken nach ihrer Reduktion auf die Bezugsfläche (Höhen-Reduktion, vgl. Abb. 2.1.1) gedehnt werden (Projektionsverzerrung). Umgekehrt müssen aus Koordinaten berechnete Strecken und Flächen reduziert werden. Für den Streckenkorrekturfaktor gilt näherungsweise

$k=1+y^2_m/2R^2$, wobei y_m der mittlere Abstand der Streckenendpunkte vom Hauptmeridian und R ein mittlerer Kugelradius ist. Winkelverzerrungen werden infolge der in allen Richtungen zunehmenden Dehnungen nur großräumig und in weitem Abstand vom Hauptmeridian wirksam, so dass die Abbildung als *winkeltreu* (konform) bezeichnet wird.

2.5.2 Das Gauß-Krüger-Meridianstreifensystem

Im Jahre 1912 wurde vom Leiter des Geodätischen Instituts in Potsdam *L.Krüger* vorgeschlagen, auf der Basis der konformen Gaußschen Koordinaten das später so benannte *Gauß-Krüger-Meridianstreifensystem* für die Aufgaben der Landesvermessung in Deutschland einzuführen, mit dem Ziel, langfristig die zahlreichen Soldner-Systeme abzulösen. Bezugsfläche war das bereits 1841 von dem Astronomen *F.W.Bessel* aus mehreren Gradmessungen berechnete und nach ihm benannte Ellipsoid. Um die vom Hauptmeridian eines Koordinatensystems aus wachsenden Verzerrungen zu begrenzen, wurden insgesamt vier Meridianstreifen mit einer Ausdehnung von 3° und zwar jeweils 1,5° östlich und westlich der Hauptmeridiane 6°, 9°, 12° und 15° ö.L.v.Gr. festgelegt.

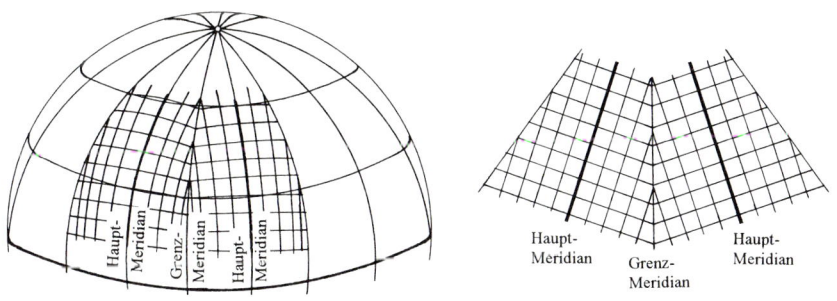

Abb. 2.5.2: Prinzip eines Meridianstreifensystems auf dem Ellipsoid und seine Abbildung in der Ebene

Die Meridianstreifenbreite beträgt bei $\varphi=51°$ n.B. etwa 210km ($\pm$105km) und die Ordinaten werden bei Abbildung in die Ebene in 10 km Entfernung vom Hauptmeridian um insgesamt 4mm, bei 50 km um 0,5m und bei 105 km um etwa 4,8m gedehnt. Diese Verzerrungen sind bei Koordinatenberechnungen wirksam, nicht jedoch in topographischen Karten. So wird die amtliche Karte 1:200.000 mit einem Format von etwa 89×93 km² ($\approx 44 \times 47$ cm²) am Rand eines Meridianstreifens um maximal 12,1 m, d.h. 0,06 mm in der Karte gedehnt, ein Betrag, der die graphische Genauigkeit von 0,2 mm weit unterschreitet. Die Karten sind also praktisch verzerrungsfrei.

Durch die Aufteilung in mehrere Meridianstreifen, also Teilsysteme, müssen den Koordinaten Kennziffern zugeordnet werden. Entsprechend den Hauptmeridianen 6°, 9°,12° und 15° lauten diese 2, 3, 4 und 5. Die Kennziffern werden den y-Koordinaten vorangestellt. Um negative Koordinatenwerte zu vermeiden erhalten die Hauptmeridiane den Wert y = 500 000 m. Die Koordinaten werden dann als *Rechts- und Hochwerte* bezeichnet. Damit lauten z.B. die Gauß-Krüger-Koordinaten eines etwa 95 km westlich des 12°-Meridians gelegenen Festpunktes (TP):

R = 4 405 057,629 m   4 ... Kennziffer für 12°-System
                        y = 405 057,629 m – 500 000 m = – 94 942,371 m
H = 5 368 263,248 m = x ... Abstand des Punktes vom Äquator (gemessen auf dem Hauptmeridian)

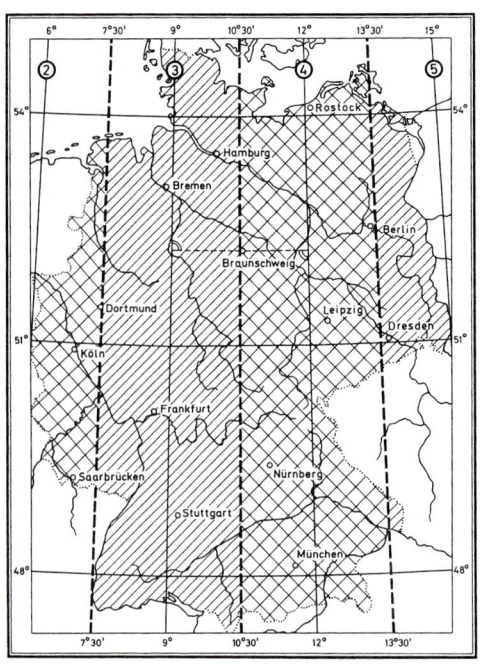

Abb. 2.5.3: Gauß-Krüger-Meridianstreifen in Deutschland (nach *Hake* 1982)

2.5.3 Das UTM-System

Die relativ geringe Ausdehnung der 3°-Meridianstreifen des Gauß-Krüger-Systems führt zwar zu geringen und in vielen Fällen vernachlässigbaren Verzerrungen, erfordert jedoch einen häufigen Systemwechsel. Bei einer Verdoppelung der Systembreite auf 6°, wie z.B. in den osteuropäischen Staaten üblich (auch in der DDR), umfaßt ein Meridianstreifen in 51° n.B. etwa 420 km. Eine sich hieraus ergebende maximale Ordinate von 210 km Länge wäre jedoch bei ihrer Verebnung bereits um 38 m gedehnt und für großräumige Vermessungen ergäben sich zusätzlich Winkelkorrekturen.

Eine günstigere Verzerrungsverteilung wird erreicht, wenn der Hauptmeridian nicht längentreu, sondern verkürzt abgebildet wird. Dieser Fall liegt beim *UTM-System* vor, das 1947 vom US-Army Map Service für Karten mittleren Maßstabs eingeführt und 1951 von der Internationalen Assoziation für Geodäsie (IAG) für Landesvermessungen empfohlen wurde. UTM bedeutet *Universal Transverse Mercator Grid System* (auch Universale Transversale Mercator-Projektion) und seine Benennung ist auf den Begründer der winkeltreuen Zylinderabbildung *G.Mercator* zurückzuführen (vgl.2.4.2). Grundlage ist allerdings die *Gaußsche Abbildung* und die Verkürzung des Hauptmeridians kann als Abbildung auf einen *transversalen Schnittzylinder* gedeutet werden. Für den Hauptmeridian wurde ein Verkürzungsfaktor von 0,9996 festgelegt, so dass zwei etwa 180 km symmetrisch und gleichabständig zu diesem gelegene Abszissenlinien längentreu abgebildet werden.

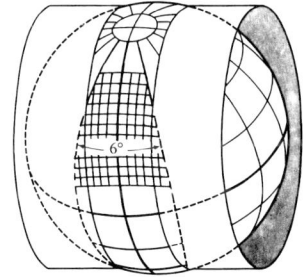

Zone	Westbegrenz.	Ostbegrenz.	Hauptmer.
1	180° w.L.	174° w.L.	177° w.L.
2	174° w.L.	168° w.L.	171° w.L.
...	...	...	...
30	6° w.L.	0°	3° w.L.
31	0°	6° ö.L.	3° ö.L.
...	...	...	...
60	174° ö.L.	180° ö.L.	177° ö.L.

Abb. 2.5.4: Prinzip der UTM-Abbildung und Einteilung der Meridianstreifen

Nachfolgend sind für die unterschiedlichen Systeme die Verzerrungsfaktoren am Hauptmeridian (y=0), an den Systemrändern in 51°n.B. (y=105 km bzw. 210 km), bei y=180km sowie am Äquator (y=334km) angegeben:

y [km]	G.-K.-System	6°-System	UTM-System
0	1	1	0,99960
105	1,00014	1,00014	0,99974
180	–	1,00040	1
210	–	1,00054	1,00014
334	–	1,00137	1,00097

Hieraus ist ersichtlich, daß eine in 51° n.B. gemessene 1 km lange Strecke für die Abbildung im G.-K.-System um maximal 14 cm, im 6°-System um 54 cm und im UTM-System um 14 cm gedehnt werden muß. Am Äquator ergeben sich maximale Dehnungen von 1,37m bzw. 0,97m. Auf dem UTM-Hauptmeridian ist die Strecke um 40 cm zu kürzen.

Für die Kartennutzung ist auch hier die Auswirkung im einzelnen Kartenblatt von Interesse. So würde die Formatseite einer Karte 1:200.000 mit etwa 44cm (vgl. 2.5.2) im UTM-System am Mittelmeridian um 0,2 mm kürzer, am Systemrand in 51°n.B. um 0,06 mm und am Äquator um 0,4 mm länger werden. Letztgenannter Wert übersteigt zwar die graphische Genauigkeit von 0,2 mm, dürfte aber in den meisten Fällen ohne Bedeutung sein.

Die Anwendung des UTM-Systems erfolgt, ebenfalls in Form von Meridianstreifen, für die gesamte Erde. Es ergeben sich 60 Systeme (Zonen) mit einer Ausdehnung von 84°n.B. bis 80°s.B. (vgl. Abb. 2.5.4), innerhalb derer eine Nord-Süd-Unterteilung in 8°-Parallelkreis-Bänder sowie $100 \times 100 \, km^2$-Felder zu einem *Meldegitter* führt (vgl. *Hake u.a.* 2002). Für die Abbildung der Polgebiete wird die winkeltreue Azimutalabbildung (stereographische Abbildung) in normaler Lage verwendet (vgl. 2.4.3).

Die Koordinatenbenennung erfolgt unter der Angabe der Zonennummer wie folgt, wobei x und y die Gauß'schen Koordinaten sind:

Ordinatenwert (**E**ast): $E = y + k_y$ $k_y = 500\,000$ m
Abszissenwert (**N**orth): $N = x + k_x$ $k_x = 0$ m   für nördl. Breite
                                                          $k_x = 10\,000\,000$ m   für südl. Breite.

Das UTM-System wurde bislang in zahlreichen Ländern mit unterschiedlichen Ellipsoiden verwendet. Es wird im Zuge der europäischen Zusammenarbeit im Bereich des Vermessungswesens und der Kartographie auf der Grundlage des Ellipsoids des GRS 80 die unterschiedlichen Koordinatensysteme der einzelnen Länder ablösen (vgl. 3.2.1).

2.6 Koordinatentransformationen

Häufig besteht die Notwendigkeit der Umrechnung der Koordinaten eines oder mehrerer Punkte von einem Ausgangssystem in ein anderes System bzw. die Umformung eines Koordinatennetzes in ein anderes, ein Vorgang, der als *Koordinatentransformation* bezeichnet wird. Hierfür sind je nach Art der vorliegenden Systeme zwei oder mehr identische Punkte (Paßpunkte) in beiden Systemen erforderlich.

Der einfachste Fall ist der einer *Ähnlichkeitstransformation* innerhalb desselben kartesischen Systems, wie etwa bei der *freien Stationierung* in der Vermessung. Hier genügen zwei identische Punkte. Ein weiterer zur Kontrolle ist allerdings von Vorteil. Bei mehr als zwei Paßpunkten findet eine *Helmert-Transformation* Anwendung (vgl. *Albertz u. Kreiling* 1989).

Diese Art der Transformation kann auch bei der Umformung zwischen geodätischen Koordinatensystemen erfolgen, sei es beim Übergang von einem Meridianstreiten in den benachbarten oder vom G.-K.-System in das UTM-System, wenn die durch die unterschiedlichen Verzerrungen in den einzelnen Systemen hervorgerufenen Ungenauigkeiten keine Rolle spielen. Ein solcher Fall liegt beispielsweise vor, wenn Karten aus unterschiedlichen Bezugssystemen, etwa an einer Landesgrenze, in ein einheitliches System überführt werden sollen und die Verzerrungen innerhalb der Kartenblätter nicht meßbar sind (M ≥ 1: 1 Mill.). Hier genügt es, die jeweiligen Koordinaten von wenigstens zwei identischen Punkten in den Karten abzugreifen und hieraus die Transformationsparameter zu berechnen. Eine genauere Lösung stellt die *Affintransformation* mit zwei Maßstabsfaktoren dar, welche mindestens drei identische Punkte erfordert (vgl. *Albertz u. Kreiling* 1989).

Die strenge Lösung erfordert hier zunächst die Umformung der geodätischen Koordinaten des Ausgangssystems in ellipsoidisch-geographische Koordinaten des Referenzellipsoids. Liegt den zu berechnenden geodätischen Koordinaten des neuen Systems ein anderes Ellipsoid zugrunde, so muß zwischen diesen eine *Datumstransformation* durchgeführt werden. Dieser Fall liegt vor, wenn auf das Bessel-Ellipsoid bezogene Gauß-Krüger-Koordinaten in auf das Hayford-Ellipsoid bezogene UTM-Koordinaten umzurechnen sind. Anschließend sind die transformierten ellipsoidisch-geographischen Koordinaten in die neuen geodätischen Koordinaten umzuformen. Bei gleich bleibender Bezugsfläche entfällt die Datumstransformation, wie etwa bei der Umformung von UTM-Koordinaten zwischen zwei benachbarten Meridianstreifen. Einzelheiten zur Datums- und Koordinatentransformation findet man z.B. bei *Hofmann-Wellenhof u.a.* (1994). Für die direkte Umrechnung von Gauß-Krüger-Koordinaten in UTM-Koordinaten, bezogen auf das Ellipsoid des GRS 80, stellt *Schuhr* (1997) das Verfahren der *konformen Transformation* vor.

3. Topographische Landesaufnahme

Grundlage der Kartenherstellung sowie der Einrichtung von Geoinformationssystemen sind topographische Vermessungen, zusammengefaßt unter dem Begriff *Topographie* (griech. Ortsbeschreibung), als Teilgebiet der Geodäsie. Sie umfaßt alle Verfahren zur Erfassung der natürlichen und künstlichen Objekte der Erdoberfläche von der Aufnahme bis zur Präsentation der Ergebnisse und ist zentraler Aufgabenbereich der (i.a. staatlichen) Landesaufnahme zur Bereitstellung von Basisdaten in Form von Grundkarten oder digitalen Landschaftsmodellen. Derartige Vermessungen sind aber auch erforderlich für die Herstellung von Planungsunterlagen für bautechnische Maßnahmen (Verkehrswegebau, Hochbauten u.a.) oder in der Bodenordnung (Flurbereinigung) bzw. für die Bestandsaufnahme nach Abschluß solcher Projekte.

Die *topographische Vermessung* erfolgte ursprünglich mit einfachen Instrumenten und relativ geringer Genauigkeit. Die Meßtischtachymetrie ermöglichte schließlich eine genauere und systematische Aufnahme, verbunden mit einer unmittelbaren Kartierung und Zeichnung im Felde, und war damit bis in die 30-er Jahre des 20. Jh. das vorherrschende Verfahren der Landesaufnahme. Durch die Zahlentachymetrie konnte infolge der Trennung von Aufnahme und Auswertung eine Beschleunigung der topographischen Vermessung erreicht werden. Sie wird heute als 'Elektronische Tachymetrie' für kleinere Projekte eingesetzt. Für umfangreichere Aufgaben sowie für die Landesaufnahme zur Kartenherstellung sind seit längerem *Fernerkundungsverfahren* vorherrschend. Hierzu gehören die Luftbildmessung, das Laser-Scanning, die Erfassung mit optischen Scannern, insbesondere von Satelliten aus, und Radarverfahren. Die letztgenannten Methoden ermöglichen auch die Herstellung der immer wichtiger werdenden Bildkarten. Welches Aufnahmeverfahren zur Anwendung kommt, hängt von unterschiedlichen Faktoren, wie Art und Genauigkeit des Endprodukts, Größe, Beschaffenheit und Zugänglichkeit des Aufnahmegebiets (Relief, Vegetation, Bebauung u.ä.) ab und kann nur projektabhängig entschieden werden.

3.1 Aufnahmeobjekte

Die natürlichen und künstlichen Objekte sowie sonstigen Erscheinungsformen der Erdoberfläche werden gegliedert in Situation (Grundrißobjekte) und Relief (Höhen und Geländeformen), also die vertikale Gliederung der Erdoberfläche. Die Objekterfassung umfaßt sowohl die Vermessung von Form und räumlicher Lage (geometrische Information) als auch die Attributierung, d.h. die Objektbeschreibung und -erläuterung (semantische Information).

3.1.1 Situation

Unter Situation werden alle abgrenzbaren Objekte bzw. Objektbereiche (Diskreta) verstanden, deren Grundriß definiert und damit unmittelbar erfaßbar ist. Hierzu gehören

- Verkehrswege (Wege, Straßen, Eisenbahnen),
- Gewässer (Bäche, Flüsse, Kanäle, Seen, Meere),
- Siedlungen (Wohn- und Wirtschaftsgebäude, öffentliche Gebäude, Industrieanlagen),
- Topographische Einzelheiten kleineren Ausmaßes (Zäune, Hecken, Mauern, Laternen, Masten u.a.),
- Vegetation (Wald, Grünland, Garten, Einzelbäume u.a.).

Welche Objekte aufgenommen werden, d.h. die qualitative und quantitative Erfassung, ist maßstabsabhängig und wird bei amtlichen topographischen Vermessungen durch Aufnahmerichtlinien (Objektartenkataloge) geregelt. Das Weglassen, Vereinfachen ggf. auch Zusammenfassen von Objekten bzw. Objekteinzelheiten wird als *Erfassungsgeneralisierung* bezeichnet. Eine wichtige Entscheidungshilfe hierbei sind die in einer graphischen Darstellung gerade noch unterscheidbaren Objektmindestausdehnungen, welche z.B. für flächenhafte Objekte $0,3 \times 0,3$ mm² beträgt (vgl. 4.3). Im Maßstab 1:10000 entspräche dies einer Fläche von 3×3 m². Ungeachtet dessen setzt die sachgerechte Aufnahme sehr viel Erfahrung voraus.

3.1.2 Höhen und Geländeformen

Die Kenntnis über absolute Höhen, Höhenunterschiede, Neigungen und Formen des Geländes ist sowohl in den Geowissenschaften als auch in den technisch-planerischen Bereichen unverzichtbar. Da die Geländeoberfläche als unregelmäßiges Kontinuum nicht durch mathematische Regelflächen beschreibbar ist, sind Vermessung und Darstellung ungleich schwieriger als die der Situation. Ihre Entstehung geht auf weitgehend lange zurückliegende geologische und geomorphologische Vorgänge zurück, d.h. auf die Auswirkung endogener und exogener Kräfte, welche aber teilweise nach wie vor wirksam sind und auch zu kurzfristigen Veränderungen führen.

Die Beschreibung der Wirkungsmechanismen ist Gegenstand der Geomorphologie (vgl. *Ahnert* 1996) und kann hier nur angedeutet werden. *Endogene Kräfte* führen in langen Zeiträumen zu großräumigen Veränderungen, wie zur Bildung von Faltengebirgen durch Biegungs- und Bruchverformungen (Orogenese) oder zu Hebungen und Senkungen des Festlandes (Epirogenese). Ihre kurzfristige Wirkung durch Vulkanismus und Erdbeben führt zu räumlich begrenzten Veränderungen der Erdoberfläche. *Exogene Kräfte* werden im Vergleich mit Orogenese und Epirogenese ebenfalls relativ kurzfristig wirksam. Hierzu gehören die Auswirkung des Wassers durch Überschwemmungen, Sturmfluten, Erdrutsche, fluviatile Erosion, Mündungsablagerungen u.a., sowie die des Windes durch Sturm und Bodenerosion mit ihren Folgen. Das Eis hat in der Eiszeit insbesondere auch in Norddeutschland zu charakteristischen Landschaftsformen geführt (Moränen, Moore, Seen). Ähnliches gilt für die Gletscher im Hochgebirge. Zudem führt hier der Spaltenfrost zusammen mit der Sonneneinstrahlung zur mechanischen Verwitterung und damit zur Bildung von Schuttkegeln und Geröllfeldern. Erheblichen Einfluß auf die Veränderungen der Erdoberfläche hat der Mensch durch seine größtenteils irreversiblen Eingriffe in die Natur mit ihren unmittelbaren kurzfristigen und mittelbaren langfristigen Folgen. Hierzu gehören Bodenversiegelung durch Bebauung, Waldrodung, Tagebau, Talsperrenbau u.ä., aber auch die Klimaveränderungen infolge der ‚Vergiftung‘ der Atmosphäre. Durch das kumulative Zusammenwirken der exogenen Kräfte kommt es zu teilweise gravierenden Veränderungen der Erdoberfläche.

Für eine sachgerechte Modellierung der vielgestaltigen und ‚rauhen‘ Geländeoberfläche ist eine Aufnahme erforderlich, die einerseits keine charakteristischen Details vernachlässigt, andererseits aber eine hinreichende Glättung erzeugt. Die hier vorzunehmende Erfassungsgeneralisierung ist im Gegensatz zu der bei der Situationsaufnahme ungleich schwieriger und setzt neben geomorphologischen Kenntnissen entsprechende Erfahrungen voraus. Gleiches gilt für die spätere kartographische Generalisierung bei der Ableitung von Folgekarten (vgl. 4.5.1).

Die Geländeaufnahme und -darstellung kann punkt- oder linienförmig erfolgen. Im ersten Fall wird das Gelände in Lage und Höhe durch ein Punktfeld erfaßt, welches so angelegt ist, daß die Höhe weiterer Geländepunkte nach bestimmten Vorschriften hieraus interpoliert werden kann. Derartige das Gelände repräsentierende Punktfelder werden als *Digitales Geländemodell* (DGM) bezeichnet (vgl. 7.2.3). Eine weitaus anschaulichere Methode ist die der Modellierung durch *Höhenlinien* (Isohypsen, Schichtlinien), welche Punkte gleichen lotrechten Abstandes von einer Bezugsfläche (z.B. NHN) miteinander verbinden. Man erhält sie durch Interpolation aus einem DGM oder unmittelbar durch Ausmessung von Luftbildern (vgl. 3.4.2). Andere Darstellungsmethoden des Reliefs sind in mittel- und kleinmaßstäbigen Karten erforderlich (vgl. 4.5).

3.2 Referenzsysteme

Die Durchführung einer Landesaufnahme setzt ein *Geodätisches Bezugssystem* (Referenzsystem) voraus, wobei, bedingt durch die Entwicklung von Wissenschaft und Praxis in der Geodäsie sowie durch unterschiedliche Meßverfahren, zwischen Lage- und Höhenbezugssystemen unterschieden wird. Im Folgenden können nur die wesentlichen Merkmale von Referenzsystemen dargestellt werden. Weitergehende Ausführungen entnehme man der Fachliteratur (z.B. *Bauer* 2003, *Kahmen* 1997, *Torge* 2003).

3.2.1 Lagebezugssysteme

Als Lagebezugssysteme wurden bereits im 19. Jahrhundert sog. *konventionelle* bzw. *lokal bestanschließende* Ellipsoide verwendet, wie z.B. das Bessel-Ellipsoid von 1841 in Deutschland. Diese bildeten nur geeignete Bezugsflächen für ein Land oder eine größere Region und ihr Mittelpunkt wich vom Zentrum der Erde (Geozentrum) erheblich ab. Erstmalig wurde das von dem Amerikaner *Hayford* 1909 berechnete und nach ihm benannte Ellipsoid im Jahre 1924 von der *Internationalen Union für Geodäsie und Geophysik* (IUGG) als *Internationales Ellipsoid* vorgeschlagen und fand eine weite Verbreitung. Insbesondere durch die Intensivierung von Schweremessungen konnten die Ellipsoidberechnungen ständig verfeinert werden und führten schließlich unter Einbeziehung physikalischer Parameter zum ebenfalls von der IUGG empfohlenen *Geodätischen Referenzsystem 1980* (GRS 80) mit einem mittleren Ellipsoid. Dessen Parameter sind zugleich Bestandteil des *World Geodetic System 1984* (WGS 84) und des *European Terrestrial Reference System 1989* (ETRS 89). Diese bilden heute die Grundlage für die Kartenherstellung, die Positionierung und die Navigation (vgl. *Torge* 2003).

Die Festlegung des Lagebezugssystems eines Landes gegenüber einem globalen geozentrischen System (vgl. 2.2) wird als *Geodätisches Datum* bezeichnet und ist durch die Halbachsen *a* und *b* des Referenzellipsoids und, unter Annahme von Achsparallelität, durch die Koordinatendifferenzen ΔX, ΔY und ΔZ zwischen Ellipsoidmittelpunkt und Geozentrum gegeben. Beim Übergang von einem Referenzellipsoid auf ein anderes im Rahmen einer Koordinatentransformation (vgl. 2.6) ist eine *Datumstransformation* erforderlich, welche allgemein die Kenntnis von insgesamt sieben Datum-Shift-Parametern einer räumlichen Ähnlichkeitstransformation voraussetzt (vgl. *Graf* 1988).

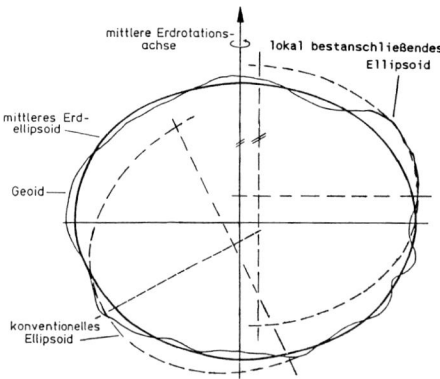

Abb. 3.2.1: Ellipsoide als geodätische Bezugsflächen (nach *Heck* 1987)

Für Vermessungen zur Objekterfassung werden neben einer geeigneten Bezugsfläche auch Koordinatensysteme benötigt, wie sie im Kap.2 beschrieben wurden. Da eine unmittelbare Realisierung von Koordinatenlinien auf der Erdoberfläche auf praktische Schwierigkeiten stößt, wurden an geeigneten Stellen *Lagefest-punkte* festgelegt und kenntlich gemacht, sowie zunächst ihre geographischen Koordinaten (φ, λ) ermittelt. Für deren Bestimmung bildet das feste System der Fixsterne einen geeigneten Bezug. Infolge der Erdbewegung ist der Aufwand der hierfür erforderlichen Messungen (astronomische Beobachtungen) außerordentlich hoch, so dass man sich auf die Festlegung eines *Fundamentalpunktes* (Zentralpunkt) beschränkte. Die geographischen Koordinaten aller weiteren Punkte wurden, bezogen auf das Referenzellipsoid, mit Hilfe unmittelbarer Winkel- und Streckenmessungen zwischen ihnen berechnet. Da eine direkte und genaue Streckenmessung über große Entfernungen zunächst nicht möglich war, ermittelte man nur wenige Strecken indirekt mit hohem Aufwand (Basisvergrößerungsnetz) und beschränkte sich für die weitere Koordinatenbestimmung auf die sehr genaue Winkelmessung mit Präzisionstheodoliten innerhalb der durch die Punkte gebildeten Dreiecke. Hieraus resultierte der Begriff der Triangulation und die Lagefestpunkte wurden als *Trigonometrische Punkte* (TP) bezeichnet.

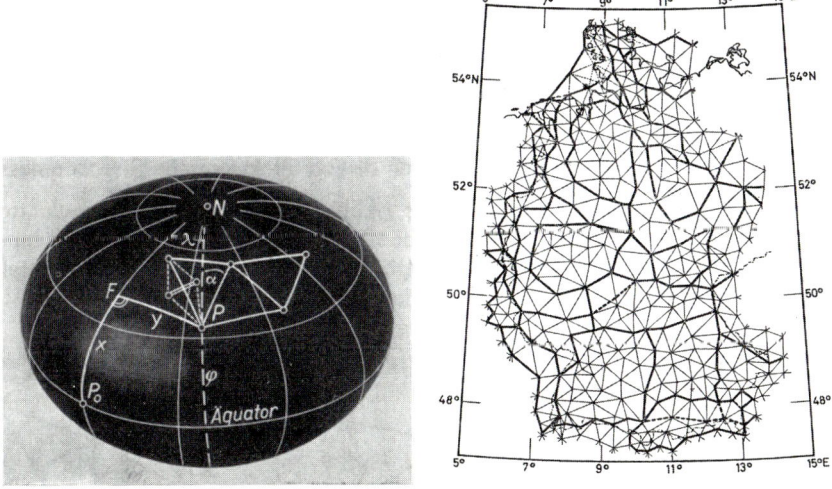

Abb. 3.2.2: Prinzip der Bestimmung von Lagefestpunkten durch Triangulation (nach *Hake* 1982) und Deutsches Hauptdreiecksnetz (nach *Kahmen* 1997)

Erst mit der Entwicklung weitreichender und genauer elektronischer Entfernungsmeßgeräte in den sechziger Jahren wurde die direkte Streckenmessung eingeführt. So entstand im Laufe von Jahrzehnten das *Deutsche Hauptdreiecksnetz* (DHDN), ein Festpunktfeld mit Punktabständen zwischen 30 und 50 km und geographisch-ellipsoidischen Koordinaten, welche anschließend in das Gauß-Krüger-System des jeweiligen Meridianstreifens umgerechnet wurden (vgl. 2.5.2).

 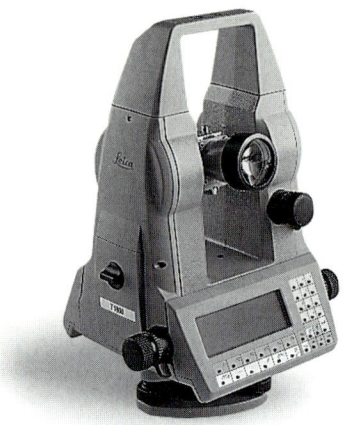

Abb. 3.2.3: Theodolit aus dem Jahre 1930 (Hildebrand, Freiberg) und elektronischer Theodolit Leica T 1000 (Leica Geosystems AG, Heerbrugg/Schweiz)

Da der Punktabstand für Detailvermessungen zu groß war, erfolgte die Verdichtung durch weitere Vermessungen, so dass heute etwa zwei TP je km² vorliegen. Wegen der Notwendigkeit einer unmittelbaren Sichtverbindung zwischen benachbarten Punkten wurden sie weitgehend an hochgelegenen Stellen eingerichtet und ggf. mit besonderen Signalgerüsten versehen. Als besonders günstig erwiesen sich, insbesondere für die Punkte des Hauptdreiecksnetzes, hohe künstliche Bauwerke (Kirchturmspitzen u.ä.). Die Sicherung der TP (Vermarkung) erfolgte durch Granitsteine mit einer zusätzlichen Bodenplatte.

3.2.2 Höhenbezugssysteme

Als Höhenbezugsfläche wäre idealerweise das auch für die Lagebestimmung verwendete Ellipsoid denkbar. Die in der Geodäsie verwendeten Meßinstrumente orientieren sich jedoch durch Libellen bzw. Kompensatoren an der Richtung der Schwerkraft, welche ihrerseits in engem Zusammenhang mit der ‚eigentlichen‘ Erdfigur, dem Geoid steht (vgl. 2.1). Dessen Unregelmäßigkeiten, resultierend aus den Schwerkraftanomalien, wirken sich bei Höhenmessungen im Gegensatz zu den Lagemessungen unmittelbar auf das Ergebnis aus. Damit muß das Geoid als Höhenbezugsfläche verwendet werden. Da dieses zunächst weitgehend unbekannt war, bezogen sich die Höhen der meisten Länder auf das Mittelwasser eines nahe gelegenen Meeres, welches der ‚idealisierten Meeresoberfläche‘ als Teil des Geoids am nächsten kommt.

Für Deutschland wurde bereits im Jahre 1879 eine derartige Höhenbezugsfläche durch den Anschluß an das Mittelwasser der Nordsee am ‚Amsterdamer Pegel' hergestellt und ein Normalhöhenpunkt (NHP) mit 37,000 m über *Normal-Null* (NN) an der Berliner Sternwarte festgelegt. Hierauf basierte schließlich das zwischen 1912 und 1956 entstandene *Deutsche Haupthöhennetz 1912* (DHHN 12). Da dieses eine insgesamt sehr inhomogene Genauigkeit aufwies, wurde es zwischen 1980 und 1985 erneuert (DHHN 85). In der DDR galt seit 1979, wie in allen Staaten des ‚Ostblocks', eine Höhenbezugsfläche *Höhennull* (HN), welche sich an den ‚Kronstädter Pegel' bei St. Petersburg anschloß, mit einer Höhendifferenz von etwa +15cm zu *Normal-Null* (NN). Dies erforderte in den 90-er Jahren eine Angleichung der Systeme zwischen den alten und neuen Bundesländern. Da die Höhenmessung instrumentell bedingt mit der Schwerkraft korreliert ist und seit längerem ein dichtes Schwerenetz existierte, waren zugleich Korrekturen für die Höhenfestpunkte möglich. Hieraus resultierte schließlich ein neues Höhenbezugssystem mit der Bezeichnung *Deutsches Haupthöhennetz 1992* (DHHN 92) und die neue Höhenbezugsfläche wird als *Normalhöhennull* (NHN) bezeichnet. Die Differenzen zwischen NN- und NHN-Höhen können mehrere Zentimeter betragen, was bei präzisen Höhenmessungen beachtet werden muß. Für topographische Vermessungen und für die Höhendarstellung in Karten, in denen die Höhen ohnehin nur auf Dezimeter oder Meter angegeben sind, ergeben sich praktisch keine Auswirkungen.

Abb. 3.2.4: Deutsches Haupthöhenetz (DHHN 92) (nach *Lang* 1994)

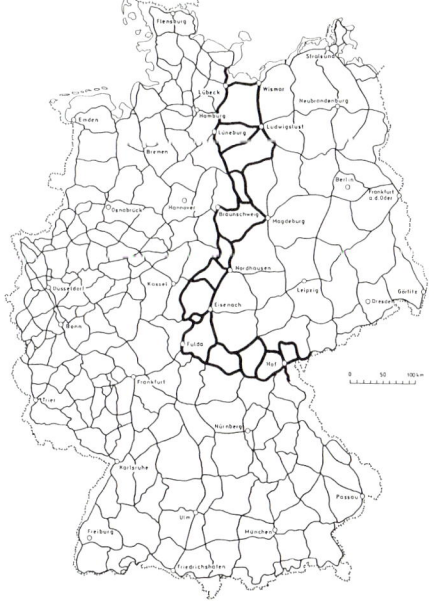

Die Dichte des dem Haupthöhennetz nachgeordneten Höhenfestpunktfeldes ist wesentlich abhängig von der Besiedelungsdichte. Während in den Städten, vor allem bedingt durch eine rege Bautätigkeit, zahlreiche Punkte zu finden sind, können die Abstände im ländlichen Bereich mehrere Kilometer betragen. Neben der Vermarkung durch Granitpfeiler (ähnlich den TP) für die übergeordneten Festpunkte verwendet man für die nachgeordneten Punkte bevorzugt sog. Höhenbolzen an festen Bauwerken.

Für die Höhenbestimmung gibt es unterschiedliche Verfahren. Bei präzisen Höhenmessungen mit einer Genauigkeit bis zu 0,1 mm, wie sie z.B. für das Festpunktfeld oder die Errichtung und Überwachung von Bauwerken erforderlich ist, ist das *Nivellement* die bevorzugte Meßmethode. Das Prinzip ist aus Abb. 3.2.5 ersichtlich. Ausgehend von einem Festpunkt wird der Höhenunterschied zu einem Neupunkt nicht direkt, sondern in Teilabschnitten über sog. Wechselpunkte ermittelt. Auf diesen wird nacheinander eine in Zentimeterfelder geteilte oder codierte Nivellierlatte aufgestellt. Das jeweils in der Mitte aufgestellte Nivellierinstrument gestattet durch eine exakte horizontale Visur die unmittelbare fortlaufende Ermittlung der Höhenunterschiede, deren Summierung schließlich den Gesamthöhenunterschied ergibt. Zur Erzielung o.g. Genauigkeit sind ein hoher Messungsaufwand sowie die Berücksichtigung äußerer Einflüsse (z.B. Refraktion) erforderlich.

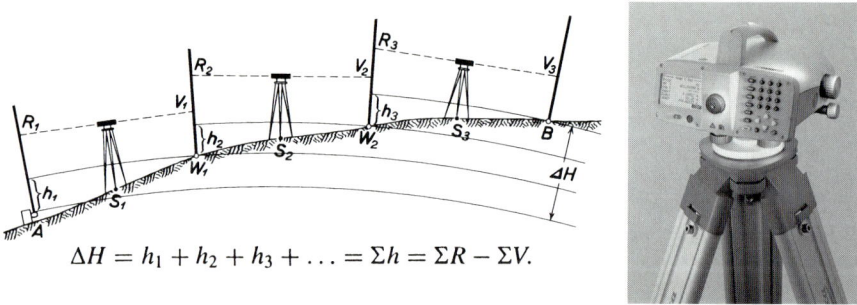

$$\Delta H = h_1 + h_2 + h_3 + \ldots = \Sigma h = \Sigma R - \Sigma V.$$

Abb. 3.2.5: Prinzip der Höhenmessung durch Nivellement (nach *Hake* 1982) und Digital-Nivellier Leica DNA (Leica Geosystems, Heerbrugg/Schweiz)

Für viele Aufgaben, u.a. auch für die topographische Vermessung, ist das zwar weniger genaue, aber auch weniger aufwendige Verfahren der *trigonometrischen Höhenmessung* geeigneter (vgl.3.3.1). Eine weitere Methode, sehr viel geringerer Genauigkeit ($\geq \pm 1$ m), ist die *barometrische Höhenmessung*, die in der Frühzeit der topographischen Vermessung Anwendung fand.

3.2.3 Satelliten-Positionierungssysteme

Für die Bestimmung der Koordinaten eines beliebigen Standortes auf der Erde in einem globalen Koordinatensystem war lange Zeit die astronomische Ortsbestimmung mit Hilfe von Fixsternen und Sonne die einzige Methode. Um mit diesem Verfahren eine für Zwecke der Landesaufnahme hinreichende Genauigkeit zu erzielen, war der Messungsaufwand zu hoch, so dass man seine Anwendung i.a. auf die Orientierung geodätischer Bezugssysteme beschränkte. Für die Navigation im See- und Flugverkehr waren es der Sextant und später Funkortungsverfahren, die eine Positionsbestimmung sehr viel geringerer, aber i.d.R. ausreichender Genauigkeit ermöglichten.

Im Jahre 1973 gab das amerikanische Verteidigungsministerium die Entwicklung eines satellitengestützten Systems für militärische Zwecke in Auftrag, welches die Bestimmung von Position und ggf. auch Geschwindigkeit beliebiger ruhender bzw. bewegter Objekte, an beliebigen Orten der Erde, zu jeder Zeit und witterungsunabhängig ermöglichen sollte. Das Ergebnis war das *Navigation System with Timing and Ranging Global Positioning System* (NAVSTAR GPS), kurz als GPS bezeichnet.

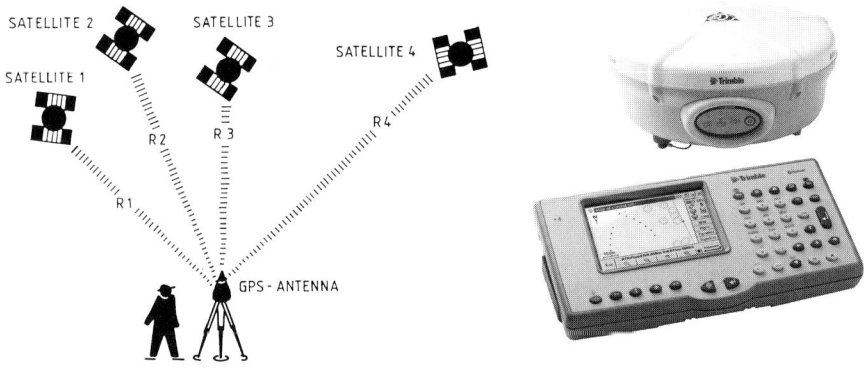

Abb. 3.2.6: Prinzip der Positionsbestimmung mittels Satelliten (nach *Seeber* 1989) und GPS-Empfänger mit Kontrolleinheit (Trimble GmbH, Raunheim)

Der Positionsbestimmung mittels GPS liegt das Prinzip des räumlichen Bogenschnitts zugrunde. Ermittelt man die Entfernungen zwischen einem Standort und drei in einem räumlichen Koordinatensystem (X,Y,Z) bekannten Punkten, so lassen sich hieraus die Koordinaten des gesuchten Standpunktes ermitteln. Die koordinatenmäßig bekannten Punkte werden durch Satelliten realisiert, deren genaue Position sich zu jedem Zeitpunkt aus den Daten ihrer Umlaufbahnen bestimmen läßt. Diese werden den von den Satellitensendern ausgestrahlten Radiosignalen aufmoduliert, wobei die Messung der Laufzeit des Signals vom Sender zum Empfänger im gesuchten Standort die Entfernung ergibt. Infolge mangelhafter Synchronisation zwischen Satelliten- und Empfängeruhren entsteht eine Zeitverschiebung, welche als unbekannte Größe neben den drei gesuchten Standortkoordinaten schließlich die Entfernungsbestimmung zu vier Satelliten erforderlich. Damit an jeder Stelle der Erde zu jedem beliebigen Zeitpunkt eine Positionsbestimmung erfolgen kann, umrunden (seit 1993) 24 Satelliten in einer Höhe von etwa 20000 km und mit einer Umlaufzeit von etwa 12 Stunden die Erde. Die Satelliten sind auf drei um 60° gegeneinander versetzten Bahnebenen verteilt, deren Neigung gegenüber der Äquatorialebene etwa 55° beträgt. Mehrere Kontrollstationen auf der Erde steuern und überwachen das System. Die für einen Neupunkt im WGS 84-System ermittelten geozentrischen Koordinaten können dann in beliebige andere Koordinatensysteme, wie z.B. UTM-Koordinaten, transformiert werden.

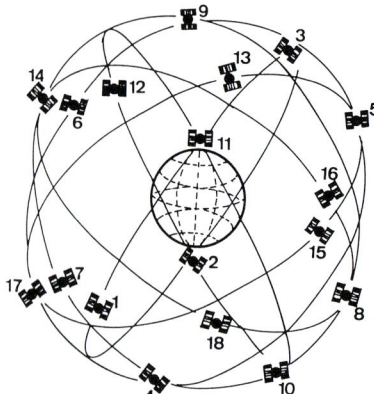

Abb. 3.2.7: Satellitenbahnen von NAVSTAR-GPS (nach *Seeber* 1989)

Aus militärischen Gründen kann die Genauigkeit der unmittelbaren Ortsbestimmung (Echtzeit-Navigation) durch eine künstliche Verfälschung der Bahndaten (Selective Availability, SA) sowie durch eine Verschlüsselung der von den Satelliten ausgesandten Signale (Anti-Spoofing, A-S) eingeschränkt werden, so dass man lediglich eine für einfache Navigationsaufgaben allerdings ausreichende Genauigkeit von etwa 100 m in der Lage und 150 m in der Höhe erhält. Nur autorisierte, i.d.R. US-militärische Einrichtungen, können die verfälschten Daten decodieren. Die Sicherungsmaßnahme SA ist seit Mai 2000 (vorübergehend) deaktiviert, so dass z. Z. eine Navigationsgenauigkeit von etwa 10 m erreicht werden kann.

Neben diesen Einschränkungen begrenzen zahlreiche äußere, nicht hinreichend erfaßbare Einflüsse die Genauigkeit der Ergebnisse und führten zur Entwicklung einer für Zwecke der geodätischen Koordinatenbestimmung speziellen Meßmethode. Diese besteht darin, die vom Satelliten ausgesandten Signale sowohl am unbekannten Standort, als auch gleichzeitig an mindestens einer weiteren, in der näheren Umgebung liegenden Referenzstation zu empfangen. Hierbei handelt es sich um einen bzw. mehrere Festpunkte mit bekannten Koordinaten, so dass die das Ergebnis verfälschenden Einflüsse durch Differenzbildung eliminiert werden können und eine relative Genauigkeit von etwa einem Zentimeter erreicht wird (Differential GPS oder DGPS). Die Landesvermessungsbehörden haben unter der Bezeichnung SAPOS ein Netz von Referenzstationen geschaffen, welche permanent die für eine präzise Positionsbestimmung und Navigation erforderlichen Daten bereitstellen.

Ein weiteres Satellitenpositionierungssystem ist das noch von der UDSSR aufgebaute und jetzt von den Staaten der russischen Föderation betriebene GLONASS, welches ebenso wie GPS vorwiegend militärischen Zwecken dient. Um hiervon unabhängig zu werden, hat die EU den Aufbau eines eigenen vor allem für zivile Zwecke gedachten *Global Navigation Satellite System* (GNSS) unter dem Namen GALILEO beschlossen. Die traditionellen Methoden der Festpunktbestimmung werden damit zunehmend abgelöst durch die unmittelbare Koordinatenbestimmung mit Hilfe von Satelliten. Umfangreiche Darstellungen zur Satellitenpositionierung, insbesondere für die Praxis, findet man bei *Bauer* (2003) und *Hofmann-Wellenhof u.a.* (1994).

3.3 Tachymetrische Aufnahmeverfahren

Die Entwicklung der topographischen Vermessung war naturgemäß mit den Fortschritten im Instrumentenbau für Winkel-, Strecken- und Höhenmessungen verknüpft. Bis ins 19. Jh. waren die Bussole, ein Kompaß mit Winkelteilkreis und Visiereinrichtung, und das Barometer zur Höhenmessung üblich. Entfernungen erhielt man durch Abschreiten oder mit Hilfe sog. Meßketten (vgl. *Habermeyer* 1993). Diese Instrumente waren auch bei der *kartographischen Routenaufnahme* von Bedeutung, ein Verfahren, das für die topographische Aufnahme bei Forschungsexpeditionen angewandt wurde und zu kleinmaßstäbigen Kartierungen führte (vgl. *Hoffmann* 1973).

Bereits im Jahre 1560 konstruierte der holländische Astronom *Frisius* einen *Meßtisch* für die Feldkartierung, dessen Meßeinrichtung aus einem Diopterlineal bestand, mit dem man Objekt- und Geländepunkte anzielen und die Entfernung zu ihnen maßstäblich abtragen konnte. Einen deutlichen Fortschritt brachte die Entwicklung des *Theodoliten* mit Zielfernrohr zur Horizontal- und Vertikalwinkelmessung. In Verbindung mit ‚Reichenbachschen Distanzfäden' zur indirekten Entfernungsmessung mit Hilfe einer in cm-Felder geteilten Meßlatte, 1810 von dem Mechaniker Georg von Reichenbach entwickelt, konnten alle für die Neupunktbestimmung erforderlichen Messungselemente gleichzeitig von einem Standpunkt aus ermittelt werden. Das Meßverfahren wurde daher auch als *Tachymetrie*, sinngemäß Schnellmessung, und die Instrumente als *Tachymeter* bezeichnet. Durch weitere optische und mechanische Verfeinerungen wurde schließlich erreicht, dass sich die Kartierelemente, Horizontalstrecke und Höhenunterschied, ohne zeitraubende Berechnungen unmittelbar aus den Instrumentenablesungen ergaben. Das gleiche Konstruktionsprinzip findet sich auch im Beobachtungsinstrument des Meßtisches, der *Kippregel* wieder. Diese auch als *Reduktionstachymeter* bezeichneten Instrumente wurden erst in den sechziger

Jahren durch *Elektronische Tachymeter*, eine Kombination aus elektronischem Theodolit und elektrooptischem Distanzmesser abgelöst.

3.3.1 Prinzip tachymetrischer Verfahren

Die den tachymetrischen Verfahren zugrunde liegende Meßmethode wird in der Vermessungskunde als *Polares Anhängen* bezeichnet. Nach Aufbau des Meßinstruments (Tachymeter oder Meßtisch) auf einem Festpunkt F, dessen Landeskoordinaten und -Höhe bekannt sind, werden der Horizontalwinkel β, der Zenitwinkel z und die Horizontalstrecke s zum Neupunkt P gemessen. Sind der Standpunkt F_1 und eine weiterer Festpunkt F_2 in einem Koordinatensystem kartiert, so können der Winkel β und die Strecke s direkt maßstäblich abgetragen werden. Man erhält ohne weitere Rechnung den Neupunkt. Die Berechnung von Landeskoordinaten x,y (bzw. R,H beim Gauß-Krüger-System) und der Höhe h ergibt sich entsprechend Abb.3.3.1 und Abb.3.3.2.

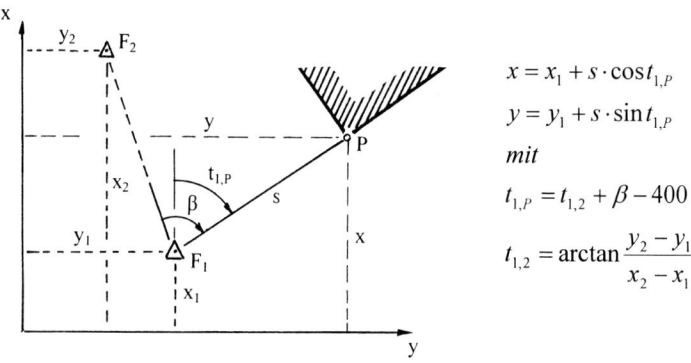

$$x = x_1 + s \cdot \cos t_{1,P}$$

$$y = y_1 + s \cdot \sin t_{1,P}$$

mit

$$t_{1,P} = t_{1,2} + \beta - 400$$

$$t_{1,2} = \arctan \frac{y_2 - y_1}{x_2 - x_1}$$

Abb. 3.3.1: Bestimmung von Objektkoordinaten durch Polares Anhängen

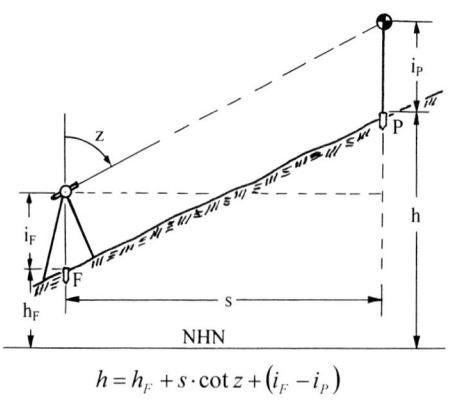

Abb. 3.3.2: Höhenbestimmung durch trigonometrische Höhenmessung

$$h = h_F + s \cdot \cot z + \left(i_F - i_P \right)$$

3.3.2 Die ‚klassische' Meßtischaufnahme

Wegen ihrer großen Bedeutung als ‚klassisches' Verfahren der Landesaufnahme und ihrer Verwendung als Kontroll- und Ergänzungsverfahren bis in die jüngste Vergangenheit sei das Aufnahmeprinzip der *Meßtischtachymetrie* hier kurz dargestellt.

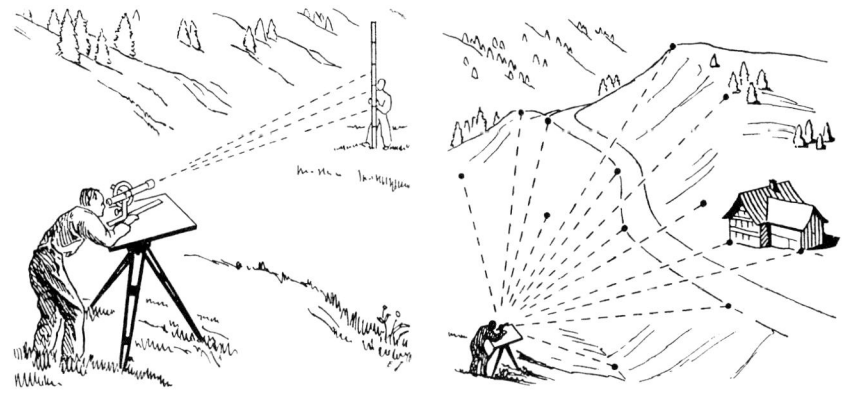

Abb. 3.3.3: Prinzip der Meßtischaufnahme (nach *Imhof* 1968)

Meßtisch und Kippregel wurden über einem lage- und höhenmäßig bekannten Punkt zentriert, horizontiert und mit Hilfe eines weiteren Festpunktes nach Norden orientiert. Auf dem Meßtisch befand sich ein Zeichnungsträger mit einem maßstäblichen Koordinatennetz und kartierten Festpunkten. Auf den Neupunkten wurde nacheinander eine in cm-Felder eingeteilte Meßlatte lotrecht aufgestellt und mit der Kippregel angezielt. Der in der Strichkreuzebene des Fernrohrs jeweils abgebildete Lattenabschnitt ergab nach Multiplikation mit einfachen Konstanten die Horizontalentfernung und den Höhenunterschied. Die Lage des Neupunktes erhielt man dann durch maßstäbliches Abtragen am Kippregellineal und seine NN-Höhe durch Addition des Höhenunterschiedes zur NN-Höhe des Standpunktes. Nach Aufnahme einer genügenden Anzahl von Punkten wurden unmittelbar die Grundrißobjekte gezeichnet und aus den Höhenpunkten des Geländes die Höhenlinien interpoliert. Da das bestehende Festpunktfeld für eine Detailvermessung in der Regel nicht ausreichte, wurden zusätzliche Standpunkte über graphische Verfahren oder über Tachymeterzugmessung bestimmt.

Das Verfahren verlangte neben einer sehr sorgfältigen Vorgehensweise bei der Kartierung vor allem die Fähigkeit, die ‚richtigen', das Gelände repräsentierenden Punkte zu erkennen und aufzunehmen. Da sie die Grundlage der Interpolation und Zeichnung der Höhenlinien bildeten, beeinflußte ihre Auswahl entscheidend die Genauigkeit der Höhenlinien. Das Ergebnis der Aufnahme war schließlich ein Kartenentwurf mit Situation und Höhenlinien im gewünschten Maßstab, also eine geometrisch exakte Kartierung, allerdings ohne endgültige graphische Ausgestaltung. Diese blieb der häuslichen Bearbeitung vorbehalten.

Abb. 3.3.4: Meßtisch und Kippregel (Fennel, Kassel)

Wesentliche Vorteile der Meßtischaufnahme waren die unmittelbare Kontrolle im Feld und die Einsparung von Neupunkten, insbesondere durch den Entwurf der Höhenlinien ‚im Anblick des Geländes'. Nachteilig waren der große Zeitaufwand bei der Feldarbeit sowie ungünstige Arbeitsbedingungen bei schlechtem Wetter. Dennoch war die Meßtischtachymetrie über Jahrzehnte von großer Bedeutung. Ein hervorragendes Beispiel ist die Herstellung von 3065 ‚Meßtischblättern' 1:25000 in Preußen und weiteren deutschen Staaten zwischen 1875 und 1931 (vgl. *Krauß u. Harbeck* 1985).

3.3.3 Zahlentachymetrie

Ein zur Meßtischaufnahme alternatives Verfahren war die *Zahlentachymetrie*, bei der alle Meßwerte in einem Feldbuch notiert wurden, also ohne zeitraubende Kartierung im Feld. Um bei der späteren häuslichen Bearbeitung eine Identifizierung der aufgenommenen Punkte zu ermöglichen, mußte bei der Aufnahme neben dem Zahlenfeldbuch ein Geländefeldbuch (Kroki) geführt werden. Das Verfahren führte durch die Trennung von Aufnahme und Auswertung zu einer erheblich größeren Flächenleistung. Jedoch fehlte die unmittelbare Kontrolle, die dann nach der Herstellung des Kartenentwurfs durch einen Feldvergleich nachgeholt wurde und ggf. auch Nachmessungen erforderte.

Durch die instrumentelle Entwicklung von den optisch-mechanischen Reduktionstachymetern zu den Tachymetern mit elektronischer Winkel- und Streckenmessung mit Datenregistrierung sowie durch die Fortschritte in der Rechentechnik ist heute ein automatischer Datenfluß von der Aufnahme bis zur Auswertung möglich (*Elektronische Tachymetrie*). Hinzukommt die von keinem anderen Verfahren erreichbare hohe Genauigkeit von 1-2 cm innerhalb der Instrumentenreichweite von bis zu 5 km.

Die Vorgehensweise bei der Aufnahme entspricht der der Meßtischtachymetrie. Ausgehend von zwei bekannten Punkten, als Standpunkt und Orientierungsanschluß, werden die Neupunkte nacheinander mit Hilfe eines dort aufgestellten Reflektors erfaßt und die Meßwerte (Horizontalwinkel, Vertikalwinkel und Strecke) registriert. Die für die Auswertung zusätzlich erforderlichen Informationen, wie Stand- und Zielpunktnummern, Punktarten, Instrumentenhöhen u.ä. werden in Form von Schlüsselzahlen den Meßdaten vorangestellt (Codierung). Parallel zur Messung muß allerdings nach wie vor ein Geländefeldbuch geführt werden, dessen Umfang davon abhängt, welche Auswertesoftware vorliegt. Bei einer reinen Höhenaufnahme und anschließender Berechnung eines digitalen Geländemodells über ein entsprechendes Programm kann die Feldbuchführung auf die Darstellung weniger Großformen beschränkt werden oder sogar vollständig entfallen (*Kohlstock* 1986).

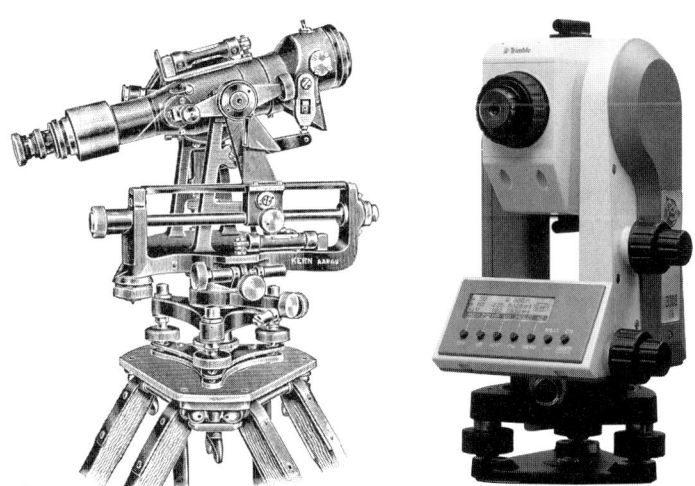

Abb. 3.3.5: Tachymeter von 1926 (Kern, Aarau/Schweiz) und Elektronischer Tachymeter Trimble 3300 DR (Trimble GmbH, Raunheim)

Die eigentliche Geländeaufnahme verlangt sehr viel Erfahrung und wird von besonders geschulten ‚Topographen‘ durchgeführt. Entscheidend ist die richtige

Punktauswahl, d.h. das Erkennen aller Geländestellen, an denen sich die Neigung merklich ändert, insbesondere Kuppen, Mulden, Rücken, Sättel, Steilränder, Böschungen, Rinnen, Terrassen. Kontinuierliche Lage- und Neigungsänderungen werden durch eine Punktfolge, also durch Geradenstücke erfaßt.

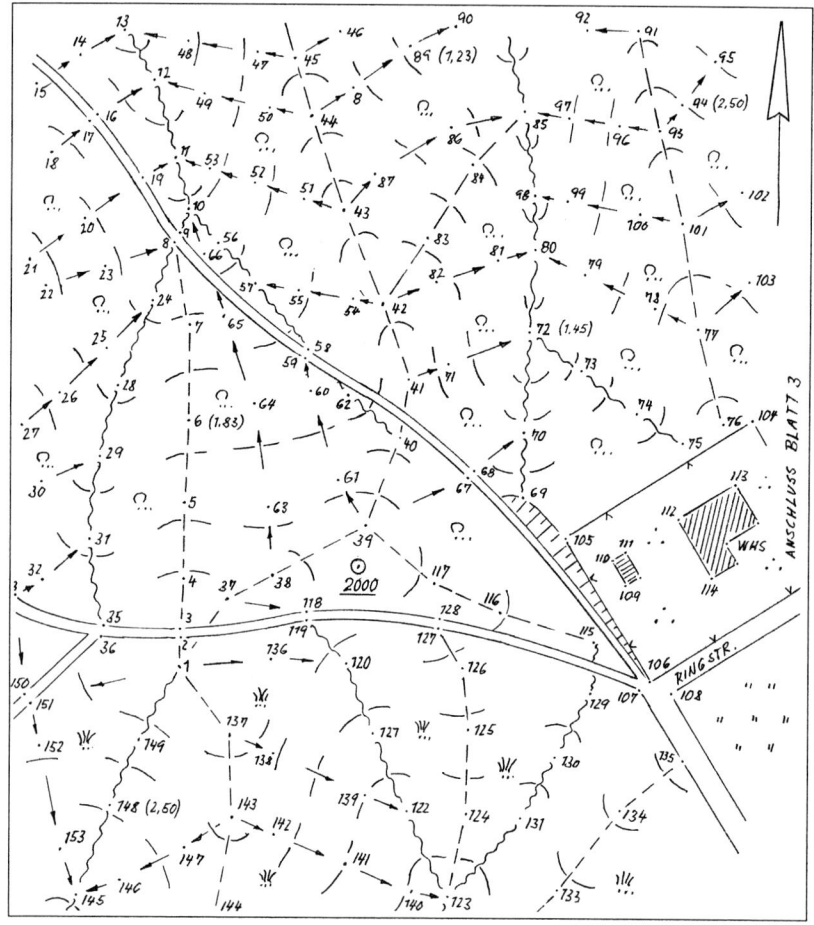

Abb. 3.3.6: Ausschnitt aus einem Geländefeldbuch einer topographischen Vermessung durch Zahlentachymetrie

Bei ausgeprägten Geländeformen erfolgt zunächst die Aufnahme von Rücken und Mulden und anschließend der quer hierzu in Richtung des stärksten Gefälles verlaufenden Profile sowie sonstiger Kleinformen. Rücken und Mulden werden durch gestrichelte bzw. geschlängelte Linien (Geripplinien) im Geländefeldbuch dargestellt. Bei manueller Höhenlinienkonstruktion durch lineare Interpolation zwischen den aufgenommenen Geländepunkten wird die zulässige Interpolationsrichtung außerhalb der Geripplinien durch Pfeile gekennzeichnet. Bei Gelände ohne ausgeprägte Formen erfolgt eine rasterförmige Aufnahme. Die Dichte des Punktfeldes ist abhängig von den Geländeformen, vom Kartenmaßstab bzw. den Genauigkeitsanforderungen für das Endprodukt. Als Faustregel für den maximalen Punktabstand bei großmaßstäbigen Aufnahmen kann gelten $\Delta s \leq m_k/50$ Meter. Damit ergäbe sich für eine Karte 1:1000 ein Maximalabstand von 20 m.

Das Ergebnis der tachymetrischen Aufnahme sind Dateien mit polaren Meßdaten zu den Neupunkten, die in Landeskoordinaten und -höhen umgerechnet werden. Diese Daten bilden zusammen mit den codierten Zusatzinformationen über die Objektarten (Haus, Straße, Geländepunkt u.a.) die Grundlage zur Herstellung topographischer Karten bzw. digitaler Landschaftsmodelle (vgl. Kap.4 und 7.2).

3.4 Luftbildmessung

Die Erfassung der Erdoberfläche mit Luftbildern und deren geometrische Auswertung ist zentrales Teilgebiet der Photogrammetrie, einer Fachdisziplin, welche die Aufnahme und Rekonstruktion von Objekten mittels analoger oder digitaler photographischer Bilder zum Gegenstand hat und deren Ursprung bis ins 19. Jh. zurückgeht. Bereits 1859, zwanzig Jahre nach der Erfindung der Photographie durch die Franzosen *Niepce* und *Daguerre*, konstruierte der französische Oberst *A.Laussedat* einen Photoapparat, mit dem er von verschiedenen Standpunkten aus Geländeaufnahmen durchführte und diese häuslich auswertete. In Anlehnung an die Meßtischaufnahme wurde das Verfahren auch als *Meßtischphotogrammetrie* bezeichnet. Seine Bedeutung blieb gering, da die Auswertung sehr zeitaufwendig war und nur die Rekonstruktion gut identifizierbarer Punkte ermöglichte.

Die systematische Luftbildaufnahme und -auswertung nahm ihren Beginn mit der Konstruktion der ersten Reihenbildkamera durch *O.Messter* (1915) und des ersten Luftbildauswertgeräts (Doppelprojektor) durch *M.Gasser* im gleichen Jahr. Die im Prinzip bis heute unveränderte, aber ständig verfeinerte Aufnahmetechnik erfährt erst seit kurzem eine Veränderung von der analogen zur digitalen Erfassung, während sich die Auswertetechnik bereits seit den siebziger Jahren in einem Entwicklungsprozeß von den analogen zu analytischen und heute zu digitalen Methoden befindet.

3.4.1 Luftbildaufnahme

Der Geometrie des Abbildungsvorganges bei einer Aufnahme mit einem Photoapparat liegt als mathematisches Modell die *Zentralprojektion* zugrunde. Diese ist bestimmt durch den Abstand des Projektionszentrums O von der Bildebene und die Lage des Lotfußpunktes H' des Projektionszentrums in der Bildebene. Die Kenntnis dieser Daten ermöglicht eine Rekonstruktion des Aufnahmestrahlenbündels und damit des aufgenommenen Objektes. Eine Luftbildkamera für Zwecke der geometrischen Auswertung unterscheidet sich daher zunächst von einem konventionellen Photoapparat dadurch, dass der Abstand $OH'=c$, die sog. *Kamerakonstante* ($\approx$ Brennweite f), und die *Lage des Bildhauptpunktes H'*, gegeben durch Rahmenmarken am Bildrand, bekannt sind. Beides zusammen wird als *innere Orientierung* bezeichnet, die Kamera als *Meßkamera* und das Bild als *Meßbild*. Die mathematische Zentralprojektion ist infolge nicht eliminierbarer Objektivfehler nicht streng realisierbar. Die hieraus resultierende *Verzeichnung*, im Wesentlichen radiale Punktverschiebungen von wenigen Mikrometern in der Bildebene, wird vom Kamerahersteller bestimmt und kann bei der Auswertung der Bilder berücksichtigt werden.

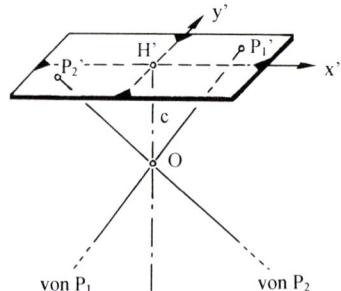

Abb. 3.4.1: Zentralprojektion und Meßbild mit Rahmenmarken

Weitere wesentliche Merkmale einer analogen Luftbildkamera sind das große Bildformat von $23 \times 23\,cm^2$ zur Erzielung eines möglichst großen Abbildungsmaßstabes, eine Vorrichtung zur absoluten Planlage des Films im Moment der Belichtung zur Vermeidung von Abbildungsverzerrungen sowie eine Einrichtung zur Bildbewegungskompensation (FMC), welche im Moment der Belichtung den Film einschließlich Anlegerahmen mit relativer Fluggeschwindigkeit in Flugrichtung mitbewegt, um Abbildungsunschärfen zu verhindern. Wichtige Zusatzgeräte sind ein Navigationsfernrohr bei Sichtflugnavigation sowie ein GPS-Empfänger und ein Inertial-System (INS) zur Bestimmung von Position und Neigung des Flugzeuges bei der Bildaufnahme und zur Instrumenten-Navigation beim Bildflug (vgl. *Grimm* 2003).

Für die verschiedenen Aufgaben der Luftbildauswertung stehen Kameras mit Objektiven unterschiedlicher Brennweite bzw. Kamerakonstanten und damit unterschiedlichem Öffnungswinkel bei gleichem Bildformat zur Verfügung. Während Kameras mit kleinerem Bildwinkel (Schmal- oder Normalwinkelkamera) etwa bei Aufnahmen im Stadtgebiet geringere Verdeckungen aufweisen, sind Kameras mit größerem Bildwinkel (Weit- und Überweitwinkelkamera) infolge des günstigeren Verhältnisses zwischen Basis und Flughöhe ($b:h_g$) und damit günstigen Schnittes der konjugierten Bildstrahlen besonders für die Höhenauswertung geeignet.

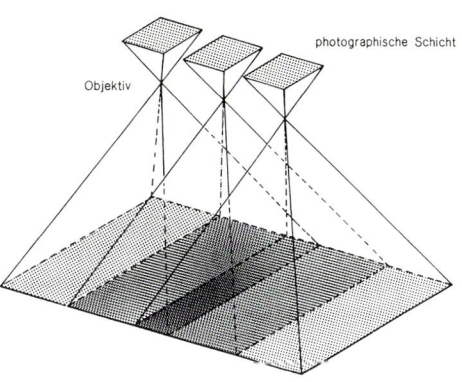

Abb. 3.4.2: Analoge Luftbildkamera RMK TOP 15 (ZI/Imaging, Aalen) und Geländeerfassung bei einer Längsüberdeckung von 60% (nach *Müller u. Strunz* 1987)

Kamera	c [cm]	$b{:}h_g$	Anwendung für (M_k ... Kartenmaßstab)
SW	60	1:6	Luftbildkarten (Orthophoto) bei enger Bebauung und $M_k \geq 1{:}5000$
NW	30	1:3	Luftbildkarten mit $M_k \geq 1{:}10\,000$, Stereoauswertung bei enger Bebauung und $M_k \geq 1{:}10\,000$
WW	15	1:1,5	Luftbildkarten $M_k < 1{:}10\,000$, Stereoauswertung in allen Maßstäben
ÜWW	8,5	1:1	Stereoauswertung $M_k \leq 1{:}10\,000$ im Flachland u. Mittelgebirge

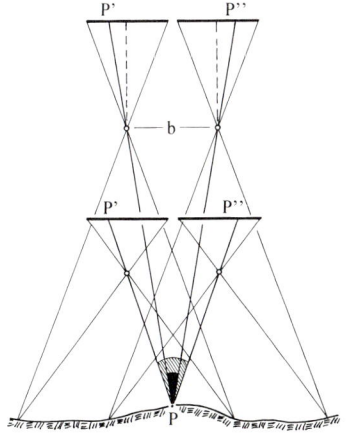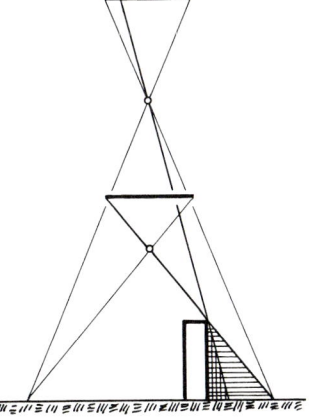

Abb. 3.4.3: Gegenüberstellung von Normal- und Weitwinkelkamera bei der stereoskopischen Aufnahme und bei der Einzelbildaufnahme

Die Fortschritte in der Entwicklung lichtempfindlicher Sensoren dürften bald zu einer Ablösung der analogen durch digitale Luftbildkameras führen. Hiermit ist nicht nur ein höherer Automationsgrad bei der Bildverarbeitung und -auswertung verbunden, sondern auch eine Verbesserung der Bildgüte im Vergleich zum konventionellen Filmmaterial. Über eine entsprechend leistungsfähige digitale ‚Großformatkamera' *UltraCam-D* mit einem Bildformat von $103{,}5 \times 67{,}5\,\mathrm{mm}^2$ berichten *Gruber u.a.* (2003).

Die *Digital Mapping Camera* (DMC) von ZI-Imaging/Aalen verfügt über vier leicht konvergent angeordnete Objektive mit jeweils einer Sensorfläche, wodurch bei jeder Aufnahme vier sich überlappende Teilbilder entstehen (*Hinz u.a.* 2001). Nach deren Entzerrung und Verknüpfung entsteht ein zentralperspektives Gesamtbild, das entsprechend einem analogen Luftbild ausgewertet werden kann. Für die gleichzeitige Erfassung der spektralen Grundfarben Rot, Grün und Blau sowie des nahen Infrarot zur Erzeugung von Farb- bzw. Falschfarbenbildern stehen vier weitere Objektive mit zugehörigen Sensorflächen zur Verfügung, die jeweils die gesamte Bildfläche der panchromatischen Aufnahme, jedoch mit geringerer Auflösung umfassen (vgl.5.2.2). Dem Vorteil der Weiterverwendung der konventionellen Bildverarbeitungsverfahren der analogen Bilder sowie des Verzichts auf die direkte Ermittlung der äußeren Orientierung während des Bildflugs steht der Nachteil eines hohen Kalibrierungsaufwandes des gesamten Aufnahmesystems gegenüber.

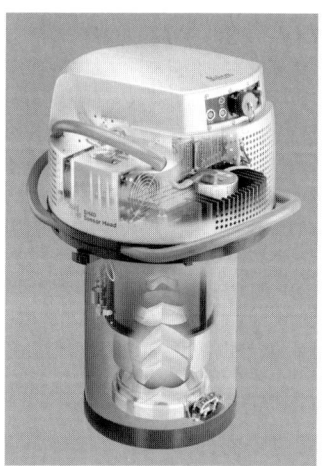 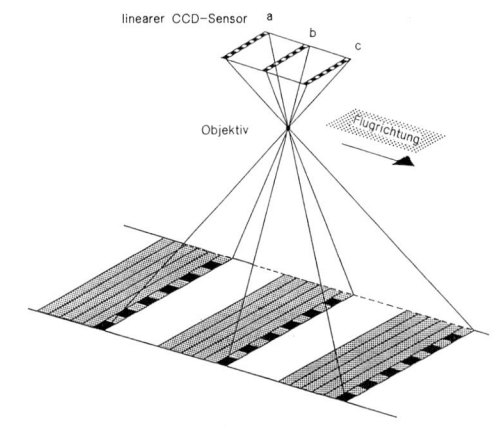

Abb. 3.4.4: Luftbildkamera ‚*Airborne Digital Sensor*' ADS (Leica Geosystems AG, Heerbrugg/Schweiz) und Aufnahmeprinzip einer Drei-Zeilen-Kamera (nach *Müller u. Strunz* 1987)

Der *Airborne Digital Sensor* (ADS) von LH-Systems/Heerbrugg verfügt nur über ein Objektiv, in dessen Bildebene sich drei panchromatisch abbildende Sensorzeilen befinden, wobei die mittlere das Gelände senkrecht, sowie eine jeweils davor und dahinter angeordnete Zeile das Gelände schräg nach hinten bzw. nach vorn erfaßt. Hierdurch entstehen drei kontinuierlich aufgenommene Flugstreifen, die quer zur Flugrichtung jeweils einer zeilenweisen Zentralprojektion entsprechen und in Flugrichtung durch die unterschiedlichen Perspektiven zu einer stereoskopischen Auswertung genutzt werden können. Für die Erzeugung von Farb- bzw. Falschfarbaufnahmen befinden sich vier weitere Sensorzeilen für die Spektralbereiche Rot, Grün, Blau und nahes Infrarot in der Bildebene (*Wewel u.a.* 1998). Der einfacheren Kamerakalibrierung stehen hier die direkte Ermittlung der Sensororientierung während des Fluges sowie ein erheblicher Mehraufwand bei der Bildverarbeitung gegenüber.

Die Luftbildaufnahme eines Gebietes erfolgt je nach Größe und Erstreckung als Flächen- oder als Trassenbefliegung. Eine Fläche wird durch parallele Streifen in der Regel in Ost-West- oder Nord-Südrichtung mit einer *Querüberdeckung* von wenigstens 20% erfaßt. Wenn möglich, wird der Blattschnitt auszuwertender Karten berücksichtigt, d.h. ein oder zwei Flugstreifen bedecken einschließlich eines Sicherheitsspielraumes das künftige Blattformat. Letzteres ist nicht zwingend, erleichtert jedoch die Auswertung.

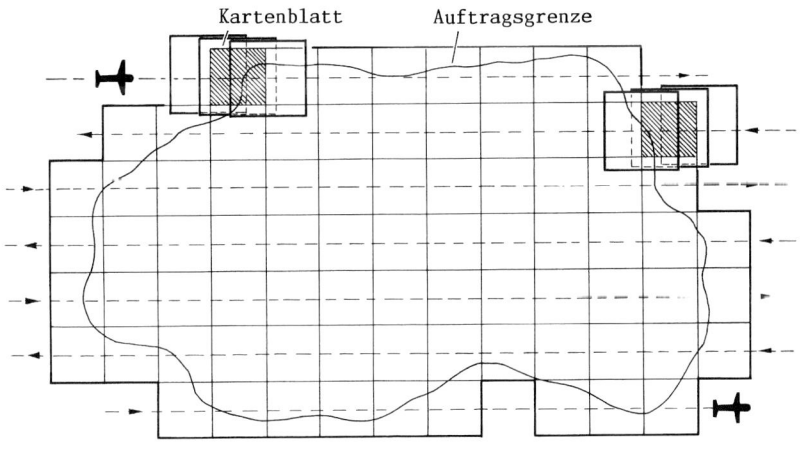

Abb. 3.4.5: Flächenbefliegung unter Berücksichtigung des Kartenblattschnitts

Trassenbefliegungen werden bei linearen Objekten (Verkehrswege, Flüsse) durchgeführt. Gekrümmte Linienführungen müssen durch geradlinige Bildstreifen erfaßt werden, da das Flugzeug wegen der stets senkrechten Aufnahmerichtung den Krümmungen nicht folgen kann. Auch hier versucht man, Trassenbreite, Bildstreifenbreite und damit die Flughöhe aufeinander abzustimmen. Vorrang haben jedoch stets Forderungen hinsichtlich der Genauigkeit, Detailerkennbarkeit u.ä..

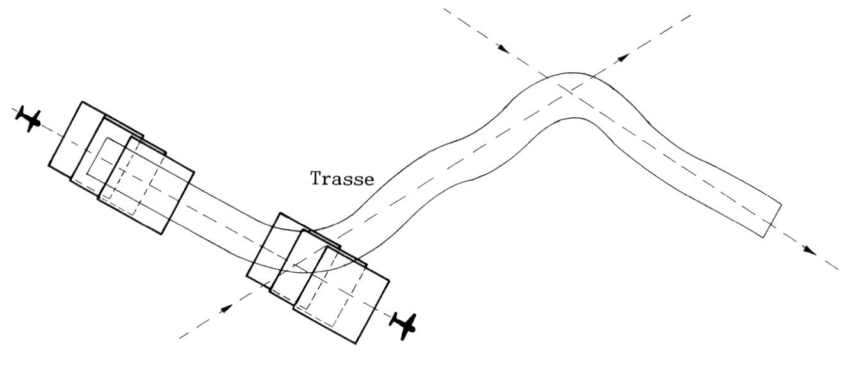

Abb. 3.4.6: Trassenbefliegung unter Berücksichtigung einer vorgegebenen Breite

Die *Längsüberdeckung* der Bilder beträgt für die Herstellung von Luftbildkarten 20% (vgl. 5.3.1), für die Stereoauswertung sowie bei Durchführung einer Aerotriangulation 60% (vgl. 3.4.2). Der für eine Aufnahme zu wählende Bildmaßstab ist eine Funktion des Kartenmaßstabs:

$$m_b \approx 250 \sqrt{m_k} \; .$$

Für die wichtigsten Bildflugdaten gelten dann folgende Beziehungen:

Bildmaßstab $\qquad\qquad\qquad M_b = \dfrac{1}{m_b} = \dfrac{c}{h_g}$

Flughöhe über Grund $\qquad\quad h_g = c \cdot m_b$

Für einen Kartenmaßstab 1:10.000 ergäbe sich damit der Bildmaßstab 1:25.000 und bei einer Kamerakonstanten von c=15 cm eine Flughöhe über Grund von h_g=3750 m. Ein so ermittelter Bildmaßstab kann allerdings durch Nebenbedingungen, wie z.B. eine geforderte Höhenauswertgenauigkeit, durchaus größer werden und damit zu einer geringeren Flughöhe führen. Einzelheiten zur Bildflugplanung findet man bei *Albertz u. Kreiling* (1989).

3.4.2 Luftbildauswertung

Unabhängig vom Aufnahmesystem weisen Luftbilder gegenüber einer Karte zwei Arten von Verzerrungen auf und damit Lagefehler der abgebildeten Objekte. Infolge der zwar geringen, aber durch äußere Einflüsse unvermeidlichen Flugzeugbewegungen längs und quer zur Flugrichtung ist die optische Achse der Aufnahmekamera nicht streng lotrecht. Die Abweichungen können bis zu 5° betragen und führen zu systematischen *projektiven Verzerrungen*. So wird ein quadratisches Gitter in der Objektebene zu einem unregelmäßigen Gitter im Bild verzerrt.

Abb. 3.4.7: Projektive Verzerrungen im Luftbild

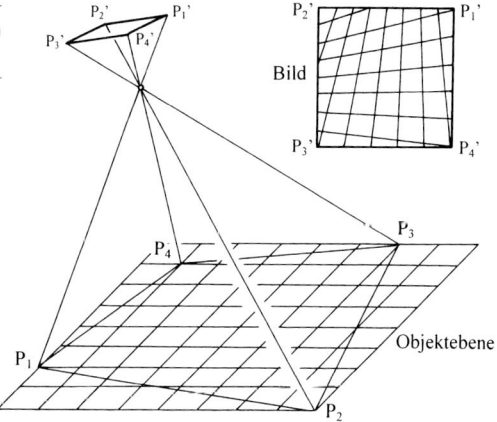

Während bei einer Karte alle Objektpunkte der Geländeoberfläche lotrecht (orthogonal) in die Bezugsfläche abgebildet werden, so dass ihr Horizontalabstand unverändert bleibt, werden bei der zentralperspektiven Abbildung alle oberhalb der Bezugsfläche liegenden Punkte radial verschoben.

Abb. 3.4.8: Perspektive Verzerrungen im Luftbild

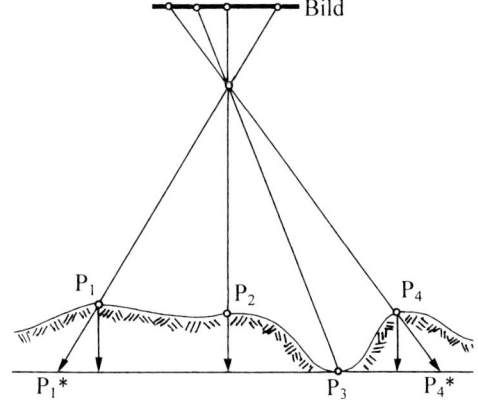

Je nach Geländehöhenunterschieden und Abstand vom Hauptpunkt kommt es zu unregelmäßigen *perspektiven Verzerrungen*. Bei einer Projektion des Bildes in die Kartenebene werden die Punkte P_1 und P_4 radial versetzt in P_1^* und P_4^* abgebildet, während die Punkte P_2 (im Hauptpunkt) und P_3 (kein Höhenunterschied) unverändert bleiben.

Projektive und perspektive Verzerrungen überlagern sich und müssen bei der geometrischen Auswertung zur Gewinnung lagerichtiger topographischer Informationen beseitigt werden. Bei der Herstellung von *Bildkarten* wird durch *Entzerrung* die richtige Lage aller Objektpunkte im Grundriß wiederhergestellt (vgl. 5.3.1). Die *Stereoauswertung* ermöglicht die Ermittlung von Lage *und* Höhe beliebiger Objektpunkte, also die Ausmessung von Situation und Relief. Hierzu erfolgt zunächst die Rekonstruktion der geometrischen Verhältnisse des Aufnahmevorgangs, d.h. die Wiederherstellung

- des Aufnahmestrahlenbündels, gegeben durch die Kamerakonstante und die Lage des Bildhauptpunktes in Bezug auf das Bildkoordinatensystem (*innere Orientierung*), und
- der räumlichen Lage des Aufnahmestrahlenbündels in Bezug auf ein Landeskoordinatensystem, gegeben durch die Koordinaten des Projektionszentrums und die Bildneigungen (*äußere Orientierung*).

Während die innere Orientierung bei einer Luftbildmeßkamera bekannt ist, gilt dies für die äußere Orientierung bislang noch nicht in ausreichendem Maße. Deren Wiederherstellung kann indirekt über Paßpunkte erfolgen, also über im Bild eindeutig erkennbare, ggf. signalisierte Punkte, deren Landeskoordinaten und Höhen gegeben sind. So benötigt man für die Orientierung eines Stereobildpaares mindestens zwei Lage- und drei Höhenpaßpunkte. Wenn auch durch geschickte Anordnung im mehrfach überdeckten Bereich bei einem Bildverband aus mehreren Flugstreifen Paßpunkte eingespart werden können, so stellt ihre hohe Anzahl wegen der zu ihrer Bestimmung notwendigen geodätischen Messungen einen erheblichen Kostenfaktor dar. Dieser kann durch die photogrammetrische Paßpunktbestimmung durch das Verfahren der *Aerotriangulation* deutlich reduziert werden. Hierzu werden bei der heute üblichen Methode der Bündelblockausgleichung die einzelnen Bilder (Strahlenbündel) über identische Bildpunkte miteinander verknüpft und der so entstandene Bildverband (Block) über Paßpunkte ins Landeskoordinatensystem transformiert. Die Anzahl der mit vermessungstechnischen Methoden zu bestimmenden Paßpunkte ist damit erheblich geringer.

Durch die Einbeziehung von GPS-Daten (vgl. 3.2.3) und Inertialsystemen (INS) zur Positions- und Bildneigungsbestimmung sind zukünftig weitere Verbesserungen zu erwarten (*Cramer* 1999). Ziel ist es, alle Daten der äußeren Orientierung unmittelbar beim Flug zu ermitteln, so daß nur noch wenige geodätisch bestimmte Kontrollpunkte erforderlich sind.

Die Möglichkeit, aus Luftbildern dreidimensionale Koordinaten, also Lage *und* Höhe beliebiger Objektpunkte zu ermitteln, geht auf das natürliche räumliche Sehen zurück. Beim Betrachten eines Gegenstandes entstehen auf der Netzhaut der Augen durch den Abstand zwischen ihnen zwei unterschiedliche perspektive Bilder, die im Sehzentrum des Gehirns zu einem räumlichen Bild vereinigt werden. Bietet man den Augen statt des eigentlichen Gegenstandes zwei perspektive (photographische) Teilbilder desselben, so entsteht unter bestimmten Bedingungen derselbe Raumeindruck. Diesen Vorgang bezeichnet man als *stereoskopisches Sehen*. Bei einer Luftbildaufnahme wird die Erzeugung derartiger Bilder durch die Längsüberdeckung von 60% bei einer konventionellen Kamera bzw. durch in Flugrichtung ‚geneigte' Sensorzeilen bei der Drei-Zeilen-Kamera realisiert. Hierdurch wird das Gelände in Streifenrichtung fortlaufend von unterschiedlichen Aufnahmeorten erfaßt, wodurch sich aufeinander folgende Bilder in ihrer Perspektive unterscheiden. Damit ist eine kontinuierliche stereoskopische Aufnahme des überflogenen Geländes gegeben.

Bei der *Stereoauswertung* wurde diese Aufnahmesituation zunächst optisch oder mechanisch (analog), heute hingegen rechnerisch (analytisch) rekonstruiert. Das Prinzip der analogen Auswertung ist aus Abb. 3.4.9 ersichtlich. Zwei aufeinander folgende Bilder werden nach Wiederherstellung ihrer inneren und äußeren Orientierung über Projektoren, die der Aufnahmekamera entsprechen, mit maßstäblich verkleinerter Aufnahmebasis b optisch (oder mechanisch) projiziert. Im Schnitt der konjugierten Bildstrahlen $P'O_1P$ und $P''O_2P$ entsteht ein maßstäblich verkleinertes optisches Modell des aufgenommenen Geländes, welches mit einer auf einem kleinen Projektionstisch befindlichen Meßmarke in drei Koordinatenrichtungen abgetastet werden kann. Dieser Vorgang wird durch einen unterhalb der Meßmarke befindlichen Kartierstift in die Kartenebene übertragen. Durch Wiederherstellung der äußeren Orientierung sind die *projektiven* und durch die orthogonale Projektion die *perspektiven* Verzerrungen beider Bilder beseitigt.

Abb. 3.4.9: Prinzip der Stereoauswertung am Beispiel der analogen optischen Projektion

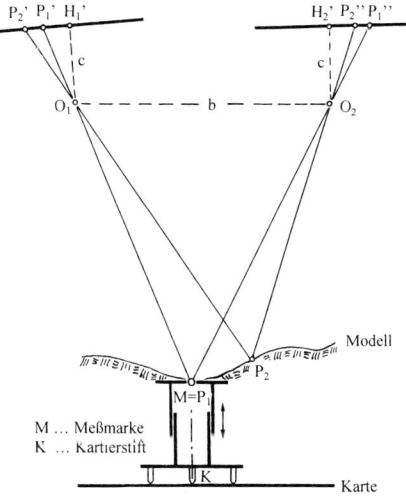

Damit ein räumlicher Modelleindruck entsteht, müssen die Bilder den Augen getrennt zugeführt werden. Dies geschieht entweder durch die Projektion über komplementärfarbige Filter (z.B. Rot und Blaugrün) und Betrachtung durch eine entsprechende Filterbrille, wie bei der oben beschriebenen optischen Projektion, oder über eine stereoskopartige Betrachtungseinrichtung, wie bei mechanischer Projektion oder analytischer Auswertung. Eine weitere Möglichkeit ist das Wechselblendenverfahren, das bei digitalen photogrammetrischen Arbeitsstationen angewandt wird. Durch die Bildtrennung nimmt jedes Auge nur die ihm zugeordnete Teilperspektive wahr, die dann im Sehzentrum der Betrachtenden zu einem Raumbild vereinigt werden. Damit ist es möglich, die Meßmarke im steten Kontakt mit der Modelloberfläche zu bewegen und alle Objekte lagerichtig zu kartieren. Bei Abtastung mit konstanter Meßmarkenhöhe kann unmittelbar eine Höhenlinie in die Kartenebene gezeichnet werden.

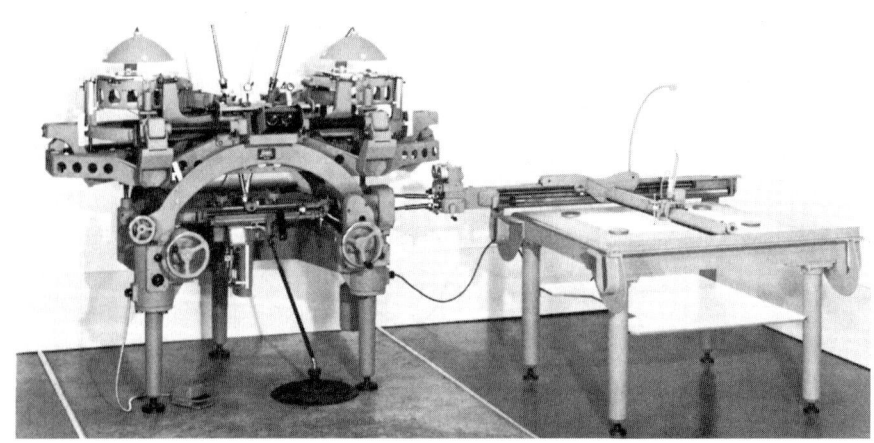

Abb. 3.4.10: Analogauswertgerät Stereoautograph A8 von Wild aus dem Jahre 1950

Die Realisierung dieses Auswerteprinzips erfolgte bis in die siebziger Jahre mit sehr aufwendigen optischen und mechanischen Konstruktionen, den *Analogauswertgeräten*. Die Entwicklung immer leistungsfähigerer Computer ermöglichte schließlich die Wiederherstellung von innerer und äußerer Orientierung mit Hilfe der mathematischen Abbildungsbeziehungen, die durch *analytische Auswertgeräte*, bestehend aus Betrachtungs- und Meßeinheit sowie Rechnern, erfolgte. Eine weitere Automatisierung von Orientierungs- und Auswertprozessen ermöglichen heute die *digitalen photogrammetrischen Arbeitsstationen*, deren Grundlage digitale bzw. digitalisierte Luftbilder bilden.

3.1.11: Digitale   Photogrammetrische
Arbeitsstation ‚Image Station'
(ZI/Imaging, Aalen)

Das Ergebnis der Auswertung sind zunächst *Digitale topographische Modelle*, also Objektkoordinaten und Geländehöhen mit codierten Angaben zu den Objektarten und sonstigen Eigenschaften (Attributierung), welche dann für weitere Produkte, wie z.B. die Ausgabe *Topographischer Karten* oder *Digitaler Landschaftsmodelle* zur Verfügung stehen (vgl. 7.2).

3.5 Höhenaufnahme durch Laser-Scanning

Die Vermessung des Reliefs durch Luftbildauswertung stößt in Gebieten mit andauernd geschlossener Vegetationsdecke wie etwa im Nadelwald oder tropischen Regenwald wegen mangelnder Bodensicht auf Schwierigkeiten. Gleiches gilt in Mitteleuropa während der Sommermonate für den Laubwald. Des Weiteren erfordert sowohl die visuelle als auch die digitale Bildkorrelation der stereoskopischen Teilbilder eine sichtbare Oberflächenstruktur (Textur oder Muster), wie sie etwa für Sand-, Watt-, Schnee- oder Eisflächen (Gletscher) oft nicht hinreichend gegeben ist. Eine Höhenmessung ist dann gar nicht oder nur ungenau möglich. In diesen Fällen mußte die Luftbildauswertung durch die zeitlich aufwendigere tachymetrische Vermessung ergänzt bzw. ersetzt werden.

Ein alternatives, insbesondere für die großflächige Geländeerfassung geeignetes Verfahren stellt die in den 90-er Jahren entwickelte Entfernungsmessung mittels eines Lasers vom Flugzeug aus dar. Hierbei wird die in Form von Impulsen ausgesandte Strahlung aus dem nahen Infrarotbereich von der Erdoberfläche reflektiert und im Flugzeug empfangen. Durch Laufzeitmessung erhält man in kontinuierlichen Abständen die Entfernung. Zur Ermittlung von Geländehöhen über der Höhenbezugsfläche NHN müssen Position und Neigung des Flugzeuges und damit des Entfernungsmessers im Moment der Messung bekannt sein. Diese in der Luftbildmessung mit ‚äußerer Orientierung' bezeichneten Daten lassen sich auch hierbei über ein GPS- und INS-System ableiten. Zur Kontrolle sowie zur Eliminierung systematischer Fehler dienen, analog den Paßpunkten der Luftbildauswertung, kleinere Referenz-DGM, also in Lage und Höhe bekannte, örtlich begrenzte Digitale Geländemodelle (vgl. *Kilian u. Englich* 1994). Punkte, die nicht auf der Geländeoberfläche liegen, z.B. auf Bäumen oder Bauwerken, können durch geeignete Filteralgorithmen eliminiert werden.

Das ursprüngliche Profilverfahren, bei dem nur dem Flugweg entsprechende Geländeprofile erfaßt wurden, wodurch zwischen diesen größere Lücken auftraten, wurde bald durch das Scan-Verfahren ersetzt. Hierbei wird der horizontale Laserstrahl durch einen vorgeschalteten oszillierenden Drehspiegel kontinuierlich so abgelenkt, dass eine streifenförmige Geländeerfassung erfolgt. Werden die Flugwege so gewählt, dass die Streifen einander ähnlich wie bei der Flächenbefliegung der Luftbildaufnahme teilweise überlappen, so erhält man einen blockartigen Verband, dessen Stabilität durch Anordnung von Querstreifen am Anfang und Ende noch verbessert wird. Die Streifenbreite hängt sowohl von der Flughöhe als auch von der maximalen Auslenkung des Spiegels, dem Scanwinkel ab und die erzielte Punktdichte ist wiederum abhängig von Flughöhe und -geschwindigkeit, sowie der Meßfrequenz und der Scanfrequenz, also der Drehgeschwindigkeit des Spiegels. Damit ergibt sich bei einer Flughöhe von 1000m über Grund und einem Scanwinkel von ±20° eine Streifenbreite von 730 m und je nach Fluggeschwindigkeit und Scanfrequenz eine Punktdichte von 2-10m und eine Höhengenauigkeit von ±0,1m (vgl. *Friess* 1998).

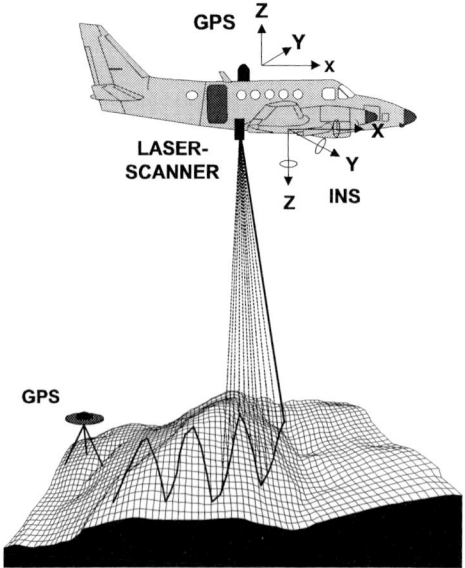

Abb. 3.5.1: Prinzip eines Laserscanners (nach *Kilian u. Englich* 1994)

Infolge abnehmender Reflexionsintensität des Lasers liegt die maximale Flughöhe heute bei etwa 3000 m über Grund. Für die Genauigkeit der Geländehöhen sind jedoch neben Flughöhe und Meßgenauigkeit weitere Einflüsse maßgebend, wie die Definierbarkeit der Geländeoberfläche (Geländerauhigkeit), die Geländeneigung, die Genauigkeit der äußeren Orientierung des Sensors sowie die der Geräte- und Systemkalibrierung. Aus vergleichenden Untersuchungen mit photogrammetrischen und tachymetrischen Höhenaufnahmen haben sich mittlere Differenzen zwischen 0,1 und 0,3 m ergeben, eine Größenordnung, wie sie etwa für die topographische Landesaufnahme als völlig ausreichend anzusehen ist (vgl. *Hoss* 1997).

Neben der Herstellung Digitaler Geländemodelle (vgl. 7.2.3) ist das Verfahren auch geeignet für die Ermittlung von Vegetationshöhen, für die Gletscher- und Wattvermessung, für die Volumenkontrolle von Deponien sowie im Tagebau und die Erstellung digitaler Stadtmodelle (vgl. *Friess* 1998). Eine vergleichende Gegenüberstellung mit der Luftbildmessung findet man bei *Kraus* (2000).

3.6 Aufnahme mit optischen Scannern

Die großräumige Erfassung der Erdoberfläche aus großer Höhe zunächst von Flugzeugen, dann von Raumkapseln und schließlich von Satelliten aus, hat in den 50-er und 60-er Jahren des 20. Jahrhunderts eine neue Fachdisziplin, die *Fernerkundung* (Remote Sensing) begründet.

Ermöglicht wurde dies vor allem auch durch die Entwicklung *optischer Scanner* (Abtaster). Im Gegensatz zur photographischen Bildaufzeichnung, bei der eine lichtempfindliche Emulsion infolge Lichteinwirkung eine chemische und schließlich sichtbare Veränderung erfährt (vgl. 5.1.1), handelt es sich bei der Bilderzeugung durch optische Scanner um einen physikalischen Vorgang, d.h. licht- bzw. strahlungsempfindliche Kristalldetektoren oder Photohalbleiter verändern ihren Ladungszustand proportional zur Intensität der auffallenden Strahlung. Die hieraus resultierenden Spannungssignale werden digitalisiert, gespeichert und zu Empfangsstationen auf der Erde gesendet. Die Umwandlung in sichtbare (analoge) Bilder erfolgt dann durch *Digitale Bildverarbeitung* (vgl. 5.1.2).

Bei *optisch-mechanischen Scannern* wird die von der Erdoberfläche kommende Strahlung (sichtbares Licht und Infrarot) über einen oszillierenden Spiegel und ein optisches System auf einen Kristalldetektor abgebildet, dessen Fläche den jeweils aufgenommenen Erdausschnitt bestimmt. Durch die Satellitenbewegung und die darauf abgestimmte Drehgeschwindigkeit des Spiegels wird so die Erdoberfläche lückenlos zeilenweise erfaßt. Bei paralleler Anordnung mehrerer Detektoren erhält man gleichzeitig mehrere Geländezeilen. Ein derartiges Aufnahmesystem liefert zunächst nur (panchromatische) Schwarz-Weiß-Bilder. *Multispektralscanner* (MSS) teilen die einfallende Strahlung durch optische Hilfsmittel in die gewünschten Wellenlängenbereiche (Spektralkanäle) auf und lenken sie auf entsprechende Detektorzeilen, so dass bei der nachfolgenden Bildverarbeitung farbige Bilder erzeugt werden können.

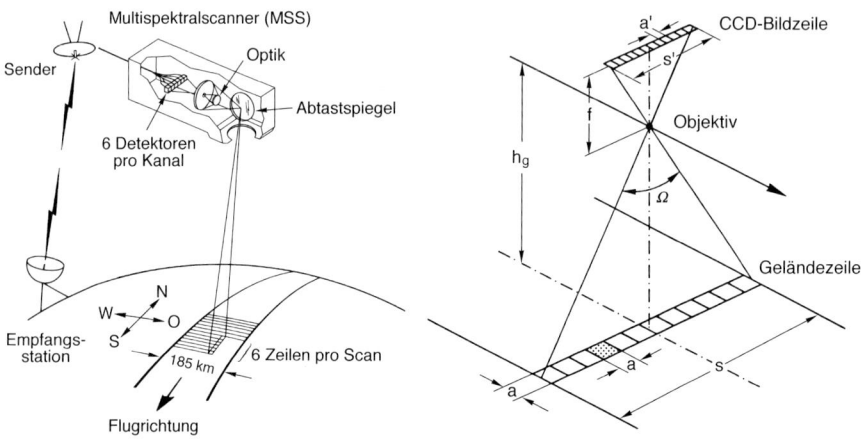

Abb. 3.6.1: Prinzip des optisch-mechanischen Multispektralscanners der Landsat-Satelliten und eines optoelektronischen Zeilenscanners (nach *Albertz* 2001)

Optoelektronische Scanner bestehen aus einer zeilenförmigen Anordnung von kleinen Halbleiterelementen (CCD-Sensoren), auf die über ein Objektiv die Geländezeilen kontinuierlich abgebildet werden. Die Aufnahmetechnik entspricht damit der der Drei-Zeilen-Kamera und läßt bei entsprechender Zeilenanordnung auch Stereo- sowie Multispektralaufnahmen zu (vgl. Abb.3.4.4). Durch Verwendung von Objektiven mit unterschiedlicher Brennweite kann die Größe des auf einem Sensorelement (Pixel) abgebildeten Ausschnitts der Erdoberfläche und damit auch die Breite des erfaßten Geländestreifens variiert werden.

Von besonderem Vorteil beider Aufnahmesysteme ist die Möglichkeit der Erfassung der (nicht sichtbaren) Infrarot-Strahlung. Diese ist von Bedeutung, wenn es darum geht, Informationen über die Erdoberfläche zu gewinnen, die man durch Wiedergabe im Bereich des sichtbaren Lichtes nicht erhält. So dienen z.b. *Thermalbilder* der Aufzeichnung von Oberflächentemperaturen und *Falschfarbenbilder* der Wiedergabe des Vitalitätszustandes der Vegetation. Einzelheiten hierzu findet man bei *Albertz* (2001).

Der Einsatz der Scanner erfolgt von Flugzeugen und Satelliten aus. Während erstere wegen ihrer relativ geringen Flughöhe (≤15km) und Reichweite nur für begrenzte Aufgaben nutzbar sind, gestatten Satelliten infolge ihrer sehr viel größeren Flughöhe und ihrer polnahen Umlaufbahnen die Aufnahme nahezu der gesamten Erdoberfläche innerhalb weniger Tage.

Einer der ersten Erderkundungssatelliten für nichtmilitärische Zwecke (*Landsat 1*, USA) wurde 1972 gestartet und umrundete die Erde in einer Höhe von 705 km. Er verfügte über einen optisch-mechanischen Multispektralscanner mit den Kanälen Rot, Grün und 2-mal Infrarot. Die erfaßte Streifenbreite betrug 185 km und die Bodenauflösung etwa $80 \times 80m^2$. Die Bahnparameter waren so gewählt, dass nach 18 Tagen die gesamte Erdoberfläche erfaßt war und die Aufnahme von neuem begann. Bis 1999 folgten schließlich sechs weitere *Landsat*-Satelliten, wobei die Zahl der Spektralkanäle erweitert sowie die Bodenauflösung auf $30 \times 30m^2$ verbessert wurde.

Abb. 3.6.2: Umlaufbahn der Landsat-Satelliten (nach *Albertz* 2001)

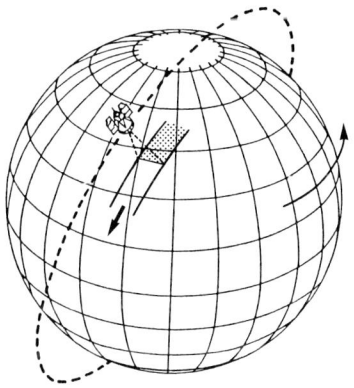

Die französischen *SPOT*-Satelliten, deren erster 1986 und deren letzter (*SPOT 4*) 1998 in Betrieb genommen wurden, umrunden die Erde in einer Höhe von 832 km mit einer Wiederholungsrate von 26 Tagen. Das Aufnahmesystem besteht aus zwei identischen optoelektronischen Scannern, die wahlweise panchromatische Bilddaten mit einer Bodenauflösung von $10 \times 10m^2$ oder multispektrale Daten in drei bzw. vier Kanälen mit einer Auflösung von $20 \times 20m^2$ erfassen. Die beiden Scanner sind unabhängig voneinander um maximal ±27° quer zur Flugrichtung neigbar, wodurch unterschiedliche Aufnahmeanordnungen sowie die Aufnahme desselben Streifens an verschiedenen Tagen aus zwei unterschiedlichen Bahnen (und damit Perspektiven) ermöglicht werden. Letzteres kann für eine stereoskopische Auswertung genutzt werden. In ihrer senkrechten Grundstellung nehmen die Scanner jeweils einen 60 km breiten Streifen mit einer Überlappung von 3 km auf, womit sich eine Gesamtbreite von 117 km ergibt.

Deutliche Fortschritte sind in den letzten Jahren insbesondere hinsichtlich der Bodenauflösung der Aufnahmesensoren zu verzeichnen, welche für die Detailerkennbarkeit in den Bildern entscheidend ist. Ein Beispiel hierfür ist das Scannersystem des Satelliten *IKONOS* (Fa. *Space Imaging*, USA), der seit 1999 aus einer

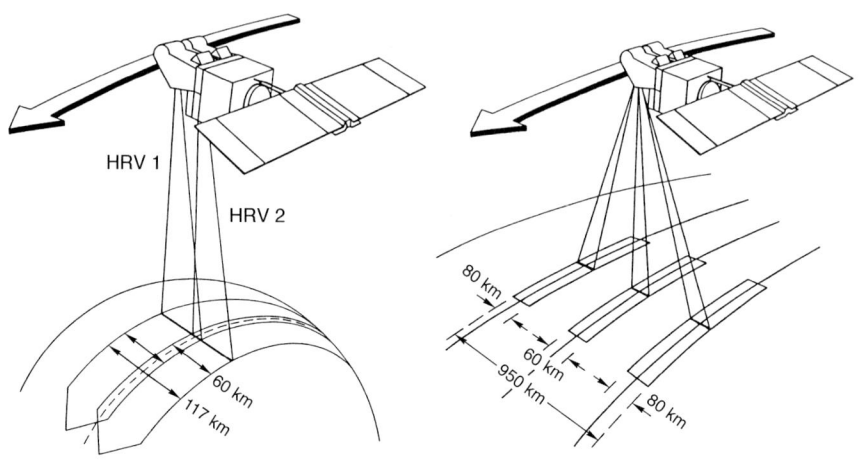

Abb. 3.6.3: Senkrechte Aufnahmeanordnung beim SPOT-Satelliten und Aufnahmemöglichkeiten bei geneigten Sensoren (nach *Albertz* 2001)

Flughöhe von 681 km, mit einer Umlaufzeit von 98 Minuten und mit einer Wiederholungsrate von 11 Tagen jeweils 11 km breite Streifen aufnimmt. Die Auflösung beträgt im panchromatischen Bereich $1 \times 1m^2$ und in den Spektralkanälen (Rot, Grün, Blau, Nahes Infrarot) $4 \times 4m^2$. Auch hier erhöht die Schwenkbarkeit des Sensors ähnlich wie beim Spot-Satelliten die Flexibilität der Aufnahmeanordnung. Durch zusätzliche Sensorzeilen sind analog einer Drei-Zeilen-Kamera Stereoaufnahmen auch in Flugrichtung möglich. Über Erfahrungen mit *IKONOS*-Daten berichten u.a. *Meinel u. Reder* (2001) sowie *Schiewe* (2001).

Das Ergebnis der Aufnahme und anschließenden *Digitalen Bildverarbeitung* der von den Satelliten gesendeten Daten sind farbige Bilder für Zwecke der Interpretation über Erscheinungsformen, Zustände und Veränderungen der Erdoberfläche oder farbige Bildkarten als Ersatz oder in Ergänzung konventioneller topographischer Karten. Eine weitere Anwendung stellt die Nachführung topographischer Karten mittleren Maßstabs dar.

3.7 Radarverfahren

Aufnahmen der Erdoberfläche mit optischen Systemen (Photographie, optische Scanner) sind bei guter Beleuchtung, also am Tage und bei klarem wolkenlosem Himmel möglich. Dies schränkt das Anwendungsspektrum z.B. bei häufiger Wolkenbedeckung und Dunst, aber auch bei stets geschlossener Vegetationsdecke erheblich ein.

Mikrowellen, d.h. elektromagnetische Strahlung mit einer Wellenlänge von 1mm bis 1m, durchdringen die Atmosphäre unabhängig von der Tageszeit und nahezu witterungsunabhängig und je nach Wellenlänge auch die Vegetation sowie bodennahe Schichten. Diese Eigenschaften machen sie nicht nur für Überwachungen des Luftraums, des Schiffsverkehrs u.ä. interessant, sondern auch für die Fernerkundung der Erde (vgl. *Albertz* 2001).

3.7.1 Radar-Aufnahme

Da die natürliche Mikrowellenstrahlung mangels geringer Intensität und Auflösung nicht nutzbar ist, muß sie künstlich (aktiv) durch *Radar*-Systeme, bestehend aus Sende- und Empfangseinrichtung, erzeugt werden. Ausgehend von einer Trägerplattform (Flugzeug, Satellit) werden vom Sender über eine Antenne Mikrowellenimpulse einer bestimmten Wellenlänge in kurzer Folge quer zur Flugrichtung ausgestrahlt (*Seitwärts*- oder *Sidelooking Airborne Radar* SLAR).

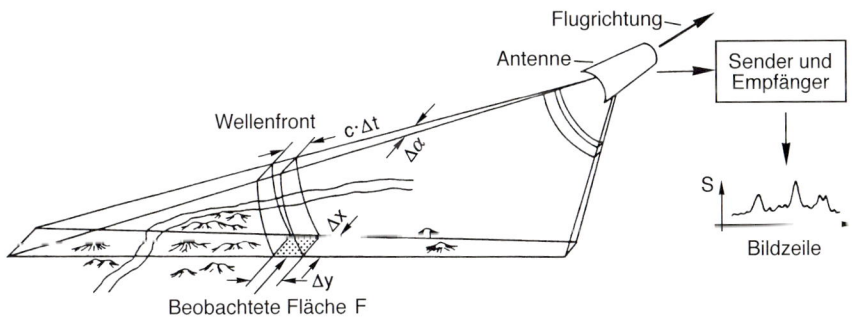

Abb. 3.7.1: Aufnahme mit einem Seitwärts-Radarsystem (nach *Albertz* 2001)

Je nach Beschaffenheit der Erdoberfläche bzw. der auf ihr befindlichen Objekte, wie Geländeformen, Oberflächenrauhigkeit (Wasserfläche, Sandboden, Geröllfeld, Vegetation u.a.), elektrische Leitfähigkeit der Oberflächenmaterialien (Metall, feuchter oder trockener Boden u.a.), sowie der Wellenlänge der ausgesandten Strahlung wird diese mit unterschiedlicher Intensität reflektiert, über die Antenne empfangen, registriert und schließlich in digitaler Form gespeichert. Eine gleichzeitige Laufzeitmessung der ausgesendeten Signale ermöglicht die Ermittlung der Schrägentfernung von der Antenne zu den einzelnen Flächenelementen am Boden und damit deren Lagerekonstruktion für eine Bildkartenherstellung (vgl. 5.3.3). Durch die auf die Geschwindigkeit der Trägerplattform abgestimmte Pulsfrequenz erfolgt eine lückenlose Erfassung eines Geländestreifens.

Da aufgrund der ‚keulenförmigen' Ausbreitung der Mikrowellenimpulse die geometrische Auflösung der so erzielten ‚Reflexionsbilder' gering ist, muß diese durch eine sog. *synthetische Apertur* verbessert werden. Das hierauf basierende *Synthetic Aperture Radar* (SAR) ermöglicht heute bei Einsatz vom Flugzeug aus die Herstellung von Bildkarten mit einer Bodenauflösung von 0,5 m, was etwa einer Detaildarstellung einer großmaßstäbigen Karte 1:2000 entspricht (*Schwäbisch u. Moreira* 2000).

Durch Nutzung unterschiedlicher Wellenlängen des Mikrowellenspektrums, sowie der Möglichkeit zur Polarisation (Ausbreitung in einer ausgezeichneten Ebene) erhält man infolge veränderter Rückstrahlung sehr unterschiedliche Bilder der gleichen Ausschnitte der Erdoberfläche, wodurch sich eine Vielzahl von Interpretationsmöglichkeiten eröffnet.

3.7.2 Höhenaufnahme durch Radar-Interferometrie

Neben den Verfahren der Bilderzeugung ist die Möglichkeit der Höhenbestimmung des Geländes durch Laufzeitmessung von Mikrowellenimpulsen mit einem *Radar-Altimeter* von einer Trägerplattform aus schon lange von besonderem Interesse. Mit dem kanadischen *Airborne Profile Recorder* wurde bereits in den 50-er Jahren vom Flugzeug aus eine Höhengenauigkeit von ±3m erzielt (*Eden* 1957). Diese Methode wird seit vielen Jahren auch von Satelliten aus 800km Höhe zur Vermessung der Meeresoberfläche, d.h. zur Gewinnung von Daten über Seegang, Gezeiten, Meeresströmungen, Eisbedeckung u.a., eingesetzt (*Hartl u.a.* 1992).

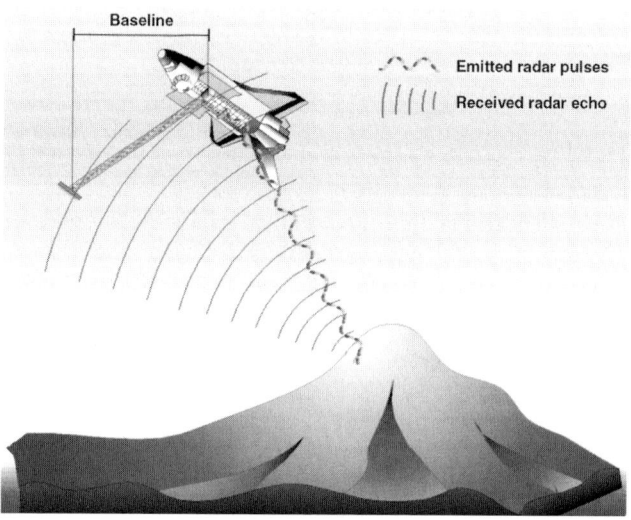

Abb. 3.7.2: Prinzip der Radar-Interferometrie vom Space Shuttle (DLR 1999)

Das Ergebnis der Messungen sind Oberflächen- bzw. Geländeprofile, deren Abstand von dem der Flugbahnen abhängt. Dies führt bei der Aufnahme der im Gegensatz zur Meeresoberfläche vielgestaltigeren Erdoberfläche zu nicht überbrückbaren Lücken. Ein flächendeckendes Verfahren stellt die in den 90-er Jahren entwickelte *Radar-Interferometrie* (INSAR) dar. Hierbei wird das von der Antenne eines SAR-Systems abgestrahlte und von der Geländeoberfläche remittierte Mikrowellensignal von einer zweiten in größerem Abstand (Basis) befindlichen Antenne empfangen. Zwischen Geländeoberfläche und jeweiliger Antenne besteht ein Entfernungsunterschied, der aus Phasenunterschieden des reflektierten Signals ermittelt werden kann und schließlich die Berechnung von Geländehöhenunterschieden ermöglicht (*Buckreuß u.a.* 1994, *Schwäbisch* 1995).

Beim gemeinsamen SRTM-Projekt (*Shuttle Radar Topography Mission*) der NASA und des *Deutschen Zentrums für Luft- und Raumfahrt* (DLR) im Jahre 1999 erfolgte die Radaraufnahme aus 233km Höhe mit Wellenlängen von 5,6cm (5,3 GHz) und 3,1cm (9,6 GHz). Die reflektierten Signale wurden von einer Hauptantenne im Space Shuttle und einer an einem 60 m langen Mast befindlichen Nebenantenne empfangen. Erfaßt wurde die Landfläche der gesamten Erde zwischen 60° Nord und 58° Süd mit einem Punktabstand von 30 m. Nach Transformation der so gewonnenen Geländehöhenunterschiede mit Hilfe von lage- und höhenmäßig bekannten Referenzpunkten in ein übergeordnetes Bezugssystem sollen *Digitale Geländemodelle* mit einer Höhengenauigkeit von ±6 m für Europa und von ±10 m für die übrige Landflächen erzeugt werden (DLR 1999). Erste Untersuchungen in Deutschland zeigen, daß die für den europäischen Bereich prognostizierte Genauigkeit mit ±3,4 m deutlich übertroffen werden konnte (*Koch u.a.* 2002). Die Ergebnisse des SRTM-Projekts sollen für eine Vielzahl von Aufgaben zur Verfügung stehen, insbesondere auch für die *Georeferenzierung* von Bildkarten (vgl. Kap.5) und zur Aktualisierung mittel- und kleinmaßstäbiger topographischer Karten.

Digitale Geländemodelle höherer Genauigkeit, wie sie für groß- und z.T. auch für mittelmaßstäbige Karten erforderlich sind, lassen sich nur mit flugzeuggestützten INSAR-Systemen aus geringerer Flughöhe erzielen. Werden hierbei die genaue Position und Neigung des Flugzeuges fortlaufend über ein integriertes DGPS/INS-System ermittelt (vgl. 3.4), erhält man Lage und Höhe der Neupunkte im übergeordneten System prinzipiell ohne weitere Referenzpunkte. So sind bereits Höhengenauigkeiten von ±5 cm bei einem Punktabstand von 0,5 m erreicht worden (*Schwäbisch u. Moreira* 2000). Diese Genauigkeit überschreitet i.d.R. bereits die Grenze der Definierbarkeit der Geländeoberfläche von etwa ±10 cm (Geländerauhigkeit) und ist für topographische Zwecke als vollständig ausreichend anzusehen.

4. Topographische Karten

Das Ergebnis der Landesaufnahme und anschließenden Datenverarbeitung sind je nach Aufnahmeverfahren entweder diskrete digitale Objektinformationen, d.h. Koordinaten, Höhen und codierte Angaben zur Objektart (Attributierung) oder analoge bzw. digitale Bilder. Beides bildet die Grundlage zur Herstellung von konventionellen (*eigentlichen*) *topographischen Karten* und von *Bildkarten*. Beide liefern ein Abbild der Erdoberfläche sowie der auf ihr befindlichen natürlichen und künstlichen Objekte und können somit als *topographische Karten* bezeichnet werden.

Wesentliche Unterscheidungsmerkmale ergeben sich aus der Entstehung, dem Verwendungszweck und vor allem dem Kartenbild. Während die ‚eigentliche‘ topographische Karte ein mit Hilfe graphischer Elemente abstrahiertes Bild zeigt (Strichkarte), handelt es sich bei einer Bildkarte eher um ein photographisches oder ähnliches Bild, welches, wenn auch verfahrensabhängig, weitgehend unserem visuellen Eindruck aus entsprechender Position entspräche. Der durch die Verkleinerung bedingte maßstabsabhängige Grad der Reduzierung und Vereinfachung des Karteninhalts gegenüber der realen Erdoberfläche wird bei den konventionellen Karten durch eine Objektauswahl und -gestaltung nach bestimmten Regeln erreicht (Generalisierung). Der Detailreichtum von Bildkarten hingegen hängt im Wesentlichen von der geometrischen und radiometrischen Auflösung des Aufnahmesensors und des menschlichen Auges bei der Bildbetrachtung ab, d.h. Objekte sind nur bei ausreichender Größe und ausreichendem Kontrast zur Umgebung abbildbar bzw. erkennbar. Die genannten Unterscheidungsmerkmale begründen eine getrennte Darstellung beider Kartentypen.

4.1 Gliederung topographischer Karten

‚Eigentliche‘ topographische Karten stellen eine hauptsächlich maßstabsabhängige Auswahl der natürlichen und künstlichen Objekte der Erdoberfläche mit Hilfe graphischer Elemente dar. Eine Einteilung der Karten ergibt sich aus dem maßstabsbedingten Grad der Vereinfachung des Inhalts und dem Verwendungszweck. *Topographische Grundkarten* sind als Ergebnis einer Landesaufnahme i.d.R. großmaßstäbig (M ≥1:10.000). Sie können unmittelbar als Grundlage für Detailplanungen und als Basiskarte für thematische Darstellungen (z.B. Grünplan im Stadtgebiet) dienen. In weniger dicht besiedelten Ländern kann der Maßstab auch kleiner sein (z.B. 1:25.000). *Topographische Spezialkarten* (1:10.000 >M> 1:100.000) und *Topographische Übersichtskarten* (1:100.000≤ M≤1:500.000) sind Folgekarten mittleren Maßstabs, d.h. durch Verkleinerung und Generalisierung aus dem jeweils vorhergehenden größeren Maßstab abgeleitete Karten. Sie sind maßstabsbedingt zunehmend weniger detailliert, ermöglichen aber zugleich die zusammenhängende Darstellung größerer Regionen, wie sie etwa für Raumplanung, Verwaltung, Landesverteidigung sowie als Basis für die Darstellung geowissenschaftlicher Sachverhalte erforderlich ist. *Chorographische* (raumbeschreibende) *Karten* sind kleinmaßstäbig (M<1:500.000) und dienen der Darstellung von Ländern (M≥1:10 Mill.), Kontinenten und der gesamten Erde (M<1:10 Mill.). Sie sind überwiegend in den sog. Weltatlanten zu finden.

4.2 Kartographische Darstellungsmittel

Der Inhalt einer topographischen Karte ist so zu gestalten, dass vor allem die Lesbarkeit der Karte gewährleistet ist (vgl.1.2). Dies setzt zunächst geeignete graphische Darstellungsmittel voraus. Die meisten Kartenobjekte können durch die geometrischen Elemente *Punkt, Linie* und *Fläche* gestaltet werden, wobei Größe, Form, Strichstärke und Flächenfüllung variieren. So ermöglichen z.B. unterschiedliche Strichstärken eine Unterscheidung linearer Objekte oder unterschiedliche Schraffuren eine solche flächenhafter Objekte. Allerdings ist der Karteninhalt allein hierdurch nur begrenzt deutbar. Hinzukommen müssen die erläuternden Elemente Schrift, Signaturen und möglichst auch Farben.

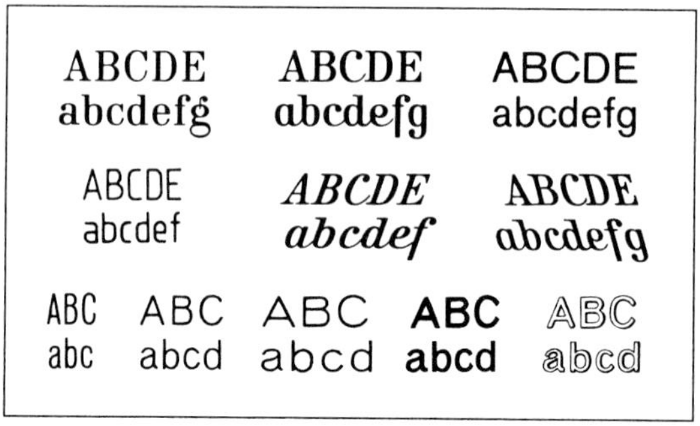

Abb. 4.2.1: Beispiele kartographischer Schriftarten und Schriftvariationen

Schrift ermöglicht nicht nur eine Identifizierung von Objekten, sondern trägt durch Variation von Schriftart und -größe, der Strichstärke, der Schriftbreite und -lage zur Unterscheidbarkeit von Objektgrößen und -arten bei.

Signaturen (Kartenzeichen) dienen zunächst als Ersatz für nicht mehr darstellbare, zu kleine aber wichtige Objekte. Darüber hinaus werden sie zur Erläuterung dargestellter Objekte verwendet, sei es als Ergänzung, weil das Objekt sonst nicht deutbar ist, sei es an Stelle der Beschriftung, da diese sehr viel Platz beansprucht. Durch Variation gleichartiger Signaturen in Form und Größe lassen sich zugleich Objektarten sowie -abstufungen unterscheiden (Beispiel: Ortssignaturen). Für die leichte Lesbarkeit ist eine bild- und symbolhafte Gestaltung der Signaturen wichtig.

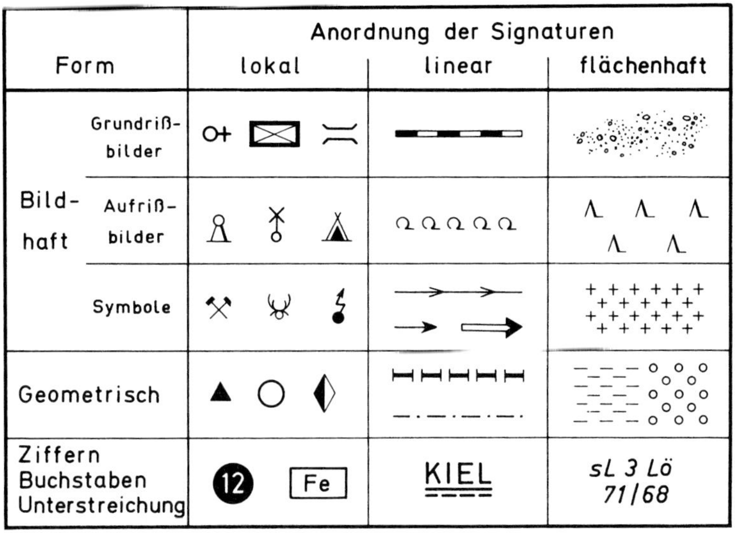

Form		Anordnung der Signaturen		
		lokal	linear	flächenhaft
Bild-haft	Grundriß-bilder	O+ ⊠ ≍	▬▬ ▭ ▬▬	(Punktmuster)
	Aufriß-bilder	(Symbole)	ᘒᘒᘒᘒᘒ	⋀ ⋀ ⋀ ⋀ ⋀
	Symbole	⚒ ⚜ (Symbol)	→ → →▭	+ +
Geometrisch		▲ ○ ◆	⊢⊢⊢⊢⊢ —·—·—·—·—	– – – o o o — – – o o o – – – o o o – – o o o
Ziffern Buchstaben Unterstreichung		⑫ [Fe]	**KIEL**	sL 3 Lö 71/68

Abb. 4.2.2: Beispiele für Signaturen in topographischen Karten (nach *Hake* 1982)

Die Verwendung von *Farben* steigert die Lesbarkeit einer Karte gegenüber Schwarz-Weiß-Darstellungen erheblich. Sie ermöglichen eine (ggf. zusätzliche) Erläuterung bzw. Abgrenzung von Objekten (z.B. Grün für Waldgebiete), eine Objekthervorhebung (z.B. Hauptverkehrsstraßen) und eine Objektabstufung (z.B. Meerestiefenzonen durch verschiedene Blautöne). Außerdem können gleiche Objekte bzw. Objektarten schneller erfaßt werden. Grundsätzlich müssen die wesentlichen Darstellungselemente einer Karte, insbesondere Signaturen und Farbgebung in einer Zeichenerklärung (Legende) erläutert werden.

4.3 Generalisierung

Die Erdoberfläche ist mit all ihren Erscheinungsformen auch nicht annähernd vollständig in der Karte abbildbar. Diese ist ein verkleinertes Modell der Wirklichkeit, welches mit kleiner werdendem Maßstab immer unvollständiger und abstrakter wird. Zentrale Aufgabe der Kartenherstellung von der topographischen Aufnahme bis zur Ableitung kleinmaßstäbiger Karten ist daher die inhaltliche Vereinfachung durch *Trennung des Wesentlichen vom Unwesentlichen*, ein Vorgang, der als *Generalisierung* bezeichnet wird.

Eine *Erfassungsgeneralisierung*, auch als Generalisierung vom ,Objekt zur Karte' bezeichnet, findet bereits bei der Landesaufnahme statt, d.h. gestützt auf Aufnahmevorschriften werden unwesentliche und zu kleine Objekte bzw. Objektdetails weggelassen. Während dies bei Gebäuden, Verkehrswegen u.ä., also definierten Objekten unproblematisch ist, erfordert die sachgerechte Generalisierung der vielgestaltigen Geländeformen sehr viel Erfahrung. Das Ergebnis der Landesaufnahme sind schließlich Daten, die weitgehend unverändert für die Herstellung von Grundkarten oder Basis-Landschaftsmodellen verwendet werden.

Sehr viel schwieriger gestaltet sich die für die Ableitung von Folgekarten kleineren Maßstabs erforderliche *kartographische Generalisierung* oder auch Generalisierung ,von Karte zu Karte'. Wesentliches Kriterium sind hierbei die in der Karte noch darstellbaren *Minimaldimensionen* graphischer Elemente. Diese orientieren sich am Auflösungsvermögen des menschlichen Auges, also der Fähigkeit, feine Details und Formen noch wahrzunehmen, sowie an den reproduktionstechnischen

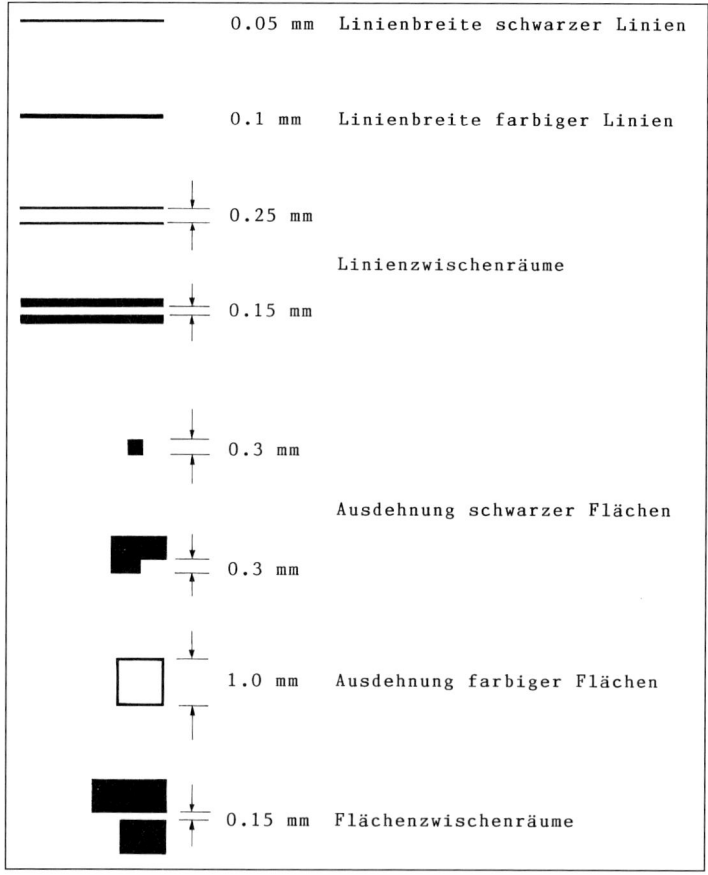

Abb. 4.3.1: Minimaldimensionen graphischer Elemente in der Karte (hier etwa 6-fach vergrößert)

Möglichkeiten bei der Herstellung und Präsentation von Karten. So lassen sich in einer Betrachtungsentfernung von etwa 30cm noch Linienstärken von 0,05mm bei gutem Kontrast wahrnehmen. Der Mindestabstand zweier Objekte beträgt jedoch bereits 0,15mm und die minimale Flächengröße $0,3 \times 0,3mm^2$. Das Erkennen einer Farbe erfordert eine Verdoppelung bzw. Verdreifachung der Mindestwerte.

Die bloße Berücksichtigung der Objektgröße würde allerdings bedeuten, dass mit kleiner werdendem Maßstab immer mehr wesentliche Objekte wegfallen müßten. So wären in einer Karte 1:100.000 nur noch Gebäude mit einer Mindestgröße von $30 \times 30m^2$ und in einer Karte 1:1Mill. nur noch Straßen mit einer Mindestbreite von 50m, also allenfalls mehrspurige Autobahnen darstellbar und Eisenbahnlinien wären überhaupt nicht mehr enthalten.

Um einen ausreichenden Informationsgehalt aller Karten zu gewährleisten, bedeutet Generalisierung bei Unterschreitung der Minimaldimensionen:

- Weglassen relativ *unwesentlicher Objekte* und
- geometrische Veränderung *wesentlicher Objekte* bis hin zum Ersatz durch eine Signatur.

Die geometrischen Veränderungen lassen sich nach *Hake* (1982) durch *elementare Vorgänge* beschreiben:

- *Vereinfachen*, d.h. Weglassen von Details (Hausvorsprünge, kleinere Krümmungen eines Gewässers u.ä.),
- *Vergrößern*, insbesondere Verbreitern linearer Objekte,
- *Verdrängen* infolge einer Verbreiterung,
- *Zusammenfassen* mehrerer gleicher Einzelobjekte zu einem ‚stellvertretenden‘ Objekt (z.B. einzelne Häuser einer Siedlung),
- *Auswählen*, d.h. bei gleichartigen Objekten Weglassen der weniger wichtigen (Fußweg, Fahrweg, Straße),
- *Klassifizieren*, d.h. Weglassen des weniger Typischen (z.B. bei unterschiedlichen Vegetationsformen nur noch die Hauptform),
- *Bewerten*, d.h. bei gleichartigen Objekten Hervorheben des wichtigeren (Hauptstraße, Nebenstraße).

Die Vorgänge sind nicht unabhängig voneinander. So führt das Vergrößern eines Objektes nicht nur zur Verdrängung anderer, sondern häufig auch zum Auswählen bzw. Weglassen gleichartiger, aber weniger wichtiger Objekte. Die Entscheidung, welche Objekte als wichtig und welche als weniger wichtig anzusehen sind, hängt von ihrer Bedeutung für die charakteristische Wiedergabe einer Landschaft bzw. der in ihr auftretenden Erscheinungsformen ab. Definiert man zunächst als *wesentliche Objekte* solche, die eine Mindestausdehnung von $3 \times 3m^2$ in der Natur aufweisen, so lassen sich diese in Karten mit M≥1:10.000 noch in ihren wirklichen Ausmaßen wiedergeben, d.h. es ist eine insgesamt *grundrißtreue*

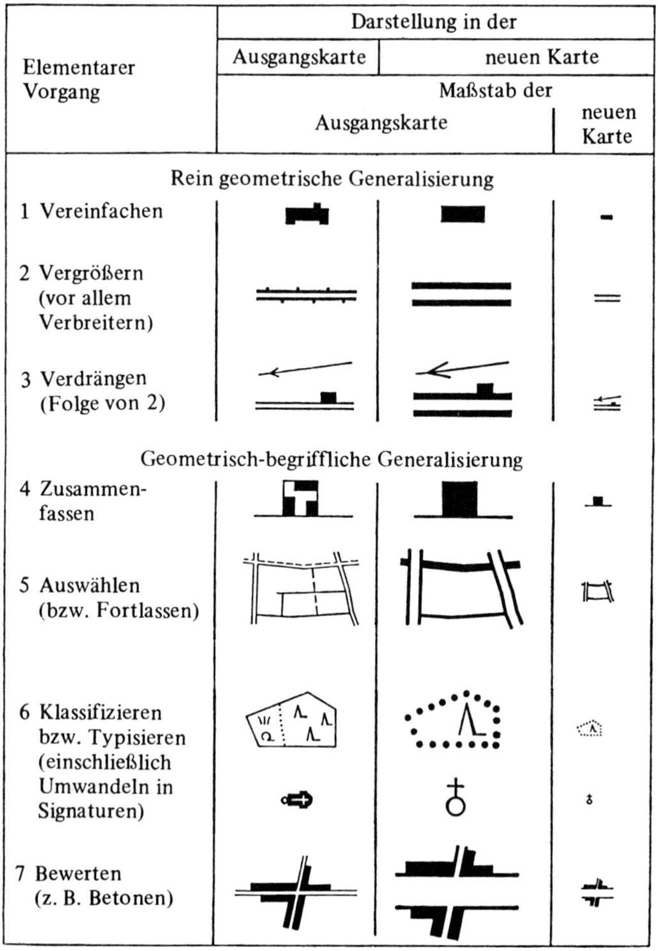

Elementarer Vorgang	Darstellung in der		
	Ausgangskarte	neuen Karte	
	Maßstab der		
	Ausgangskarte		neuen Karte
Rein geometrische Generalisierung			
1 Vereinfachen			
2 Vergrößern (vor allem Verbreitern)			
3 Verdrängen (Folge von 2)			
Geometrisch-begriffliche Generalisierung			
4 Zusammen-fassen			
5 Auswählen (bzw. Fortlassen)			
6 Klassifizieren bzw. Typisieren (einschließlich Umwandeln in Signaturen)			
7 Bewerten (z. B. Betonen)			

Abb. 4.3.2: Elementare Vorgänge der geometrischen Generalisierung (nach *Hake* 1982)

Darstellung möglich. Da diesem Maßstabsbereich i.d.R. die Ergebnisse der Landesaufnahme zugrunde liegen, beschränkt sich die *kartographische Generalisierung* ggf. nur noch auf das Weglassen nicht mehr darstellbarer Details, wie es bei der Übernahme von Daten aus großmaßstäbigen Karten, wie Liegenschaftskarten erforderlich ist, oder das Ersetzen zu kleiner bzw. im Grundriß nicht aussagekräftiger wesentlicher Objekte (z.B. Denkmal) durch eine Signatur.

Mit kleiner werdendem Maßstab (1:20.000≥M>1:500.000) führen die o.g. elementaren Vorgänge zu einem Kartenbild, welches als *grundrißähnliche Darstellung* bezeichnet wird. Schließlich ist ab 1:500.000 eine Wiedergabe nur noch durch *Umrisse* und *Signaturen* möglich. Weitere Einzelheiten hierzu werden in den Abschnitten zur Situations- und Geländedarstellung erläutert.

Die Vorgehensweise bei der kartographischen Generalisierung kann infolge der Komplexität des Zusammenwirkens der einzelnen Prozesse nur bedingt durch Regeln und Vorschriften, wie sie z.B. in sog. Musterblättern oder Signaturenkatalogen niedergelegt sind, beschrieben werden. Es bleibt ein Gestaltungsspielraum, der sich nicht zuletzt auch auf die Erfahrung und Intuition der Bearbeiter/innen stützt. Letzteres begründet auch, dass z.Z. nur Teilprozesse rechnergestützt bzw. programmgesteuert durchführbar sind. Eine vollständig programmierte und damit automatisierte Ableitung von Folgekarten ist bislang noch nicht möglich (vgl. 7.3.2).

4.4 Situationsdarstellung

Unter *Situation* werden alle natürlichen und künstlichen Objekte der Erdoberfläche zusammengefaßt, deren Grundriß meßtechnisch erfaßbar und damit in der Karte relativ einfach darstellbar ist. Dies sind:

- Siedlungen,
- Verkehrswege,
- Gewässer,
- Topographische Einzelobjekte,
- Vegetation.

Im Folgenden sollen die Hauptmerkmale der Darstellung in den unterschiedlichen Maßstabsbereichen insbesondere auch unter dem Gesichtspunkt der Generalisierung erörtert werden.

4.4.1 Siedlungen

Als *Siedlungen* werden alle Ansammlungen von Wohn- und Wirtschaftsgebäuden (Nebengebäude, gewerbliche Bauten, Industriegebäude) sowie von öffentlichen Gebäuden bezeichnet. Die zugehörigen Verkehrswege, topographischen Einzelobjekte und Vegetationsflächen unterscheiden sich hiervon in ihrer Darstellung und werden daher gesondert betrachtet.

Alle wesentlichen Gebäude bzw. deren Einzelheiten (Vorsprünge, Erker u.ä.) mit einer Ausdehnung $\geq 3 \times 3 m^2$ lassen sich bis zum Maßstab 1:10.000 noch *grundrißtreu* wiedergeben (vgl. 4.3). Im Maßstab 1:5000 wären es noch Objektdetails mit einer Ausdehnung von $1,5 \times 1,5 m^2$ und in einer Liegenschaftskarte 1:1000 solche von $0,3 \times 0,3 m^2$. Bei deren Übernahme in eine Karte 1:10.000 sind bereits erste Vereinfachungen der Grundrisse erforderlich. Die Gebäudenutzung (Wohn- oder Wirtschaftsgebäude) läßt sich bis 1:5000 durch Schraffuren oder Farben unterscheiden.

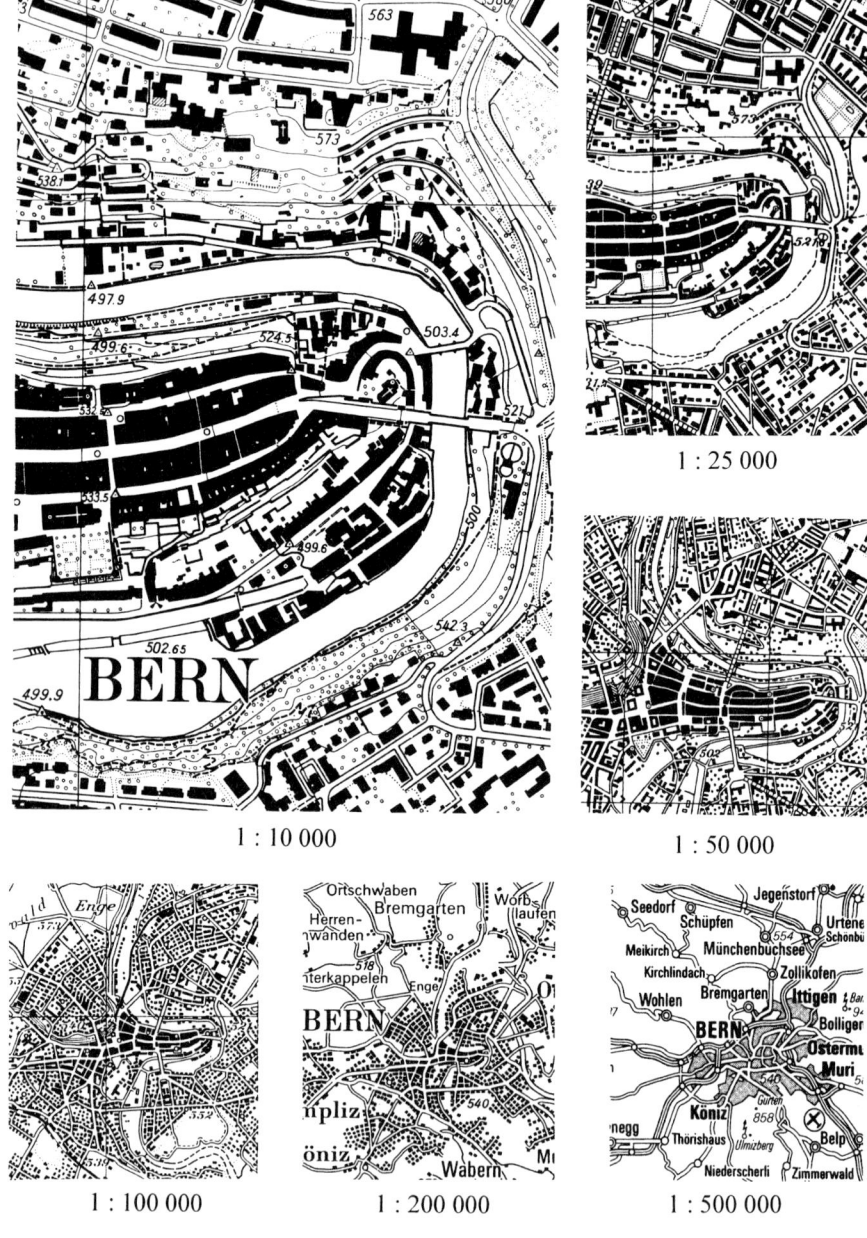

Abb. 4.4.1: Grundrißtreue, grundrißähnliche und Umriß-Darstellung einer Siedlung am Beispiel der Stadt Bern (© Bundesamt für Landestopographie, Wabern/Schweiz)

Ab 1:25.000 ist die Wiedergabe der Bebauung infolge von Grundrißvereinfachungen und Zusammenfassungen bei Gebäuden, sofern diese die Minimalgröße von 7,5 × 7,5m² unterschreiten, nur noch *grundrißähnlich*. Dieser Prozeß setzt sich ab 1:50.000 deutlich fort. Bei Siedlungen in *offener Bauweise* mit Einzelhausbebauung, Gärten und Hofräumen, wie etwa im Bereich von Vorstädten, wird dieses Charakteristikum durch Reduzierung der Einzelgebäude weitgehend aufrechterhalten. In eng bebauten Bereichen, wie Altstadtkernen und Innenstädten, also bei *geschlossener Bauweise*, ist eine Zusammenfassung zu sog. Blöcken erforderlich, d.h. kleinere Straßen, Vorgärten und Hofräume fallen in zunehmenden Maße weg. Die Darstellungen wirken durch die Generalisierung bereits ab 1:100.000 sehr schematisiert, so dass heute teilweise nur noch eine Umrißwiedergabe der Siedlungen mit einer Unterscheidung von offener und geschlossener Bauweise durch eine entsprechende Farbgebung üblich ist.

Ab 1:500.000 ist schließlich der Übergang zur *Umrißdarstellung* zwingend. Diese kann bei entsprechender Ausdehnung für große Städte bis etwa 1:5Mill. beibehalten werden. Kleinere Siedlungen müssen zunehmend durch nach Einwohnerzahlen gestufte *Signaturen* ersetzt werden bzw. mit kleiner werdendem Maßstab wegfallen. Kriterium hierfür ist neben der Einwohnerzahl auch die verkehrstechnische, administrative und kulturelle Bedeutung.

Anzahl der Einwohner	1:500 000	1:4 000 000 bis 1:30 000 000
bis 1 000	○ *Schwyz*	
1 000 – 2 000	○ *Schwyz*	
2 000 – 5 000	◉ *Schwyz*	
5 000 – 10 000	◉ *Schwyz*	
10 000 – 20 000	▣ *Schwyz*	○ *Schwyz*
20 000 – 50 000	▢ Schwyz	
50 000 – 100 000	✦ Schwyz	◉ *Schwyz*
100 000 – 200 000	✦ SCHWYZ	◉ *Schwyz*
200 000 – 500 000	✦ SCHWYZ	◉ Schwyz
500 000 – 1 000 000		▣ Schwyz
über 1 000 000		✦ SCHWYZ

Abb. 4.1.2: Beispiel für Siedlungssignaturen und -beschriftung in kleinmaßstäbigen Karten (Schweizerischer Mittelschulatlas, *Imhof* 1962)

4.4.2 Verkehrswege

Zu den Verkehrswegen zählen mit Ausnahme der Gewässer alle Objekte und Einrichtungen, welche unmittelbar oder mittelbar Verkehrszwecken dienen:

- Autobahnen, Straßen und Wege,
- Flughäfen,
- Eisenbahnen, U- und S-Bahnen, Straßenbahnen, Seilbahnen,

sowie zugehörige Bauwerke, wie Brücken, Tunnel, Unterführungen, Bahnhöfe, Abfertigungs- und Wartungsgebäude u.ä..

Gemäß den Ausführungen zur Generalisierung (vgl. 4.3) können in großmaßstäbigen Karten (M≥1:10.000) alle wesentlichen Objekte lagerichtig und grundrißtreu entsprechend ihrer Ausdehnung dargestellt werden, d.h. Straßen und ausreichend breite Wege durch eine Doppellinie und Bahngleise durch ihre Achsen. Die Verkehrsbedeutung ist allenfalls durch einen Schriftzusatz ersichtlich (z.B. A 24).

Bereits ab 1:20.000 könnten viele Straßen nur noch einlinig und damit nicht mehr ausreichend unterscheidbar wiedergegeben werden. Um jedoch ein differenziertes Verkehrsnetz zu erhalten, erfolgt hier bereits der Übergang zur Darstellung durch lineare Signaturen. Straßen und Wege werden nicht mehr entsprechend ihrer tatsächlichen Breite, sondern nach Bedeutung sowie Ausbauzustand unterschieden.

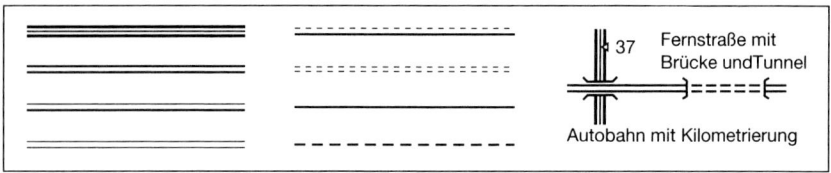

Abb. 4.4.3: Beispiele für die Signaturendarstellung von Straßen und Wegen (nach *Hake u.a.* 2002)

Für die Wiedergabe mehrgleisiger Bahnstrecken wären ab o.g. Maßstab Verbreiterungen erforderlich. Daher werden sie ebenfalls durch Signaturen ersetzt, welche nur noch zwischen ein- und mehrgleisig unterscheiden.

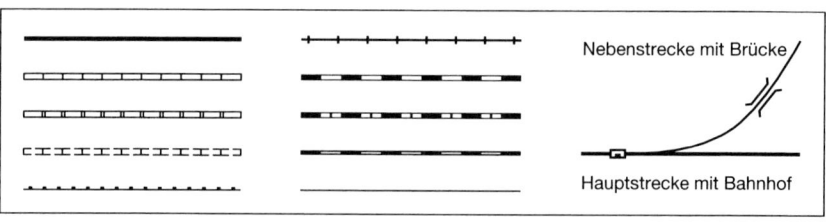

Abb. 4.4.4: Beispiele für die Signaturendarstellung von Eisenbahnen (nach *Hake u.a.* 2002)

Mit kleiner werdendem Maßstab nehmen die Signaturen infolge der erforderlichen Mindestausdehnung immer mehr Raum ein, woraus schließlich zunehmende Verdrängungen resultieren. So ist eine 6 m breite Straße bei einer doppellinigen Darstellung von 1mm im Maßstab 1: 25.000 bereits 4-mal und in 1:100.000 sogar 16-mal breiter als in der Natur. Zugleich müssen weniger wichtige Verkehrswege (Nebenstraßen, Nebenstrecken) weggelassen werden. Bei sehr kurvenreichen Straßen entfallen kleinere Krümmungen, so dass eine zunehmende Verkürzung eintritt. Charakteristische Verläufe, wie z.B. Serpentinen, bleiben, wenn auch in verminderter Anzahl, so weit möglich erhalten.

4.4.3 Gewässer

Zu den Gewässern gehören alle Flächen, welche andauernd Wasser führen bzw. von Wasser bedeckt sind, also Bäche, Flüsse, Kanäle, Seen und Meere, sowie die mit ihnen verbundenen Bauten und Einrichtungen, wie Häfen, Schleusen, Wehre, Bootsanlagen u.ä.. Einbezogen sind auch solche Flächen, die nur zeitweise Wasser führen, wie Wattflächen oder ausgetrocknete Wasserläufe.

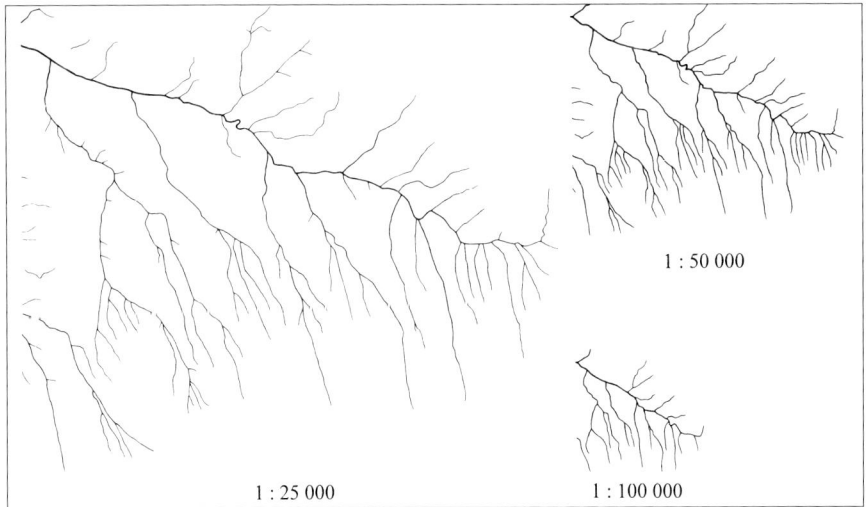

Abb. 4.4.5: Generalisierung eines Flußnetzes (Schweiz. Ges. für Kartographie 1975)

Schmale Wasserläufe werden einlinig, hinreichend große Gewässer durch ihre Uferlinien dargestellt. Je nach Maßstab erfolgt die Wiedergabe lage- und grundrißtreu (M≥1:10.000) oder, als Folge der zunehmenden Vereinfachung durch Weglassen von Krümmungen oder Buchten, grundrißähnlich. Letzteres führt zu zunehmender Verkürzung von Flüssen bzw. Uferlinien. Mit kleiner werdendem

Maßstab müssen kleinere Gewässer fortgelassen werden, wobei insbesondere bei Flußnetzen eine charakteristische Wiedergabe wichtig ist, da hieraus Schlußfolgerungen auf geologische bzw. morphologische Eigenschaften der Erdoberfläche möglich sind.

Zur Erhöhung der Lesbarkeit werden Gewässer i.d.R. in Blau dargestellt und erhalten häufig auch eine rückwärtsliegende Beschriftung. Für unterschiedliche Meerestiefenzonen werden Blautöne zunehmender Intensität verwendet.

4.4.4 Topographische Einzelobjekte

Hierunter sind solche Objekte zu verstehen, die zwar wesentlich, aber wegen Unterschreitung der Minimaldimensionen nicht darstellbar sind bzw. deren Grundriß nicht aussagekräftig ist. Hierzu gehören

- Einfriedungen (Zäune, Hecken, Mauern), Leitungen, Dämme, Knicks, Verwaltungsgrenzen (Staatsgrenzen, Kreisgrenzen usw.) u.ä.,
- Denkmäler, Sendeanlagen, Kirchen, Campingplätze, hervorragende Einzelbäume u.ä..

Ihre Darstellung erfolgt immer durch eine Signatur. Eine Wiedergabe ist detailliert nur in großen Maßstäben möglich. Sie reduziert sich im kleinmaßstäbigen Bereich auf wenige Objekte, wie z.B. Flughäfen.

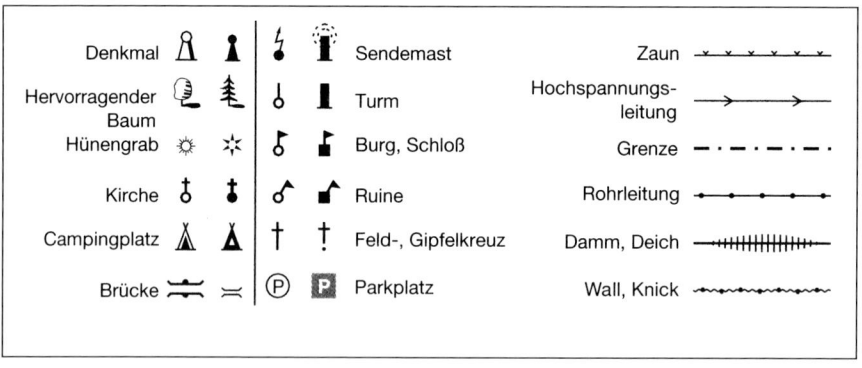

Abb. 4.4.6: Signaturendarstellung topographischer Einzelobjekte (nach *Hake u.a.* 2002)

4.4.5 Vegetation

Die Wiedergabe der Vegetation kann von Ausnahmen abgesehen (hervorragende Einzelbäume) nur flächenhaft erfolgen. Lediglich in sehr großmaßstäbigen Karten mit M ≥ 1: 2000 für Projektplanungen (Verkehrswegebau, Flurbereinigung) oder in *Digitalen Stadtgrundkarten* (vgl. 7.3.1) ist partiell auch eine Einzeldarstellung von Bäumen möglich und üblich. Landwirtschaftliche Nutzflächen oder vegetationslose Flächen (Sand, Geröll) werden nur in Ausnahmefällen wiedergegeben. Zu den Vegetationsflächen gehören

- solche natürlicher Art, wie Wiese, Weide, Heide, Moor, Wald sowie
- künstliche, wie Garten, Park, Baumschule, Obstplantagen, Weinanbau.

Die Darstellung erfolgt durch Signaturen, in mittleren Maßstäben kombiniert mit Flächenfarben (Grün), welche schließlich in kleinen Maßstäben alleiniges Darstellungsmittel sind. Die anfängliche Vielfalt der Vegetationswiedergabe reduziert sich im Maßstab 1: 500.000 auf Waldflächen. Mit kleiner werdendem Maßstab wird i.a. auf die Vegetationsdarstellung verzichtet, da die hier übliche Geländedarstellung durch farbige Höhenschichten Vorrang hat.

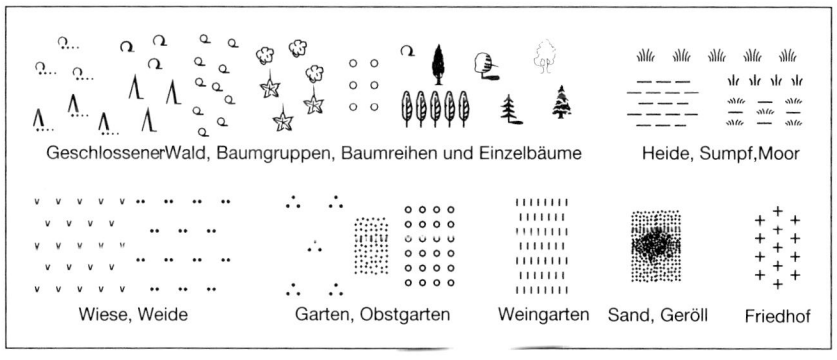

Abb. 4.4.7: Signaturendarstellung der Vegetation (nach *Hake u.a.* 2002)

4.5 Darstellung der Höhen und Geländeformen

Unter *Gelände-* oder auch *Landformen* versteht man die Gestalt der festen Erdoberfläche, mitunter auch als *Relief* bezeichnet (vgl. *Ahnert* 1996). Während die *Situation* durch diskrete Punkte oder Linien i.d.R. eindeutig definierbar und damit auch im Grundriß darstellbar ist, stellt die Erdoberfläche mit Ausnahme abrupter Gefällswechsel, wie Böschungen, Steilränder, Gräben, Steinbrüche oder Felsgrate, ein *Kontinuum* dar, also eine sich stetig in Lage und Höhe verändernde Fläche. Dies erschwert sowohl ihre Erfassung bei der Landesaufnahme als auch ihre Darstellung in der Karte.

Früheste Wiedergaben des Geländes in Form von *Seitenansichten* oder umgeklappten *Bergprofilen* waren zunächst nur schematische Skizzen ohne geometrische Grundlage. Erst im 16. Jahrhundert führten insbesondere militärische Bedürfnisse zu systematischeren Darstellungen durch *Schrägansichten* unter Annahme eines erhöhten Standpunktes, der sog. Kavalier- oder Militärperspektive. Die nach wie vor bestehende Verdeckung all dessen, was hinter den Erhebungen lag, konnte nur durch eine Ansicht des Geländes senkrecht von oben, und einer hieraus resultierenden *Orthogonaldarstellung* vermieden werden. Voraussetzung hierfür war der Fortschritt in der Meßtechnik für eine geometrisch zufrieden stellende Höhenaufnahme.

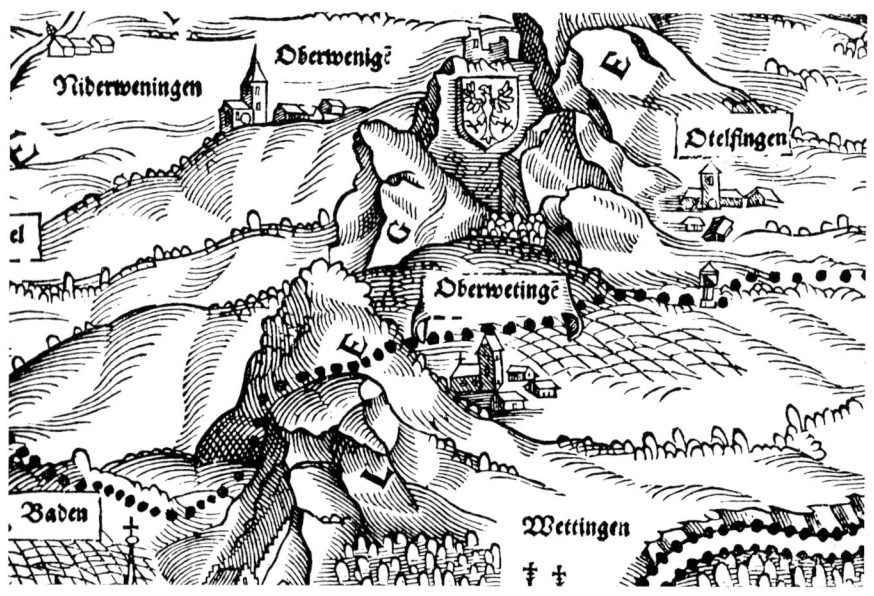

Abb. 4.5.1: Geländedarstellung durch Schrägansicht (Karte des Zürichgaues von 1566) (nach *Imhof* 1965)

Große Bedeutung erlangte zunächst die Wiedergabe des Geländes durch *Schraffen*, d.h. in Richtung des stärksten Gefälles verlaufende Striche, deren Länge und Breite in Abhängigkeit von der Geländeneigung (Böschungsschraffen) oder der Schattierung durch eine von Nordwesten angenommene Beleuchtungsrichtung (Schattenschraffen) variierte. Wenn auch diese Methode insbesondere den damaligen Vervielfältigungsverfahren durch Lithographie und Kupferstich entgegenkam, so blieben als entscheidende Nachteile die erhebliche Beeinträchtigung der Lesbarkeit der Karten und die fehlende Höhenaussage im Flachland.

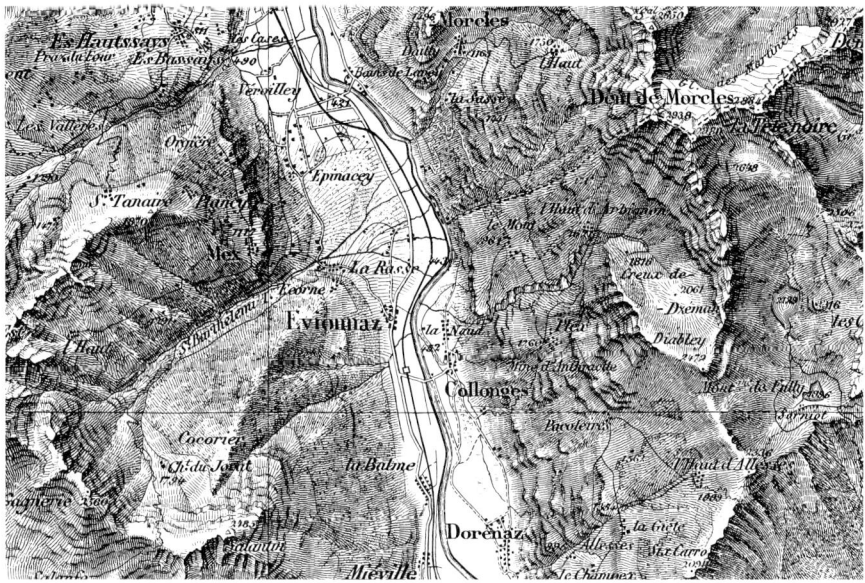

Abb. 4.5.2: Geländedarstellung durch Schattenschraffen in der ‚Dufourkarte' der Schweiz 1:100 000 von 1864 (© Bundesamt für Landestopogr., Wabern/Schweiz)

Infolge der Fortschritte sowohl bei den Verfahren der Höhenaufnahme etwa durch die Meßtischtachymetrie als auch in der Reproduktionstechnik (Farbdruck, Rastertechnik) wurde die Schraffenmethode mit Ausnahme der Wiedergabe von Geländekleinformen schließlich vollständig durch die Geländedarstellung durch *Höhenlinien, Schattenplastik (Schummerung)* und *farbige Höhenschichten* verdrängt. Deren Anwendung ist maßstabsabhängig und soll die unterschiedlichen Anforderungen hinsichtlich geometrischer und anschaulicher Information erfüllen, wie die Möglichkeit zur

- Höhenentnahme für beliebige Kartenpunkte,
- Neigungsbestimmung,
- Ermittlung von Erdmassen (z.B. für die Verkehrswegplanung),
- Aussage über Neigungsverhältnisse (steil, flach),
- Aussage über die Geländeformen, also zur Morphologie,
- Höhengliederung eines größeren Gebietes.

Die o.g. Darstellungsmethoden und ihre Anwendungsbereiche werden in den folgenden Abschnitten beschrieben. Umfangreiche und detaillierte Ausführungen zur Geländewiedergabe findet man bei *Imhof* (1965).

4.5.1 Höhenlinien

Eine Höhenlinie (Isohypse) verbindet alle Punkte gleichen lotrechten Abstandes von einer Bezugsfläche miteinander. Statt *Höhenlinie* sind auch Bezeichnungen wie Höhenkurve, Höhenschichtlinie, Schichtlinie oder Niveaulinie üblich. Als Höhenbezugsfläche gilt in Deutschland *Normalhöhennull* (NHN) (vgl. 3.2.2).

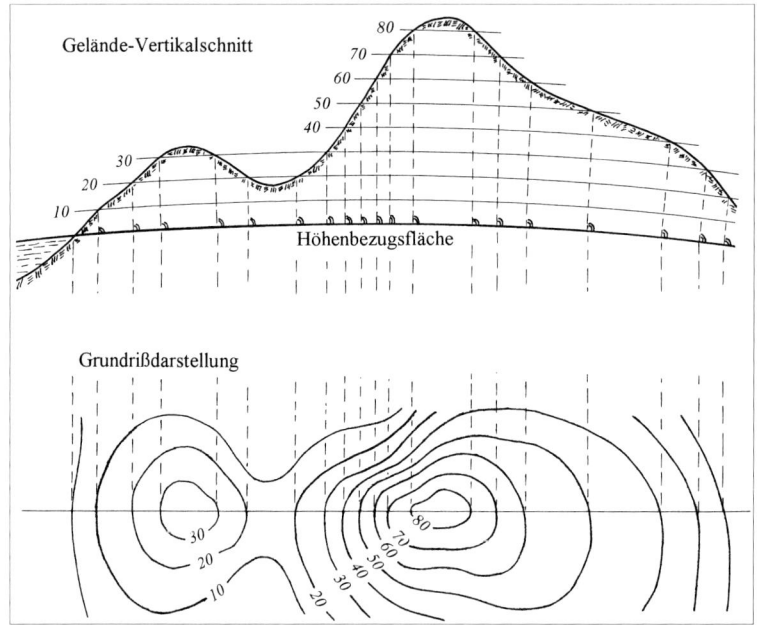

Abb. 4.5.3: Höhenlinien als Schnittlinien horizontaler Flächen mit dem Gelände

Von Ausnahmen abgesehen, wie z.B. den Uferlinien eines stehenden Gewässers oder den Terrassen beim Reisanbau, sind es angenommene, also in der Natur nicht vorkommende Linien, welche jedoch die Grundrißdarstellung des Kontinuums ‚*Geländeoberfläche*‘ ermöglichen. Die Entstehung der Höhenlinien kann man sich wie folgt vorstellen: Das Gelände wird von zur Höhenbezugsfläche parallelen Flächen geschnitten und die so entstehenden Schnittlinien werden orthogonal in die Bezugfläche projiziert bzw. abgelotet.

Bereits im 17. Jahrhundert wurden für die Schiffahrt *Tiefenlinien* (Isobathen) als Linien gleichen lotrechten Abstandes von der Wasseroberfläche durch Interpolation aus Tiefenlotungen konstruiert. Ende des 18. Jahrhunderts erschien schließlich mit der ‚Carte de la France‘ eine erste umfangreichere Höhenliniendarstellung. Weitere Verbreitung fand die Methode jedoch erst in der zweiten Hälfte des 19. Jahrhunderts mit der Weiterentwicklung der geodätischen Meßinstrumente und der daraus resultierenden systematischen und genauen Messung von Höhenpunkten als Grundlage für die Ableitung der Höhenlinien. Ein Beispiel hierfür ist die seit 1875 durchgeführte Höhenliniendarstellung der *Meßtischblätter* 1:25.000 in Preußen (vgl. *Krauß u. Harbeck* 1985).

Höhenlinien bilden heute zusammen mit Höhenpunkten die wichtigste Methode der Geländedarstellung. Für ihre Erzeugung gibt es zwei Verfahren:

- Beim *indirekten Verfahren* werden die Höhenlinien durch lineare Interpolation zwischen benachbarten Höhenpunkten und anschließender Verbindung der so ermittelten Interpolationspunkte durch eine ausgerundete Kurve gefunden. Die ursprünglich manuelle Durchführung erfolgt heute automatisiert über Rechenprogramme. Das erforderliche Höhenpunktfeld wird als *Digitales Geländemodell* (DGM) bezeichnet (vgl. 7.2.3) und ist entweder unmittelbar Ergebnis einer zahlentachymetrischen Geländeaufnahme oder es wird aus einem anderen Verfahren der Höhenaufnahme (z.B. Laser-Scanning) abgeleitet (vgl. Kap.3).

- Beim *direkten Verfahren* wird ein Luftbild-Modell in einem Auswertgerät unter stereoskopischer Betrachtung mit einer Messmarke in konstanter Höhe abgetastet (vgl. 3.4.2). Das Ergebnis dieses Vorganges ist unmittelbar eine Höhenlinie.

Von erheblicher Bedeutung ist der Höhenunterschied aufeinander folgender Höhenlinien, auch als Höhenlinienintervall oder *Schichthöhe* bezeichnet. Bleibt die Schichthöhe innerhalb eines bestimmten Gebietes unabhängig von den Geländeverhältnissen (steil oder flach) konstant, spricht man von *Äquidistanz.* Deren Wert bestimmt entscheidend die Qualität der Informationsentnahme. Je geringer die Äquidistanz, desto enger ist die Scharung bzw. Dichte der Höhenlinien und desto genauer ist die Modellierung der Geländeoberfläche. Dies kann allerdings bei sehr bewegtem Gelände zu einer erheblichen Beeinträchtigung der Lesbarkeit führen. Ein zu großer Wert bedeutet indessen einen Informationsverlust. Die Wahl der *geeigneten Äquidistanz A* ist schließlich abhängig von drei Parametern:

- Vom Kartenmaßstab $M = 1/m$,
- von der maximal im darzustellenden Gebiet auftretenden Geländeneigung α_{max} und
- vom minimal möglichen Abstand nebeneinander verlaufender Höhenlinien in der Karte, ausgedrückt durch die Anzahl k von Linien je 1mm.

Damit lässt sich die Äquidistanz wie folgt berechnen:

$$A = \frac{m \cdot \tan\alpha_{max}}{1000 \cdot k} \text{ [Meter]}$$

Da die Höhenlinien entsprechend den Minimaldimensionen in der Karte noch einen erkennbaren Abstand voneinander haben müssen, kann der Wert k, auch abhängig von der Linienstärke, maximal 3L/mm betragen. Für den Maßstab 1:25.000 ergäben sich bei einer maximalen Geländeneigung von 25° für k=1, 2 und 3 die Werte A=11,7 m, 5,8 m und 3,9 m. Da man aus Gründen der Übersichtlichkeit nur einprägsame Höhenwerte verwendet, würde man A=10 m bzw. A=5 m wählen. Für den zweiten Wert würde man sich entscheiden, wenn die maximale Geländeneigung nur an wenigen Stellen im darzustellenden Gebiet auftritt.

Die konsequente Einhaltung einer so ermittelten Äquidistanz ist insbesondere für die Geländeinterpretation von Bedeutung, denn aus dem Verlauf und der Scharung der Höhenlinien kann unmittelbar auf bestimmte Geländeformen und Neigungsverhältnisse geschlossen werden (vgl. 9.2.2). Dieser anschauliche Effekt ginge verloren, wenn man die Äquidistanz fortlaufend den Geländeverhältnissen anpassen würde. Von Nachteil ist jedoch, dass bei sehr unterschiedlichen Neigungen in den flacheren Bereichen keine ausreichende Höhendarstellung mehr möglich ist, d.h. kleinere Geländeformen werden nicht mehr wiedergegeben. Die durch die Äquidistanz festgelegten *Haupthöhenlinien* werden daher ggf. durch *Hilfshöhenlinien (Zwischenkurven)* im Abstand A/2 oder A/4 ergänzt, wobei diese i.d.R. als unterbrochene Linien gezeichnet werden und stets dort enden, wo keine zusätzliche Aussage mit ihnen verbunden ist.

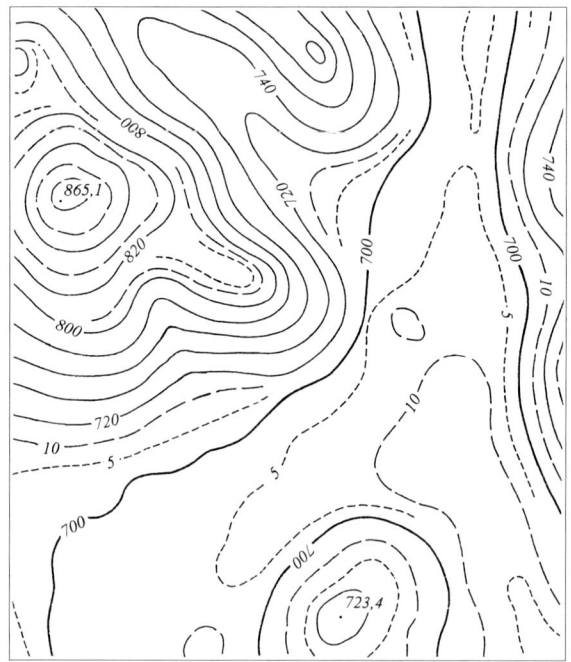

Abb. 4.5.4: Haupthöhenlinien (A = 20m) sowie 5m- und 10m- Hilfshöhenlinien

Die bei der Ableitung von Folgekarten erforderliche *Generalisierung von Höhenlinien* besteht zunächst in der Festlegung einer neuen Äquidistanz, d.h. bei Halbierung des Maßstabs tritt unter Beachtung runder Zahlenwerte eine Verdoppelung der Äquidistanz ein, z.B. von 10m auf 20m oder von 20m auf 50m. Zu berücksichtigen sind ggf. jedoch größere Neigungen, da mit kleiner werdendem Maßstab ein sehr viel größeres Gebiet erfaßt wird. Der zweite Schritt der Generalisierung besteht in der Vereinfachung des Linienverlaufs durch Weglassen zu kleiner Geländedetails. Hierbei haben Vollformen (Rücken, Bänder) i.d.R. Vorrang vor Hohlformen (Mulden, Rinnen). Zu beachten sind in jedem Fall besondere Charakteristika des Geländeverlaufs. So würde man zahlreiche Rinnen in einem Hang, die im Folgemaßstab zu klein wären, nicht vollständig weglassen, sondern in ihrer Anzahl reduzieren und sie dann vergrößert darstellen. Die sachgerechte Generalisierung erfordert in jedem Fall morphologisches Verständnis.

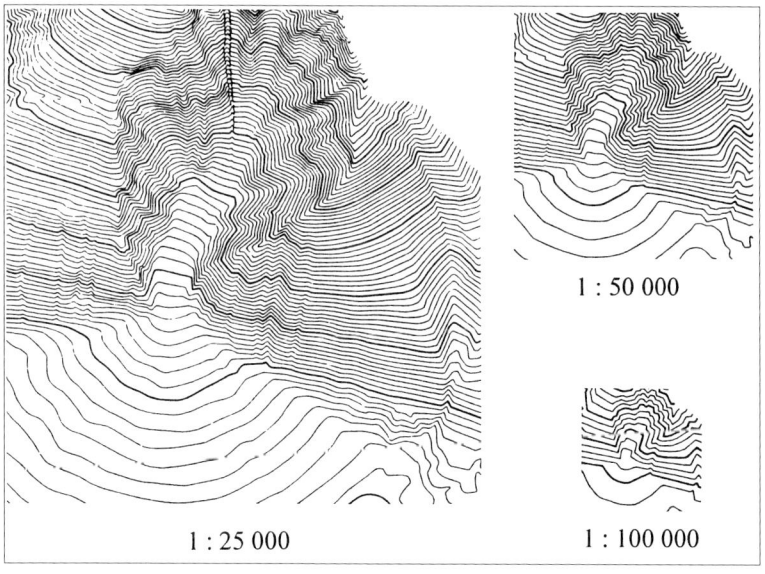

Abb. 4.5.5: Generalisierung von Höhenlinien (Schweiz. Ges. für Kartographie 1975)

Höhenlinien sind in großmaßstäbigen Karten (M≥1:10.000) alleiniges Darstellungsmittel, da hier vor allem die geometrische Information, wie sie etwa für technische Planungen benötigt wird, von Bedeutung ist. Im Bereich der mittelmaßstäbigen Karten werden sie zur Verbesserung der Anschaulichkeit der Geländeformen durch eine schattenplastische Darstellung, die sog. *Schummerung*, ergänzt (vgl. 4.5.2). Ab 1:500.000 wird die äquidistante Höhenliniendarstellung i.d.R. durch *farbige Höhenschichten*, auch in Kombination mit einer Schumme-

rung, ersetzt (vgl. 4.5.3). In diesem Maßstab ergäben sich bei einer Geländeneigung von 25° bereits Äquidistanzen zwischen 100 m und 250 m. Die Geländewiedergabe führt hier weder geometrisch noch morphologisch zu einem zufrieden-
stellenden Ergebnis. Abb. 4.5.6 zeigt das ‚Versagen‘ äquidistanter Höhenlinien bei
sehr unterschiedlichen Geländeneigungen im Maßstab 1:2Mill.. Die Wiedergabe
der Geländeformen in den Pyrenäen ist wenig anschaulich und unübersichtlich
und in der nördlich gelegenen Gascogne fehlt nahezu jede Höhenaussage.

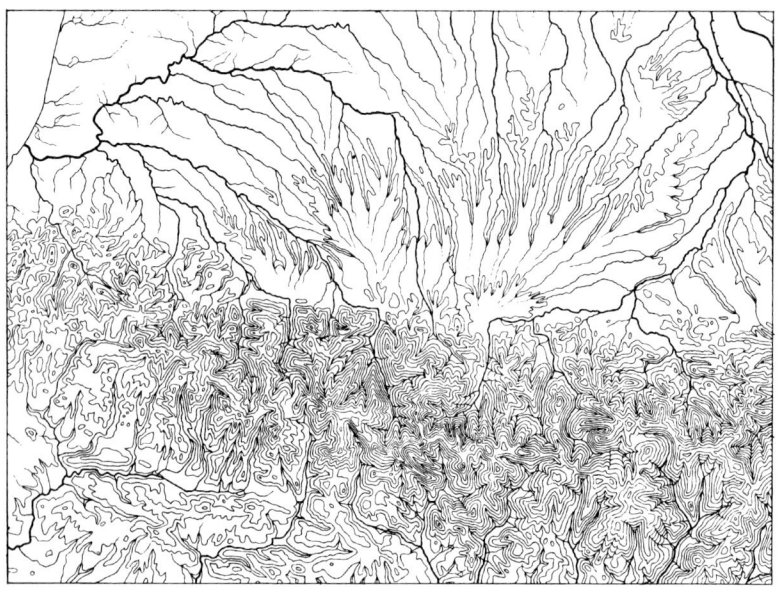

Abb. 4.5.6: Höhendarstellung in den Pyrenäen und der Gascogne durch Höhenlinien mit einer Äquidistanz von 200 m im Maßstab 1: 2 Mill. (nach *Imhof* 1965)

4.5.2 Schattenplastik

Schattenplastische Effekte entstehen allgemein durch eine geeignete Beleuchtung
dreidimensionaler Gegenstände. Sie rufen beim Betrachter auch dann einen
Raumeindruck hervor, wenn das natürliche räumliche Sehen wegen zu großer
Betrachtungsentfernung nicht mehr möglich ist. Man spricht hierbei auch von
Erfahrungsplastik.

Bei der Geländewiedergabe wird dieser Effekt durch eine künstliche Schattierung erzeugt. Die bereits bei der Geländedarstellung durch Schraffen angewandte
Methode wurde durch die das Kartenbild erheblich weniger belastende *Schummerung* ersetzt, wobei man hierunter die Wiedergabe der Schattierung durch Variation der Intensität einer einfarbigen Flächentönung versteht. Besonders geeig-

Maßstab 1 : 200000   Maßstab 1 : 500000

Maßstab 1 : 1000000   Maßstab 1 : 2500000

Maßstab 1 : 4000000   Maßstab 1 : 15000000

Abb. 4.5.7: Schattenplastische Geländedarstellung der Säntisgruppe in der Nordostschweiz durch Schräglichtschummerung in unterschiedlichen Maßstäben (nach *Imhof* 1965)

net hierfür ist der den natürlichen Schatten entsprechende Farbton *Graublau*. Bei der anfänglich angewandten *Böschungsschummerung* erfolgte die Variation nach dem Prinzip ,je steiler desto dunkler'. Sie führte jedoch nur zu einer sehr begrenzten Anschaulichkeit.

Einen schattenplastischen Effekt über Form und Verlauf des Geländes erhält man nur durch die *Schräglichtschummerung*, d.h. bei Annahme schräg auf die Geländeoberfläche auftreffenden Lichtes, analog den aus entsprechender Richtung auftreffenden Sonnenstrahlen. Hierdurch entstehen unterschiedliche Schatten, deren Intensität von Lage und Neigung der Geländeformen zur Lichtquelle abhängig ist. Als besonders geeignet hat sich die Beleuchtung von schräg links oben erwiesen, also aus Nord-West bei den üblicherweise nach Norden orientierten Karten. Diese Richtung wird jedoch je nach Geländeverlauf auch variiert, um insbesondere Kleinformen zur Geltung zu bringen.

Die Herstellung der Schummerung erforderte von den Kartographen nicht nur ein besonders ausgeprägtes Vorstellungsvermögen, da als Grundlage nur Höhenlinien zur Verfügung stehen, sondern auch künstlerische Fähigkeiten bei der Ausführung. Besonders hervorzuheben sind hier die Karten der Schweiz, wie z.B. der *Schweizerische Mittelschulatlas* (vgl. 7.1.3). Heute nutzt man zunehmend *Digitale Geländemodelle*, die eine programmgesteuerte Erzeugung der Schummerung ermöglichen (vgl. 7.2.3). Nachteilig ist jedoch, dass eine individuelle Anpassung von Beleuchtungsrichtung und Beleuchtungsstärke wie bei der manuellen Ausführung nicht möglich ist. Bei ,elektronischen' Karten, also Karten, die als Ergebnis einer digitalen Bearbeitung auf dem Bildschirm eines PC dargestellt werden, kann eine derartige Veränderung durch die Kartennutzer vorgesehen werden (vgl. 7.3.4).

Die schattenplastische Darstellung setzt ein hinreichend strukturiertes Gelände voraus, was bei großmaßstäbigen Karten nur ganz selten anzutreffen ist. Daher lohnt der Einsatz dieser Methode i.a. erst ab dem Maßstab 1:25.000. Bis zum Maßstab 1:200.000 wird die Darstellung mit Höhenlinien kombiniert, da geometrische und anschauliche Informationen gleichbedeutend sind. Ab etwa 1:500.000 bis 1:50Mill. erfolgt die Anwendung in Kombination mit farbigen Höhenschichten. In noch kleineren Maßstäben führt die fortschreitende Generalisierung zu einer eher schablonenhaften Geländewiedergabe, so dass auf eine Schummerung verzichtet werden sollte.

4.5.3 Farbige Höhenschichten

Diese Art der Geländewiedergabe ist vielen Kartennutzern aus Atlanten geläufig. Durch eine Gliederung der Landformen in *Höhenbereiche* und ihre farbige Wiedergabe erhält man eine Übersicht über die vertikale Struktur. Eine Aussage über Geländeformen und detaillierte Höhenunterschiede ist hiermit nicht verbunden. Die Methode der farbigen Höhenschichten wird im Bereich der mittelmaßstäbigen Karten in Kombination mit Höhenlinien und Schräglichtschattierung angewandt und ersetzt ab etwa 1:500.000 die Höhenlinien vollständig, da deren Verwendung hier zunehmend problematisch wird (vgl. 4.5.1).

Von großer Bedeutung ist die Wahl der Farben für die einzelnen Höhenstufen. Diese war von Beginn an, seit etwa Mitte des 19. Jahrhunderts, sehr unterschiedlichen, z.T. auch gegensätzlichen Auffassungen unterworfen. Herauskristallisiert haben sich schließlich im Wesentlichen zwei Farbreihen (vgl. *Imhof* 1965). Die heute am häufigsten verwendete *Spektralfarbenskala* orientiert sich zunächst an den Spektralfarben und folgt dem Prinzip ,je höher desto dunkler'. Hieraus resultiert schließlich in unterschiedlichen Modifikationen die folgende Farbgebung ausgehend vom Tiefland bis zu den Berggipfeln:

Blaugrün, Gelbgrün, Gelb, Hellbraun, Braun, Rotbraun, Braunrot.

Die Anwendung erfolgt i.a. nur in kleinmaßstäbigen Karten, häufig kombiniert mit einer Schummerung im Braunton, deren Wirkung im Vergleich mit der sonst üblichen, hier aber nicht anwendbaren Graublau-Tönung wenig befriedigend ist.

Die *luftperspektivische Höhenabstufung* orientiert sich an der Erfahrung, dass Farb- und Schattentöne mit zunehmender Betrachtungsentfernung durch Dunst (Staub, Wasserdampf u.a.) an Kontrast verlieren, also zunehmend von einem Grauschleier überlagert werden. Dieser Effekt wird durch eine Farbskala nachempfunden, welche ausgehend vom Tiefland zu den Berggipfeln etwa die folgenden Farbtöne umfasst:

Graues Grünblau, Blaugrün, Grün, Gelbgrün, Gelb, Rötliches Gelb.

Die dezenten (lasierenden) Farben gehen ineinander über und werden i.d.R. nur in Kombination mit einer Schräglichtschummerung verwendet. Eine besondere Ausprägung hat diese Darstellungsmethode in den Schweizer *Reliefkarten* gefunden (vgl. *Imhof* 1965).

Die Wahl der *Höhenstufen* ist insbesondere in kleinmaßstäbigen Karten nicht ganz problemlos, da hier häufig sehr unterschiedliche Höhenbereiche vom Flachland bis zum Hochgebirge anzutreffen sind, wobei ersteres oft überwiegt. Eine *äquidistante Höhenabstufung*, z.B. in Schritten von 500 m, hätte zur Folge, dass große Teile der Karte im gleichen Farbton wiedergegeben werden würden, während ein kleinerer Teil, wie eine Hochgebirgsregion, vollständig überlastet wäre. Sinnvoll ist daher die Verwendung einer *progressiven Höhenabstufung*, etwa als geometrische Zahlenfolge, wie z.B.:

0, 50, 100, 200, 500, 1000, 2000, 4000 und über 4000 m.

Die Stufenfolge wächst hier, wenn auch aus Gründen der Übersichtlichkeit nicht ganz streng, mit dem Faktor 2 und führt damit i.a. zu einem den Geländeverhältnissen angepaßten Bild.

Für die *Tiefengliederung* von Seen und Meeren verwendet man je nach Maßstab unterschiedliche Stufenfolgen. Die Tiefenzunahme wird üblicherweise durch an Intensität zunehmende Blautöne dargestellt.

4.5.4 Höhenpunkte und besondere Geländeformen

In groß- und mittelmaßstäbigen Karten können die Höhen zahlreicher beliebiger Kartenpunkte aus Höhenlinien, wenn auch mit begrenzter Genauigkeit interpoliert werden (vgl. 9.3.6). An vielen wichtigen Stellen, wie Bergspitzen, Kuppen, Mulden, Sätteln, Pässen, Felsgebieten u.a. ist dies jedoch nicht möglich. Gleiches gilt für kleinmaßstäbige Karten ohne Höhenlinien. Hinzu kommen weitere markante, also in der Natur auffindbare Punkte, wie Verkehrswegkreuzungen, Flußgabelungen, Brücken, Talsperren u.a.. An all diesen Stellen werden *Höhenpunkte* eingetragen, wobei diese aus den Messungen der Landesaufnahme hervorgehen und die Genauigkeit der Höhenangabe damit nahezu maßstabsunabhängig ist.

Die Dichte der Punkte richtet sich nach dem Kartenmaßstab und die Angabe erfolgt auf ‚m' (z.B. *482*) oder allenfalls, bei größeren Maßstäben, auf ‚dm' (z.B. *482,1*). Die Höhen beziehen sich auf die Höhenbezugsfläche des jeweiligen Landes, also näherungsweise auf das Mittelwasser eines nahe gelegenen Meeres, woraus auch der häufig benutzte Begriff *Meereshöhe* resultiert (vgl. 3.2.2).

Unter *besonderen Geländeformen*, auch als *Kleinformen* bezeichnet, versteht man solche natürlicher und künstlicher Art, wie Dünen, Fels, Geröllhalden, Moränenwälle, Böschungen, Kiesgruben u.ä.. Sie können i.d.R. nicht durch die bisher geschilderten Methoden der Geländedarstellung wiedergegeben werden, sei es, weil sie zu klein sind und nur ihre Anhäufung ein charakteristisches Merkmal der Landschaft darstellt, sei es, weil ihre Darstellung im Grundriß nicht aussagekräftig ist. Sie müssen daher durch eine Signatur ersetzt werden, wobei häufig Keil- oder Linearschraffen zur Anwendung kommen.

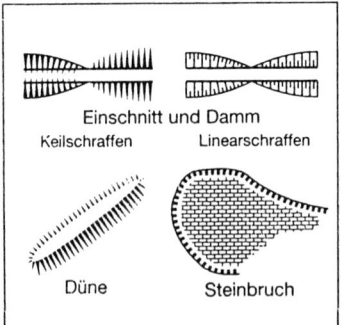 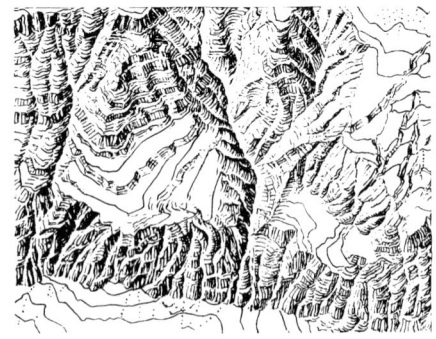

Abb. 4.5.8: Beispiele besonderer Geländeformen (nach *Hake u.a.* 2002) sowie Felsdarstellung (nach *Imhof* 1965)

Eine Sonderstellung nimmt die vor allem in den mittleren Maßstäben zur Anwendung kommende *Felsdarstellung* ein. Die hierfür verwendete Schraffenmethode führt bei entsprechender Qualität in der Ausführung zu einem sehr naturnahen Bild dieser für das Hochgebirge so charakteristischen Geländeform. Hervorzuheben sind auch hier die schweizerischen Hochgebirgskarten, in denen die Felsdarstellung kombiniert mit Höhenlinien, Schräglichtschummerung und luftperspektivischer Höhenabstufung zu einem hervorragenden Geländebild führt.

4.6 Kartenbeschriftung

Die Lesbarkeit und Interpretierbarkeit einer Karte erfordert die Beschriftung von Objekten zwecks Identifizierung und Erläuterung. Hierzu gehören je nach Maßstab mehr oder weniger detailliert:

BERLIN	über 1 000 000 Einwohner
BREMEN	500 000–1 000 000 ,,
ERFURT	100 000–500 000 ,,
HAMELN	50 000–100 000 ,,
SPEYER	10 000–50 000 ,,
KALKAR	bis 10 000 ,,
Dinklage	über 5000 ,,
Niederau	1000–5000 ,,
Grumbach	500–1000 ,,
Holzburg	bis 500 ,,

Abb. 4.6.1: Beschriftung von Orten entsprechend den Einwohnerzahlen in der amtlichen Topographischen Karte 1: 25 000 (aus *Musterblatt für die Topographische Karte 1:25 000*, 1989)

- Namen von Siedlungen, Straßen, Landschaften, Erhebungen (Gebirge, Berggipfel), Tälern, Gewässern, Inseln, Verwaltungseinheiten (z.b. Kreis, Bundesland, Staat), Einzelobjekten (z.b. Schloß, Talsperre, Denkmal) u.a.,
- Abkürzungen für häufig auftretende Objekte, z.b. *AT* für Aussichtsturm, *Bf* für Bahnhof, *Hfn* für Hafen, *Krhs* für Krankenhaus, *Qu* für Quelle, u.a.,
- Zahlen für Höhenlinien und -punkte bzw. Tiefenangaben, Straßennumerierung, Koordinatenangaben.

Durch Variation von Schriftart, -lage und -größe lassen sich zusätzliche Unterscheidungen zur Objektart und -größe treffen (vgl. 4.2).

Für die Lesbarkeit ist es wichtig, dass die Zuordnung der Beschriftung eindeutig ist und dass möglichst wenig vom umgebenden Karteninhalt verdeckt ist. Zwischen der Schrift und ggf. kreuzenden Linienelementen sollte in jedem Fall ein Zwischenraum bestehen (Schriftfreistellung).

Die Anzahl von Namen und Zahlen ist abhängig vom Kartenmaßstab und Kartenzweck. So enthält eine topographische Karte 1:25.000 oft mehr als 1000 und eine Handatlaskarte gar mehr als 5000 Schriftangaben (*Hake u.a.* 2002).

4.7 Äußere Kartenelemente

Die Kartennutzung setzt nicht nur das Verständnis für den Karteninhalt voraus, sondern erfordert auch über diesen hinausgehende Informationen und Erläuterungen. Hierzu gehören u.a.:

- Maßstabsangabe sowie Maßstabsleiste,
- Koordinaten und Koordinatenlinien (Kartennetz) sowie Angaben zum geodätischen Bezugssystem bzw. zur Art der Abbildung,
- Zeichenerklärung (Legende),
- Herausgeber, Herausgabejahr sowie Fortführungsstand,
- ggf. Merkmale zur Einordnung innerhalb eines Kartenwerks.

Die Begrenzung (<u>Ab</u>teilung) des Karteninhalts erfolgt durch den *Kartenrahmen*, wobei die inneren Begrenzungslinien gebildet werden durch

- geodätische Koordinatenlinien, d.h. Abszissen und Ordinaten (Koordinaten<u>ab</u>teilung),
- geographische Koordinatenlinien, d.h. Meridiane und Parallelkreise (Grad<u>ab</u>teilung) oder
- netzunabhängige Linien (netzunabhängige <u>Ab</u>teilung).

Koordinaten- und Gradabteilungskarten findet man i.d.R. bei den Einzelkartenblättern amtlicher Kartenwerke. Atlaskarten, deren Größe vom zur Verfügung

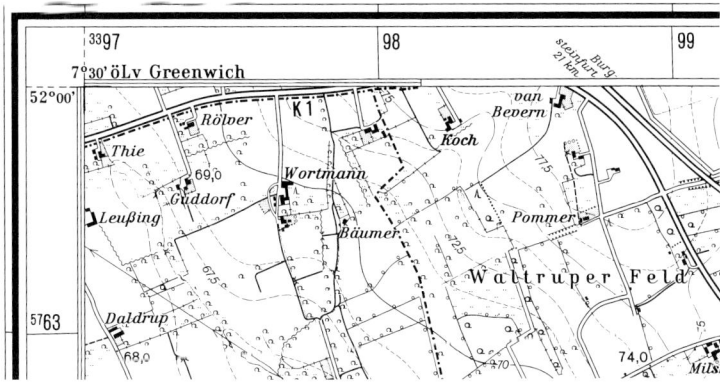

Abb. 4.7.1: Kartenrahmen mit geodätischen und geographischen Koordinatenangaben sowie Richtungshinweisen (aus *Musterblatt für die Topographische Karte 1:25 000*, 1989)

stehenden Seitenformat abhängig ist, werden i.d.R. netzunabhängig abgeteilt. Die Abgrenzung ist nicht zwangsläufig an die Art der Abbildung (geodätisch oder kartographisch, vgl. Kap. 2) gebunden. So handelt es sich bei den bisherigen deutschen amtlichen Karten von 1:25.000 bis 1:200.000 um Gauß-Krüger-Abbildungen, die Kartenblätter sind jedoch durch Meridiane und Parallelkreise begrenzt. Die Umstellung der analogen Kartenwerke auf digitale Informationssysteme machen derartige Blattbegrenzungen prinzipiell überflüssig, da die kartographische Darstellung etwa eines Landes blattschnittfrei gespeichert und abrufbar ist (vgl. 7.3).

Die *Maßstabsangabe* und die Darstellung einer *Maßstabsleiste* dienen sowohl der unmittelbaren Maßentnahme aus der Karte als auch einer Einschätzung der durch die Generalisierung bedingten maßstabsabhängigen Darstellungsmöglichkeiten.

Das *Kartennetz* ermöglicht die Einordnung des Inhalts in ein Bezugssystem (Meridianstreifen, geographische Lage) und die Entnahme von Koordinaten für beliebige Kartenpunkte. Die *Koordinatenlinien geodätischer Abbildungen* (Gauß-Krüger, UTM), geometrische Grundlage groß- und mittelmaßstäbiger Karten, bilden ein kartesisches System und werden i.d.R. nur im Kartenrand dargestellt. Da sie leicht rekonstruierbar sind, wird eine unnötige Belastung des Kartenbildes vermieden. Die Netzlinienabstände sind maßstabsabhängig und betragen z.B. 200 m bei einer Karte 1:5000 und 1 km bei einer Karte 1:25.000, jeweils 4 cm in der Karte entsprechend. Die *Koordinatenlinien kartographischer Abbildungen*, geometrische Grundlage kleinmaßstabiger Karten, bilden i.a. kein kartesisches Netz und sind daher auch nicht einfach rekonstruierbar. Sie werden daher i.d.R. innerhalb des Kartenbildes dargestellt. Ihre Abstände sind ebenfalls maßstabsabhängig und betragen z.B. 1° im Maßstab 1:2Mill. mit einer Randunterteilung von 10'. Außerhalb des Kartenrahmens befinden sich am Kartenrand Angaben zum geodätischen Bezugssystem in Lage und Höhe sowie zu Art und ggf. auch Eigenschaft der Abbildung.

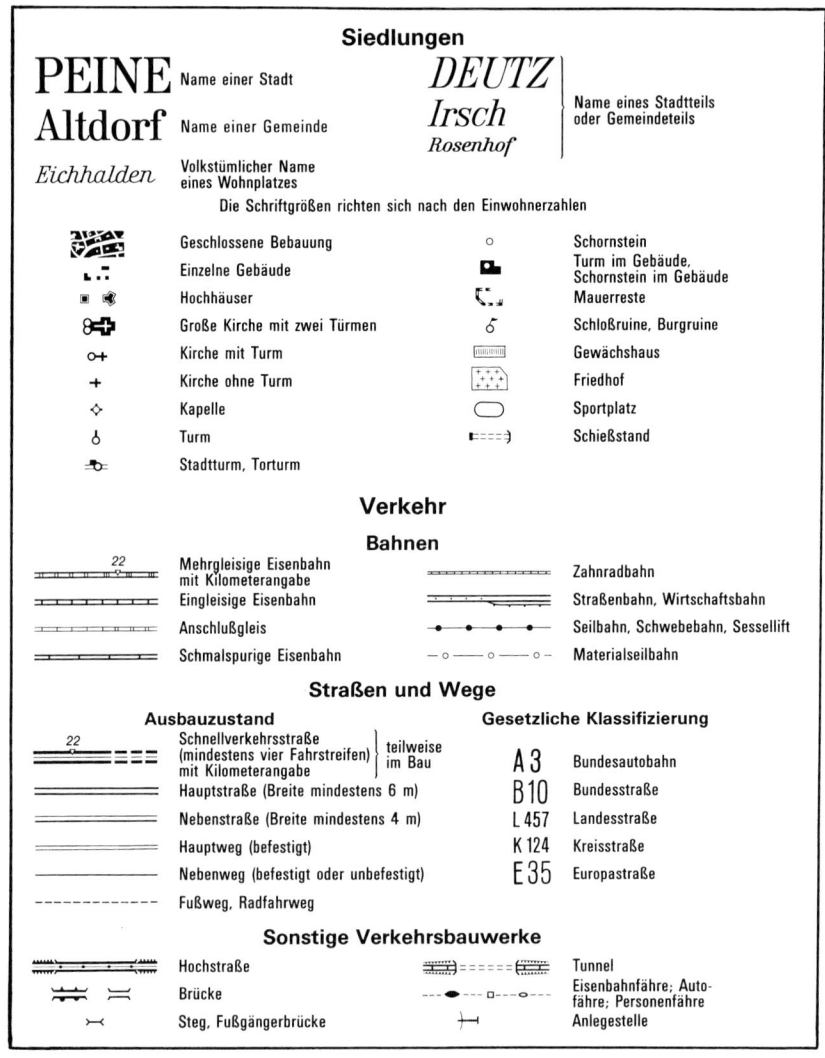

Abb. 4.7.2: Auszug aus der Legende für eine topographische Karte 1: 25 000 (nach *Musterblatt für die Topographische Karte 1:25 000*, 1989)

In den amtlichen topographischen Karten Deutschlands sind neben den geodätischen auch geographische Koordinaten einschließlich einer Randunterteilung im Kartenrahmen angegeben, wodurch die ungefähre Ermittlung der geographischen Länge und Breite für beliebige Kartenpunkte ermöglicht wird (vgl. 9.3.2).

In der *Zeichenerklärung (Legende)* werden die Darstellung der Kartenobjekte sowie die Abkürzungen für Objektnamen erläutert. Wenn auch die graphische Gestaltung ein schnelles Einprägen der wichtigsten Objekte ermöglicht, so ist bei der Vielzahl von Einzelheiten eine ausführliche Zeichenerklärung unerläßlich. Einzig bei großmaßstäbigen Karten, wie z.B. der Deutschen Grundkarte 1:5000, verzichtet man darauf, da sie als grundrißtreue Darstellung (vgl. 4.3) nur wenige Signaturen enthalten und sie vor allem nicht für den allgemeinen Gebrauch, sondern nur für einen begrenzten, fachlich versierten Nutzerkreis bestimmt sind. In Atlanten wird eine für die meisten Karten zutreffende Zeichenerklärung vorangestellt, welche dann bei den Einzelkarten nur noch individuell ergänzt wird.

Die Angabe von *Herausgeber* (z.B. Landesvermessungsamt) und *Herausgabejahr* einer Karte erfüllt eher formale Ansprüche. Weitaus wichtiger für die Kartennutzung ist der *Fortführungsstand*, d.h. also der Zeitpunkt der letzten Aktualisierung. Dies gilt insbesondere für groß- und mittelmaßstäbige Karten, da ihr Inhalt durch laufende Veränderungen auf der Erdoberfläche schnell korrekturbedürftig ist. Unterschieden wird hierbei zwischen einer (umfangreichen) *Berichtigung* und *einzelnen Nachträgen*, welche naturgemäß nur eine beschränkte Aktualisierung darstellen (vgl. 9.1.1).

Angaben zur *Einordnung* eines Kartenblattes in ein Kartenwerk bestehen aus einer *Blattnummer* und einer *Blattbenennung*. Der Numerierung liegt i.d.R. ein System aus Ziffern oder Ziffern und Buchstaben zugrunde und als Benennung wählt man je nach Maßstab den Namen des größten im Kartenblatt enthaltenen Ortes oder Ortsteiles, ggf. auch einen Landschaftsnamen (z.B.: Blatt 4028 Goslar). Eine Blatteinteilung befindet sich dann auf den einzelnen Kartenblättern (vgl. 7.1.1).

5. Bildkarten

Die Erfassung der Erdoberfläche mit bilderzeugenden Systemen vom Flugzeug, Satelliten oder Raumfahrzeug aus erfolgt sowohl zum Zweck der Bildinterpretation (vgl. *Albertz* 2001) als auch der Herstellung von Karten (vgl. Kap. 3). Neben den eigentlichen topographischen Karten sind es *Bildkarten*, also photographische bzw. einer Photographie ähnelnde Bilder der Erdoberfläche, im Format und Blattschnitt einer topographischen Karte, mit deren geometrischen Eigenschaften sowie kartographisch durch Beschriftung, Koordinaten und Koordinatennetz, Kartenrahmen u.ä. ergänzt. Zunächst seien einige wesentliche Unterschiede gegenüber einer topographischen Karte herausgestellt:

- Abgebildet werden alle topographischen Einzelheiten, sofern sie genügend groß sind, d.h. aufgelöst werden (vgl. 5.2.2), oder nicht verdeckt sind, z.B. durch die Vegetation. Wesentliches und Unwesentliches ist gleichermaßen enthalten.

- Die abgebildeten Objekte sind nicht durch graphische Elemente vereinfacht dargestellt und durch einen Zeichenschlüssel (Legende) erklärt, sondern müssen aus Form, Grau- oder Farbton sowie Beziehung zur Umgebung vom Kartennutzer gedeutet werden. Dies setzt eine entsprechende Erfahrung voraus.

- Es gibt keine geometrisch nutzbare Darstellung der Höhen und Geländeformen, allenfalls durch Beleuchtung oder Radarrückstrahlung hervorgerufene schattenplastische Effekte. Einen auswertbaren Raumeindruck erhält man nur durch stereoskopische Teilbilder (vgl. 3.4.2). Allerdings können Höhenlinien und Höhenpunkte kartographisch ergänzt werden.

- Bedingt durch die schnelle und kurzfristig wiederholbare Erfassung und Herstellung sind die Karten sehr viel aktueller und können dank der heute erreichbaren hohen Auflösung und Detailabbildung auch unmittelbar zur Nachführung bestehender topographischer Karten genutzt werden.

Bildkarten können also in Anbetracht des weltweiten Mangels an aktuellen topographischen Karten diese zunächst, wenn auch eingeschränkt, ersetzen. Sie bilden in jedem Fall eine wichtige Ergänzung, wenn mehr und vor allem aktuellere Informationen benötigt werden, als sie die abstrahierten ‚Strichkarten' bieten. Letztere sind aber dank der klar gegliederten und exakten graphischen Darstellung in ihrer Lesbarkeit unübertroffen.

Die für die Herstellung von Bildkarten zu verwendenden Bilddaten müssen zunächst durch geeignete Verarbeitungsprozeduren in ein sichtbares Bild und schließlich durch Korrektur geometrischer und radiometrischer Abbildungsfehler in eine Bildkarte umgesetzt werden. Die hiermit zusammenhängenden Sachverhalte sowie Verfahren werden im Folgenden skizziert. Ausführliche Darstellungen findet man in der Fachliteratur zur Photogrammetrie und Fernerkundung, insbesondere bei *Albertz* (2001).

5.1 Verfahren der Bildverarbeitung

Grundlage der Bilderzeugung ist der Empfang und die Speicherung der von der Erdoberfläche reflektierten elektromagnetischen Strahlung durch einen geeigneten Empfänger (Sensor).

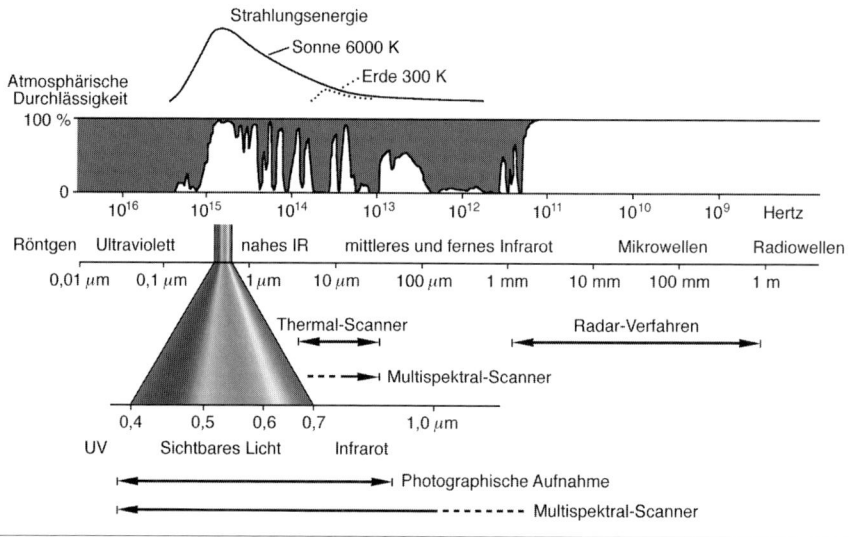

Abb. 5.1.1: Elektromagnetisches Spektrum und Empfangsbereiche verschiedener Sensoren (nach *Albertz* 2001)

Die analoge *Luftbildkamera*, in Verbindung mit einem Schwarz-Weiß- oder Farbfilm, nutzt hierfür den Bereich des sichtbaren Lichtes und des nahen Infrarot, d.h. einen Wellenlängenbereich von etwa 0,4 bis 0,9μm. *Optische Scanner*, bestehend aus zeilenförmig angeordneten CCD-Sensoren, nutzen praktisch den gleichen Wellenlängenbereich (vgl. 3.4.1 und 3.6). *Multispektralscanner*, welche mehrere Spektralbereiche (Kanäle) getrennt erfassen, sind darüber hinaus bis ins mittlere Infrarot sensibilisiert. *Radarsysteme* erzeugen und empfangen Mikrowellen in unterschiedlichen Bändern mit Wellenlängen zwischen 1mm und 1m (vgl. 3.7).

Die Sichtbarmachung und Weiterverarbeitung der gespeicherten Bildsignale erfolgt bei photographischen Systemen zunächst durch photochemische Prozesse (*analoge Bildverarbeitung*) und bei Scanner- und Radarsystemen durch mathematische Operationen (*digitale Bildverarbeitung*).

5.1.1 Photographische (analoge) Bildverarbeitung

Die photographische Bilderzeugung hat eine lange Tradition und begründete auch die Photogrammetrie (vgl. 3.4). Der Begriff *Photographie* geht auf den Franzosen *J.N. Niepce* zurück, dem es 1826 erstmalig gelang, ein durch Zentralprojektion erzeugtes und durch Lichteinwirkung auf eine lichtempfindliche Substanz haltbares Bild herzustellen (*Bestenreiner* 1988). Seinem Landsmann *Daguerre* gelang schließlich 1835 eine Bilderzeugung mit Hilfe von Silberjodid, einem sog. Silbersalz, welches bis heute die Grundlage photographischer Verfahren bildet. Die Bekanntmachung dieser Erfindungen 1839 vor der französischen Akademie der Wissenschaften gilt als Erfindungsjahr der Photographie.

Zunächst bestand nur die Möglichkeit zur *Schwarz-Weiß-Photographie*, d.h. es konnten nur Grautonbilder erzeugt werden und die Bildwiedergabe beschränkte sich auf den blauen Farbanteil des Spektrums. Alle anderen Farben hinterließen keinen Belichtungseindruck und wurden im Positiv schwarz wiedergegeben. Heutige Materialien setzen alle Farben in entsprechende Grautöne um und werden als *panchromatisch* bezeichnet. Die Entdeckung, dass man durch Zusatz bestimmter Substanzen in einer Schwarz-Weiß-Emulsion Farben erzeugen kann, führte schließlich 1936 zu dem auch heute noch üblichen Dreischichten-Verfahren der *Farbphotographie*.

Photographisches Material besteht aus mehreren Schichten, deren wichtigste die *Emulsion* (bei Farbmaterial drei Emulsionen) und der *Schichtträger* sind. Die *Schutzschicht* verhindert Beschädigungen der Emulsion beim Verarbeitungsprozeß, die *Haftschicht* ein Ablösen vom Schichtträger und die *Lichthofschutzschicht* unerwünschte Belichtungen durch Reflexionen an der Schichtträgerrückseite, sofern dieser transparent ist. Eine *Emulsion* besteht aus einer transparenten Trägerschicht (Gelatine), in der fein verteilt die eigentlichen lichtempfindlichen Substanzen in Form von Halogen-Silber-Kristallen, vorwiegend Silberbromid ($BrAg$), enthalten sind. Sie haben je nach Lichtempfindlichkeit einen Durchmesser von 0,02 bis 2μm und die Schichtdicke beträgt etwa 15μm. Die Eigenschaften der Emulsion (Allgemein- und Farbenempfindlichkeit, Gradation) sind mitbestimmend für die radiometrische Bildqualität, d.h. Auflösungsvermögen, Kontrastwiedergabe und Bildschärfe (vgl. 5.2.2). So sind feinkörnige und damit geringer empfindliche Emulsionen höher auflösend als grobkörnige, aber empfindlichere Emulsionen. Der *Schichtträger* ist entweder ein Film, bestehend aus Acetatzellulose, oder für Kontaktabzüge ein mit Kunststoff verstärktes Papier (PE-Papier). Für Luftbildaufnahmen, die der Bildmessung dienen, wird aus Gründen der Maßhaltigkeit auch Polyesterfilm verwendet.

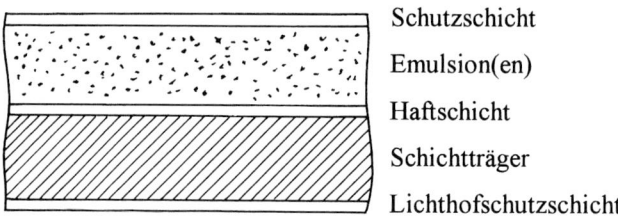

Schutzschicht

Emulsion(en)

Haftschicht

Schichtträger

Lichthofschutzschicht

Abb. 5.1.2: Aufbauschema photographischen Materials

Die wesentlichen Prozesse der Bildentstehung sind Belichtung, Entwicklung und Fixieren. Bei der *Belichtung* werden die in den Kristallen befindlichen negativ geladenen Bromionen und positiv geladenen Silberionen je nach Lichtintensität z.T. zu Brom- und Silberatomen reduziert. Das Ergebnis ist ein zunächst nicht sichtbares (latentes) Bild. Der durch die Belichtung eingeleitete Prozeß wird durch die *Entwicklung* fortgesetzt, d.h. alle genügend belichteten Kristalle werden vollständig reduziert. Übrig bleiben schwarze Silberkörner, deren je nach Lichteinwirkung unterschiedliche Anhäufung das negative Bild ergibt. Beim anschließenden *Fixieren* werden die verbliebenen, weiterhin lichtempfindlichen Kristalle herausgelöst, also das Bild ‚haltbar' gemacht. Durch eine Kopie nach dem gleichen Verfahren erhält man ein tonwertrichtiges Bild (Positiv), in dem die Objektfarben durch unterschiedliche Grautöne wiedergegeben werden.

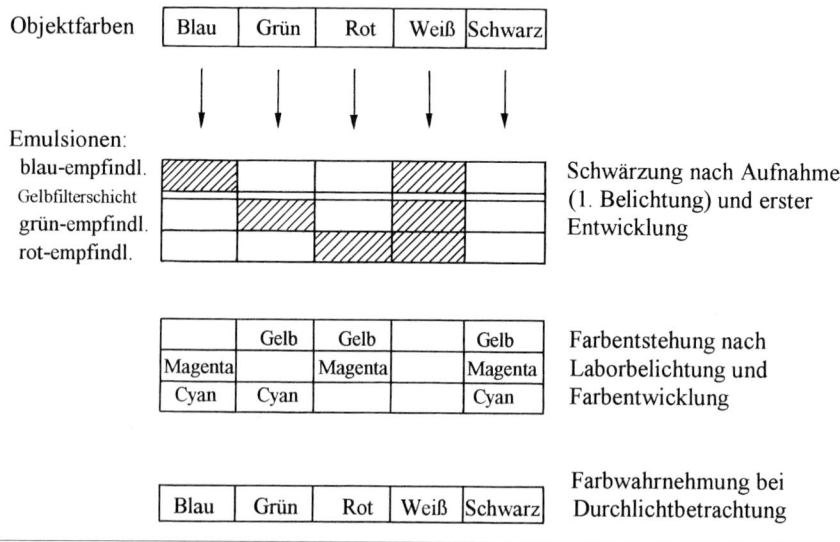

Abb. 5.1.3: Bildentstehung beim Umkehrverfahren (Diapositivverfahren) der Farbphotographie

Das Material für die *Farbphotographie* besteht aus drei Emulsionen, welche jeweils nur für eine Grundfarbe des Spektrums (Blau, Grün und Rot) sensibilisiert sind. Die immer auch vorhandene Empfindlichkeit für Blau muß für die ansonsten nur für Grün bzw. Rot empfindlichen beiden Schichten durch eine Gelbfilterschicht kompensiert werden.

Nach der Bildaufnahme (Belichtung) entstehen beim *Umkehrverfahren* (Diapositivverfahren) nach den verschiedenen Verarbeitungsprozessen in den jeweiligen Emulsionsschichten nicht die Originalfarben, sondern die zu ihnen komplementären Farben, d.h. Gelb, Purpur (Magenta) und Blaugrün (Cyan). So hinterläßt z.B. ein rotes Objekt einen Belichtungseindruck in der rotempfindlichen Emulsion. Als Ergebnis der Verarbeitung entstehen in den beiden anderen Schichten die Farbtöne Gelb und Magenta. Bei Durchlichtbetrachtung sieht man durch subtraktive Farbmischung die gemeinsam enthaltene Grundfarbe Rot. Beim *Negativverfahren* entsteht nach dem gleichen Prinzip zunächst ein komplementärfarbiges Negativ sowie nach anschließender Kopie ein ebenfalls komplementärfarbiges Positiv, welches durch subtraktive Farbmischung wiederum zum richtigen Farbeindruck führt. Beim *Infrarot-Farbfilm* ist die blauempfindliche durch eine infrarotempfindliche Emulsion ersetzt und es werden, ebenfalls durch das Umkehrverfahren, andere Farben erzeugt. Infrarot reflektierende Objekte werden in Rot, rote Objekte in Grün und grüne Objekte in Blau wiedergegeben. Blaue Objekte werden nicht abgebildet. Die Bedeutung dieses auch als *Falschfarbenfilm* bekannten Materials liegt insbesondere in der Aufdeckung von Vegetationsschäden, da die Infrarotremission der Vegetation sehr stark mit deren Vitalitätszustand korreliert ist.

5.1.2 Digitale Bildverarbeitung

Ein Bild kann auch als eine kontinuierliche Aneinanderreihung von Einzelpunkten angesehen werden (vgl. *Bestenreiner* 1988). Dies entspricht der Bildentstehung im menschlichen Auge, dessen Netzhaut im Wesentlichen aus einer flächenhaften Verteilung einzelner Sehzellen besteht. Auch bei der Wiedergabe von Bildern durch Kopier- oder Druckverfahren macht man vom punktuellen Aufbau Gebrauch (vgl. 8.2.1). Schließlich besteht ein photographisches Bild aus einer unterschiedlichen Anhäufung von schwarzen Silberkörnern bzw. Farbpigmenten und ein Scanner-Bild aus einer kontinuierlichen zunächst zeilenförmigen Aneinanderreihung sehr kleiner Flächenelemente entsprechend der Größe der strahlungsempfindlichen CCD-Sensoren. Dies eröffnet die Möglichkeit, einzelnen Bildelementen entsprechend ihrer Helligkeit eine Zahl zuzuordnen, d.h. ein analoges, aus Grau- oder Farbtönen bestehendes in ein digitales, aus Zahlen bestehendes Bild umzuwandeln, ein Vorgang, der als *Analog-Digital-Wandlung* bezeichnet wird. Das Verfahren kann durch zwei allerdings gleichzeitig ablaufende Prozesse beschrieben werden:

- Die *Rasterung*, d.h. die Zerlegung eines Bildes in gleich große i.d.R. quadratische Flächen- oder Bildelemente (Picture Element = Pixel).

- Die *Quantisierung*, d.h. die Zuordnung einer ganzen Zahl ≥ 0 zu den einzelnen Pixeln entsprechend ihrem Grauwert. Dieser ergibt sich aus dem Verhältnis zwischen auffallender zu reflektierter bzw., bei transparentem Bildträger, durchgelassener Lichtmenge.

Die Feinheit der Rasterung, also die Pixelgröße bestimmt hierbei die geometrische Auflösung (vgl. 5.2.2), zugleich aber auch die Datenmenge. So führt die Rasterung eines Schwarz-Weiß-Luftbildes mit einem Format von $23 \times 23\,cm^2$ bei einer Pixelgröße von 0,1mm (250 dpi), ein Wert, der dem Auflösungsvermögen des menschlichen Auges in kurzer Entfernung entspricht, zu insgesamt 5.290.000 Pixeln. Will man aber das Auflösungspotential eines Luftbildes ausschöpfen, so ist eine Pixelgröße $\leq$0,01 mm (2500dpi) erforderlich, woraus sich eine 100-fache Datenmenge ergibt. Dies hat natürlich Konsequenzen für die in den nachfolgenden Prozessen zu verarbeitenden Datenmengen.

Ähnliche Überlegungen gelten hinsichtlich der Anzahl der zu unterscheidenden Grautöne (radiometrische Auflösung). Empirische Untersuchungen zeigen, dass i.a. ein Grauwertumfang von 256 Werten, d.h. von 0 bis 255, entsprechend 8 bit im Binärzahlensystem der Computer, ausreicht (*Haberäcker* 1991). Bei einer radiometrischen Auflösung von 12 Bit ergeben sich bereits 4096 Grauwerte. Als Ergebnis von Rasterung und Quantisierung liegt schließlich eine *Bildmatrix* vor, die durch mathematische Operationen zum Zwecke geometrischer und radiometrischer Bildkorrekturen verändert werden kann.

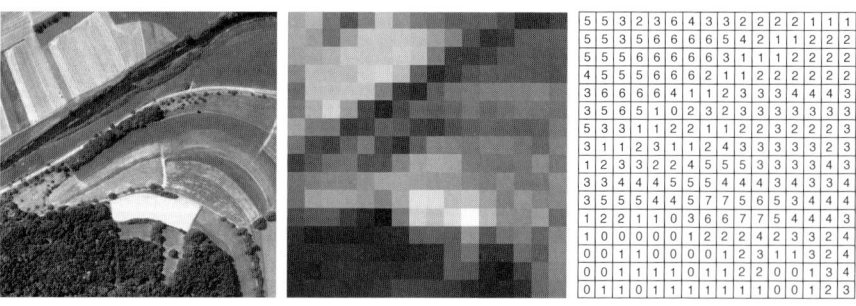

Abb. 5.1.4: Prinzip der Digitalisierung eines Schwarz-Weiß-Luftbildes durch Rasterung mit 16 × 16 Pixeln und Quantisierung mit 8 Grauwerten (nach *Albertz* 2001)

Liegt ein Farbbild vor, so müssen die das Bild erzeugenden Farben Cyan, Gelb und Magenta durch Filter voneinander getrennt werden, d.h. man erhält drei entsprechende Grautonbilder und damit drei Bildmatrizen. Diese werden nach der

Bildverarbeitung wieder zu einem farbigen Bild zusammengeführt, ein Vorgang der als *Digital-Analog-Wandlung* bezeichnet wird (vgl. 8.1.3). Die Datenmenge würde sich gegenüber einem Schwarz-Weiß-Bild noch einmal verdreifachen.

Die Digitalisierung ist bei der Erfassung der Erdoberfläche mit optischen Scannern und Radarsystemen bereits Ergebnis der Aufnahme, d.h. die zunächst erzeugten elektrischen Signale werden unmittelbar in Zahlen umgewandelt und gespeichert. Die Größe der Pixel liegt damit fest. Analoge Bilder werden hierfür in Trommelscannern (vgl. 7.2.1) oder bei hohen Anforderungen, wie der Luftbildauswertung, in Präzisionsflachbettscannern digitalisiert, wobei entsprechend den Qualitätsansprüchen Pixelgröße und Grauwertmenge in Grenzen gewählt werden können. In beiden Fällen sind die Bilder damit einer digitalen Weiterverarbeitung im Computer zugänglich, wie sie für die Herstellung von Bildkarten erforderlich ist.

5.2 Eigenschaften von Luft- und Weltraumbildern

Die unterschiedlichen Aufnahmesysteme (Photographie, Scanner, Radar) können sowohl vom Flugzeug, als auch von Satelliten und Raumfähren aus eingesetzt werden. Die hieraus entstehenden Bilder werden nicht in gleicher Weise unterschieden. Unter einem *Luftbild* versteht man Aufnahmen mit konventioneller Luftbildkamera oder Zeilenkamera (Scanner) vom Flugzeug aus, also aus begrenzter Flughöhe (≤15km). Ein *Satellitenbild* ist das Ergebnis einer Scanneraufnahme vom Satelliten aus, also aus sehr viel größerer Flughöhe (z.B. 750 km). In der früheren Sowjetunion wurden auch kleinformatige Analogkameras in Satelliten verwendet. Ein *Radarbild* ist schließlich unabhängig von der Aufnahmeplattform das Ergebnis einer Mikrowellenaufzeichnung.

Die geometrischen und radiometrischen (physikalischen) Eigenschaften dieser Bilder sind schließlich wiederum abhängig vom Aufnahmesystem und von der Beschaffenheit der Erdoberfläche. Ihre Kenntnis ist für die Herstellung von Bildkarten erforderlich, um die hierfür i.d.R. notwendigen Korrekturen durchführen zu können.

5.2.1 Geometrische Bildeigenschaften

Die geometrischen Bildeigenschaften beeinflussen die Lage und Form der abgebildeten Objekte im Bild. Sie werden bestimmt durch

- die Richtung der Abbildungsstrahlen, d.h. die Geometrie des Strahlenverlaufs vom Objekt zur Bildebene oder -zeile bzw. durch die Laufzeit der Mikrowellensignale beim Radar,
- die Lage und Neigung des Aufnahmesensors bzw. der Trägerplattform im Moment der Bildaufnahme in Bezug auf ein übergeordnetes Referenzsystem und

- die Objekt- und Geländehöhenunterschiede gegenüber einer gemeinsamen Bezugsfläche.

Die genannten Einflüsse führen i.d.R. zu Bildverzerrungen, d.h. zu Lageversetzungen von Objekten gegenüber ihrer Soll-Lage, wie sie etwa in einer topographischen Karte besteht. Die Entzerrung, also eine Umformung des Bildinhalts in ein lagerichtiges Bild, ist systemabhängig (vgl. 5.3).

5.2.2 Radiometrische Bildeigenschaften

Die Bildentstehung ist das Ergebnis des Einwirkens elektromagnetischer Strahlung auf einen Sensor. Dieser physikalische Vorgang führt zum Begriff *radiometrische* Abbildung und damit zu den radiometrischen Bildeigenschaften. Deren Merkmale sind das Auflösungsvermögen, die Kontrastwiedergabe und die Bildschärfe. Sie werden einerseits durch die Intensität und die spektrale Zusammensetzung der von der Erdoberfläche reflektierten und auf den Sensor auftreffenden Strahlung und andererseits von den Eigenschaften des Aufnahmesensors bestimmt.

Das *geometrische Auflösungsvermögen* kennzeichnet die Eigenschaft eines Bildes, Objekte bzw. Objektdetails einer bestimmten Größe noch erkennbar wiederzugeben. Es ist zunächst abhängig vom Abbildungsmaßstab, d.h. wenn eine vorgegebene Objektgröße noch erkannt werden soll, ist der Maßstab entsprechend zu wählen. Hiervon macht man z.B. durch Wahl einer bestimmten Flughöhe bei der Luftbildaufnahme Gebrauch. Von Einfluß ist vor allem auch die Größe der strahlungsempfindlichen Sensorelemente. So haben feinkörnige photographische Emulsionen von Luftbildern ein Auflösungsvermögen von bis zu 50Lp/mm, d.h. 50 Linien können getrennt durch gleichgroße Zwischenräume auf 1mm abgebildet werden. Dies entspricht einer Objektgröße von 0,01mm. Für eine vergleichbare Auflösung ist bei CCD-Sensoren eine Pixelkantenlänge von etwa 7μm erforderlich. In jedem Fall muß ein Objekt zahlreiche Silberkörner bzw. mehrere Pixel umfassen, um als solches erkannt zu werden. Letzteres setzt eine vergrößerte Betrachtung voraus, da das Auflösungsvermögen des menschlichen Auges etwa 10-fach schlechter ist.

Unter *Kontrastwiedergabe* versteht man die Eigenschaft eines Bildes, die Helligkeits- bzw. Farbunterschiede zwischen den Objekten und ihrer Umgebung in entsprechenden Helligkeitsunterschieden, also Kontrasten wiederzugeben. Die von der Erdoberfläche reflektierte Strahlung des sichtbaren Lichtes und des nahen Infrarots wird beim Durchgang durch die Atmosphäre durch das Aerosol (Luftmoleküle, Wasserdampf, Staubteilchen) z.T. absorbiert und diffus gestreut. Gleiches gilt bei Auftreffen bzw. Durchgang durch das abbildende System (Filter, Objektiv, lichtempfindliche Sensoren). Dies führt zu Kontrastverlusten mit der Folge, dass ein Objekt mit geringem Kontrast zur Umgebung im Bild trotz ausreichender Größe nicht mehr erkannt wird. Man spricht daher auch von *radiometrischer Auflösung*. Durch Kontrastfilter, wie z.B. einem Gelbfilter zur teilweisen Absorption des hohen Blaulichtanteils oder auch kontraststeigernde Emulsionen bei der photographischen Aufnahme, kann diesem Verlust z.T. entgegengewirkt werden. Bei der Aufnahme mit Multispektralscannern kann durch Auswahl und Kombination bestimmter Kanäle (Spektralbereiche) bei der Bildpräsentation eine Kontraststeigerung erzielt werden. Etwas komplizierter ist die Kontrastwiedergabe beim Radarverfahren. Hier spielen vor allem die verwendete Wellenlänge (Band), die elektrische Leitfähigkeit der Materialien der Erdoberfläche und die Lage und Neigung der Geländeformen zum Sender eine entscheidende Rolle für die Bildwiedergabe (vgl. 3.7).

Die *Bildschärfe*, d.h. die Wiedergabe eines exakten (abrupten) Schwärzungs- bzw. Farbunterschiedes zwischen einem Objekt und seiner Umgebung, kann durch Mängel des abbildenden Systems (Objektivfehler, mangelnde Tiefenschärfe u.ä.) beeinträchtigt werden. Bei großmaßstäbigen Aufnahmen aus niedriger Flughöhe spielt die Bewegungsunschärfe insbesondere durch die Flugzeugvorwärtsbewegung (Bildwanderung) während der Belichtung eine Rolle. Bei analogen Luftbildkameras wird diesem Effekt durch eine Kompensationseinrichtung entgegengewirkt (vgl. 3.4.1). Bei Zeilenkameras ist eine genaue Kalibrierung, d.h. eine Abstimmung der Zeilenauslesefrequenz mit der Fluggeschwindigkeit erforderlich. Eine mangelhafte Bildschärfe wird nicht nur als störend empfunden, sondern sie beeinträchtigt vor allem auch das Auflösungsvermögen.

Abb. 5.2.1 : Kontrastverbesserung bei einem panchromatischen Scannerbild des SPOT-Satelliten (nach *Albertz* 2001)

Während geometrische Auflösung und Bildschärfe nach der Aufnahme kaum noch beeinflußbar sind, kann die Kontrastwiedergabe durch geeignete Bildverarbeitungsprozesse verbessert werden. Besonders die digitale Bildverarbeitung eröffnet durch mathematische Operationen (z.B. Filterung) die Möglichkeit zu erheblichen Kontrastverbesserungen. Zugleich können auch Bildstörungen, z.B. durch Wolken oder Wolkenschatten, beseitigt werden.

5.3 Erzeugung von Bildkarten

Eine Bildkarte soll, einer topographischen Karte entsprechend, folgende Merkmale aufweisen:

- Alle Objekte sind in ihrem Grundriß formtreu und lagerichtig abgebildet.
- Es gilt, abgesehen von den allgemeinen Abbildungsverzerrungen bei kleinmaßstäbigen Karten (vgl. 2.3), ein konstanter runder Maßstab.
- Der Karteninhalt ist in ein übergeordnetes Referenzsystem, i.d.R. ein Landeskoordinatensystem, eingepaßt.

Durch eine *Entzerrung* sind die aufbereiteten, ggf. bereits radiometrisch korrigierten Bilddaten zunächst geometrisch zu korrigieren und anschließend durch eine *Georeferenzierung* (Geocodierung) in das Referenzsystem zu transformieren. Beide Aufgaben können in einem gemeinsamen mathematischen Prozeß mit Hilfe von Transformationsgleichungen gelöst werden. Je nach Aufnahmeverfahren geschieht dies entweder durch eine Rekonstruktion der Aufnahmegeometrie unter gleichzeitiger Berücksichtigung des Einflusses von Geländehöhenunterschieden oder durch ein Interpolationsverfahren. In beiden Fällen benötigt man Paßpunkte, d.h. Punkte, deren Koordinaten im Referenzsystem bekannt sind und die im Bild eindeutig identifizierbar sind. Hierbei kann es sich je nach Maßstab um zuvor im Gelände signalisierte Punkte (z.B. Festpunkte) handeln oder um natürliche Punkte, wie z.B. Wegkreuzungen, Fußpunkte von Masten, Feldecken o.ä.. Die Anzahl der notwendigen Paßpunkte ist verfahrensabhängig. Die Ermittlung der Koordinaten erfolgt mit geodätischen Meßmethoden, wobei besonders die Satellitenpositionierung über DGPS infrage kommt (vgl. 3.2.3). Bei mittleren und kleinen Bildkartenmaßstäben genügt, falls vorhanden, die Entnahme aus größermaßstäbigen topographischen Karten.

5.3.1 Luftbildkarten

Die Luftbildaufnahme erfolgt über Kameras mit Flächen- oder Zeilensensoren. Weit verbreitet sind nach wie vor analoge Reihenmeßkameras mit einem Bildformat von $23 \times 23\,cm^2$. Für diese ist die Abbildungsgeometrie (Zentralprojektion) in Form der inneren Orientierung bekannt (vgl. 3.4.1).

Abweichungen der Aufnahmerichtung vom Lot infolge der unvermeidbaren Flugzeugneigungen im Moment der Aufnahme führen zu projektiven Bildverzerrungen, d.h. ein im Gelände befindliches quadratisches Objekt würde je nach Lage der Aufnahmerichtung in ein Trapez oder unregelmäßiges Viereck verzerrt werden (vgl. Abb. 3.4.7). Da diese Neigung selten 5° überschreitet, spricht man dennoch von einem *Senkrechtbild* und die auftretenden Verzerrungen und die hieraus resultierenden Maßstabsunterschiede können etwa für Zwecke der Bildinterpretation toleriert werden, nicht jedoch für eine Bildkarte. So ergäben sich z.B. in einem mit einer Normalwinkelkamera aus 3600m Höhe aufgenommenen Luftbild bei Annahme einer Aufnahmeneigung von 5° im ungünstigsten Fall Maßstabsunterschiede von bis zu ±5%. Damit würde eine 10 cm lange Bildstrecke je nach Lage um ±5 mm verfälscht werden, ein Betrag, der bei weitem die Genauigkeit der Streckenentnahme von ±0,3 mm überschreitet (vgl. 9.1.2).

Eine topographische Karte kann als Ergebnis einer Orthogonalprojektion der Erdoberfläche mit ihren Objekten in eine Bezugsfläche aufgefaßt werden (vgl. Kap.2). Unter Berücksichtigung von innerer Orientierung und Aufnahmeneigung erhielte man nur dann aus einem Bild eine entsprechende verzerrungsfreie Abbildung, wenn die Geländeoberfläche hinreichend genau eine Horizontalebene wäre. Je größer jedoch die Geländehöhenunterschiede sind, desto größer werden die radial vom Bildmittelpunkt nach außen wachsenden Lagefehler (vgl. Abb. 3.4.8).

Läßt man ein bestimmtes Fehlermaß aufgrund bestehender Höhenunterschiede zu, kann die Entzerrung auch ohne Kenntnis von innerer Orientierung und Aufnahmeneigung über vier Paßpunkte nach dem Verfahren der *projektiven Transformation* vorgenommen werden. Letztere ermöglichen zugleich die Einpassung in ein Referenzsystem. Für dieses Verfahren wurden spezielle Entzerrungsgeräte konstruiert, welche heute aber durch analytische Methoden und digitale Bildverarbeitung abgelöst worden sind.

Sind die durch Geländehöhenunterschiede entstehenden Lageabweichungen nicht mehr tolerierbar, d.h. überschreiten sie z.B. die graphische Genauigkeit von ±0,2 mm oder ein festzulegendes größeres Fehlermaß, so ist eine genaue und detaillierte Kenntnis der Geländehöhen erforderlich. Dieses leistet ein Digitales Geländemodell (DGM), ein im Grundriß regelmäßiges Punktfeld (Punktgitter oder -raster) mit Koordinaten und Höhen im Referenzsystem, welches das Gelände hinreichend genau repräsentiert (vgl. 7.2.3). Die Daten hierfür liefern z.B. die im Kap. 3 beschriebenen Verfahren der Landesaufnahme.

Die dann anzuwendende Entzerrungsmethode wird als *Differentialentzerrung* bezeichnet. Die ursprünglich hierfür konstruierten optisch-mechanischen Projektionsgeräte sind heute ebenfalls durch die analytische und digitale Bildverarbeitung ersetzt. Voraussetzung sind digitale bzw. digitalisierte Bilder. Das Prinzip des Verfahrens besteht darin, zu jedem durch Koordinaten gegebenen kleinen (differentiellen) Flächenelement der herzustellenden Bildkarte mit Hilfe von Transformationsgleichungen unter Verwendung der Daten der inneren und äußeren Orientierung sowie der jeweiligen DGM-Höhe das zugehörige Bildelement (Pixel) zu errechnen und dessen Grauwert in die entsprechende Position in der Bildkarte zu übernehmen. Die Daten der äußeren Orientierung, also Aufnahmeneigung sowie die Position des Projektionszentrums O im Moment der Bildaufnahme, müssen über Paßpunkte oder über ein beim Flug entsprechende Daten aufzeichnendes GPS/INS-System ermittelt werden (vgl. 3.4.1). Das Ergebnis der Differentialentzerrung wird dann in Anlehnung an die Orthogonalprojektion als *Orthophoto* bezeichnet.

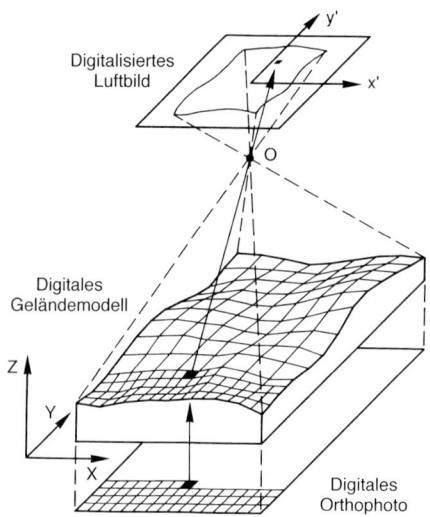

Abb. 5.3.1: Prinzip der Differentialentzerrung durch Digitale Bildverarbeitung (nach *Albertz*
2001)

Die Geometrie der Bildaufnahme mit einer Zeilenkamera unterscheidet sich grundlegend von der der flächenhaften Aufnahme. Während in Zeilenrichtung, also quer zur Flugrichtung ebenfalls eine Zentralprojektion besteht, handelt es sich in Richtung des Flugweges durch die fortgesetzte Erfassung schmaler Bild-

Abb. 5.3.2: Ausschnitt aus einer Luftbildkarte 1:5000 im Raum Braunschweig (Orthophoto) ohne kartographische Ergänzung (Landesvermessung & Geobasisinformation Niedersachsen)

Zeilen praktisch um eine Parallelprojektion. Infolge der durch äußere Einflüsse bedingten kurzperiodischen Flugzeugbewegungen kommt es sowohl zur Verzerrung von Zeilen quer zur Flugrichtung als auch zu Überlagerungen bzw. Dehnungen von Zeilen in Flugrichtung. Eine Kompensation dieser Fehler ist über die Ermittlung der Daten der äußeren Orientierung für jede Bildzeile aus GPS/INS-Daten möglich (vgl. *Wewel u.a.* 1998). Für die Beseitigung der nur quer zur Flugrichtung auftretenden radialen Lagefehler durch Geländehöhenunterschiede ist wiederum ein Digitales Geländemodell erforderlich. Dieses kann auch aus den gleichzeitig aufgenommenen Stereobildzeilen gewonnen werden (vgl. 3.4.1). Die für die Erfassung der Farben Rot, Grün und Blau sowie des Nahen Infrarots (R,G,B,NIR) vorhandenen Bildzeilen werden gleichermaßen entzerrt, ggf. radiometrisch korrigiert und dienen später einer farbigen Wiedergabe der Bildkarten.

Häufig werden für eine Bildkarte mehrere nebeneinander liegende Bilder oder Streifen benötigt. Diese können über innerhalb ihres Überdeckungsbereiches liegende identische Punkte (Verknüpfungspunkte), deren Koordinaten im Referenzsystem nicht bekannt sein müssen, aneinander transformiert werden (vgl. 5.3.2). Ggf. ist noch eine Anpassung der Kontraste erforderlich.

Die durch die beschriebenen Verfahren erstellten Luftbildkarten weisen gegenüber topographischen Karten noch einen bedeutsamen Unterschied auf. Alle über der Geländeoberfläche befindlichen Objekte (Gebäude, Masten, Bäume u.ä.) sind nur im Grundriß lagetreu. Je nach Abstand zur Bild- bzw. Flugstreifenmitte und Objekthöhe kommt es zu kontinuierlichen radialen Versetzungen der oberen Objektbereiche (Dach, Mastspitze, Baumkrone u.ä.). Zugleich ergeben sich Verdeckungen für die hinter diesen Objekten, also abgewandt vom Projektionszentrum liegenden Bereiche. Diese Fehler lassen sich nur dann korrigieren, wenn statt eines DGM ein Digitales Oberflächenmodell (DOM) vorliegt, welches die Höhen des Geländes sowie aller Objekte erfaßt. Ein DOM kann gleichzeitig mit der Bildaufnahme über ein Laserscanning-System gewonnen werden. Das Ergebnis einer solchen Entzerrung wird dann auch als *True-Orthophoto* be-

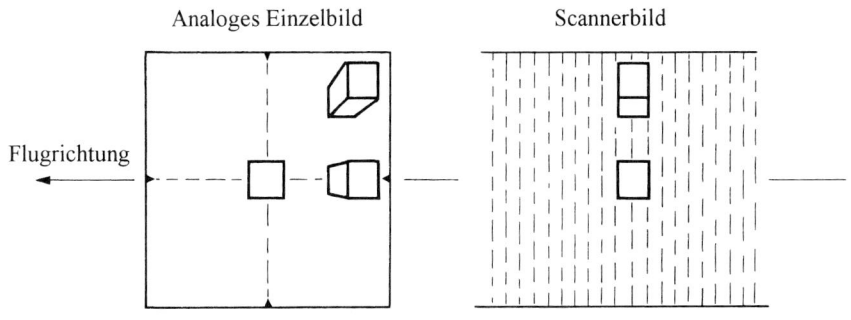

Abb.: 5.3.3: Abbildung eines Gebäudes in der Mitte und am Rand eines Einzelbildes beim Flächensensor bzw. eines Bildstreifens beim Zeilensensor

zeichnet (*Lohr* 2003). Als störend werden diese Abbildungsmängel allerdings nur bei großmaßstäbigen Bildkarten empfunden. Durch Wahl einer Kamera mit kleinem Bildwinkel, wie z.B. einer Normalwinkelkamera läßt sich dieser Einfluß außerdem verringern (vgl. Abb. 3.4.3).

5.3.2 Satelliten-Bildkarten

Die Aufnahme von Satelliten aus erfolgt mit optisch-mechanischen oder optoelektronischen Scannern (vgl. 3.6). Die Bildentstehung und die hierauf wirkenden Einflüsse, wie Aufnahmegeometrie und Geländehöhenunterschiede, entsprechen zunächst denen der Zeilenkamera bei Aufnahme vom Flugzeug aus. Bei optisch-mechanischen Scannern kommt es durch die Aufnahmetechnik zusätzlich zu sog. Panoramaverzerrungen (vgl. *Albertz* 2001).

Da die Satellitenfortbewegung im Gegensatz zu der eines Flugzeuges keinerlei kurzperiodischen Schwankungen ausgesetzt ist, kommt es hier zu weitaus geringeren Verzerrungen, so dass eine individuelle Korrektur zwischen aufeinander folgenden Bildzeilen praktisch entfällt. Zugleich sind, bedingt durch die im Verhältnis zur Flughöhe geringen Gelände- und Objekthöhenunterschiede sowie durch den geringen Öffnungswinkel des Zeilenscanners, die radialen Versetzungen so klein, dass sie vernachlässigbar sind. Für die verbleibenden großflächigen Verzerrungen werden daher mit Hilfe von Paßpunkten Transformationsgleichungen formuliert, welche zugleich die Einpassung in ein Referenzsystem (Georeferenzierung) ermöglichen.

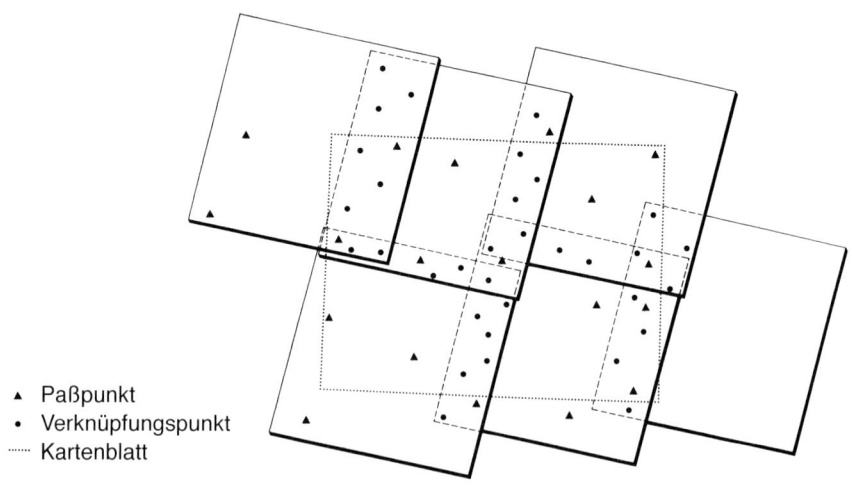

▲ Paßpunkt
• Verknüpfungspunkt
····· Kartenblatt

Abb. 5.3.4: Verknüpfung von Einzelszenen für die Herstellung einer Satelliten-Bildkarte (nach *Albertz* 2001)

Während für die Herstellung von Luftbildkarten eine Abstimmung von Kartenformat, Bildmaßstab und Aufnahmeanordnung möglich ist, gilt dies nicht für Satelliten-Bildkarten. Für diese stehen mehrere Szenen aus parallelen Flugstreifen zur Verfügung, wobei sich eine Szene aus dem Quadrat der Streifenbreite ergibt, und die Datenerfassung erfolgt in mehreren getrennten Spektralbereichen, d.h. jede Szene existiert mehrfach. Und schließlich können Daten von unterschiedlichen Satelliten (z.B. LANDSAT und SPOT) kombiniert werden. Da die Bildstreifen nicht zum gleichen Zeitpunkt entstanden sind, ergeben sich Unterschiede in den radiometrischen Bildeigenschaften, insbesondere im Kontrast.

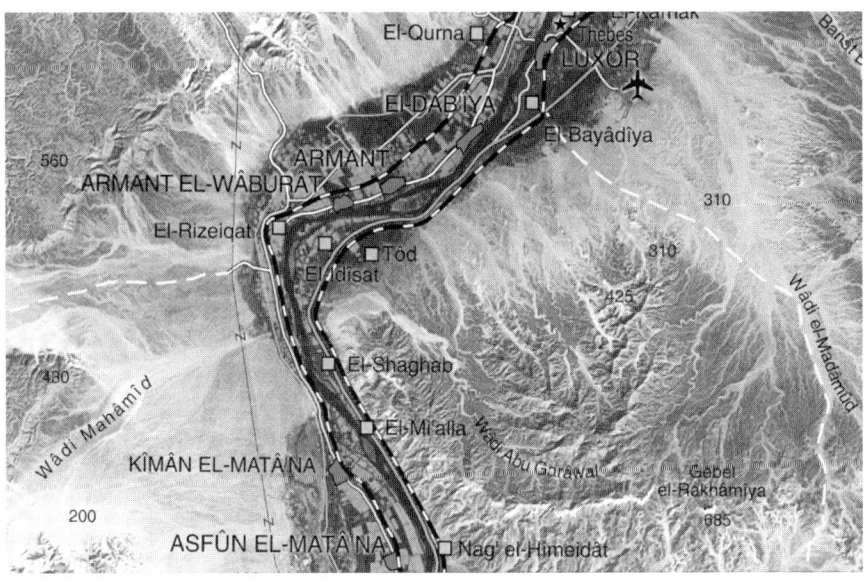

Abb. 5.3.5: Ausschnitt aus einer (im Original farbigen) Satelliten-Bildkarte 1:500 000 der Western Desert in Ägypten (Fachgebiet Photogrammetrie und Kartographie, TU Berlin 1993)

Die digitale Verarbeitung und Kombination all dieser Daten führt schließlich zu folgendem Bearbeitungsablauf:

- Auswahl der für die Karte geeigneten Szenen hinsichtlich ihrer Lage und der zu verwendenden Spektralbereiche,
- radiometrische Korrekturen (z.B. Kontrastverbesserung, Beseitigung von Störungen) für die einzelnen Szenen,
- geometrische Entzerrung, Verknüpfung der Szenen zu einem Gesamtbild und Transformation mit Hilfe von Paßpunkten ins Referenzsystem,
- radiometrische Anpassung der Einzelszenen und
- ‚Herausschneiden' der für das Kartenblatt erforderlichen Bildanteile.

Das Ergebnis sind drei geometrisch identische, sich jedoch entsprechend den gewählten Spektralbereichen radiometrisch unterscheidende Bildkarten, die schließlich zu einer farbigen Darstellung vereinigt werden (vgl. 8.3).

5.3.3 Radar-Bildkarten

Die Vorteile der Radaraufnahme gegenüber der Photographie und den optischen Scannern sind vor allem die Unabhängigkeit von Witterung und Tageszeit sowie die unterschiedlichen Remissionseigenschaften der Strahlung in Abhängigkeit von der verwendeten Wellenlänge. Letzteres ist insbesondere für die Interpretation von Phänomenen der Erdoberfläche von Bedeutung, aber auch für Bildkarten von Interesse.

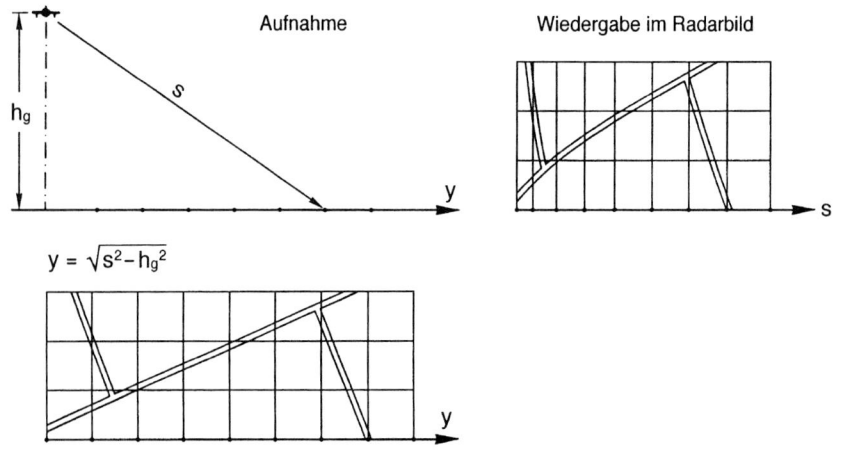

Abb. 5.3.6: Radarbildaufzeichnung bei ebenem Gelände mit zunehmender Verkürzung der Flächenelemente quer zur Flugrichtung sowie Lagekorrektur durch Dehnung (nach *Albertz* 2001)

Die Aufzeichnung von Mikrowellen mit einem Seitwärts-Radarsystem (vgl. 3.7) kann ähnlich einer Scanneraufnahme in Flugrichtung als eine kontinuierliche Zeilenaufnahme in Parallelprojektion angesehen werden. Die Lage der erfaßten Flächenelemente innerhalb einer Bildzeile resultiert jedoch nicht aus der jeweiligen Strahlungsrichtung, sondern aus der Laufzeit der Mikrowellenimpulse und damit aus der Schrägentfernung zwischen Sender bzw. Empfänger und Erdoberfläche. Rechnet man die Entfernungen in entsprechende Lagekoordinaten um, so erhält man für gleich große Flächenelemente eine zunehmende Verkürzung in Zeilenrichtung, die sich – ideale Bedingungen vorausgesetzt – einfach korrigieren lässt.

Die reflektierten Signale werden durch den Einfluß von Geländehöhenunter-schieden überlagert, so daß die Entzerrung zu einer lagerichtigen Darstellung sehr aufwendig ist (vgl. *Albertz* 2001). In jedem Fall ist auch hierbei ein Digitales Geländemodell erforderlich, welches ggf. zeitgleich durch Radarinterferometrie gewonnen werden kann (vgl. 3.7).

Abb. 5.3.7: Ausschnitt aus einer Radar-Bildkarte 1:25 000 im Raum Recklinghausen, ohne kartographische Ergänzung, aufgenommen im kurzwelligen Mikrowellenbereich (9.55 GHz, $\lambda \approx 3$cm) (Intermap Technologies GmbH, Oberpfaffenhofen)

Die infolge zunächst geringer Auflösung nur für kleinmaßstäbige Bildkarten in-frage kommende Radaraufzeichnung ist heute so verfeinert, dass bereits Karten großen Maßstabs mit einer Auflösung von 0,5 m abgeleitet werden können (*Schwäbisch u. Moreira* 2000).

6. Thematische Karten

Zahlreiche Informationen, die in einem unmittelbaren oder mittelbaren Zusammenhang mit der Erde aber auch anderen Himmelskörpern stehen, lassen sich durch thematische Karten besonders anschaulich wiedergeben. Dies gilt insbesondere für die Geowissenschaften, aber auch für soziologische, wirtschaftliche und politische Zusammenhänge sowie für administrative (behördliche und staatliche) Aufgaben. Während sich topographische Karten weitgehend auf die Darstellung der Erdoberfläche mit ihren sichtbaren Objekten beschränken, steht bei den thematischen Karten die *Wiedergabe eines oder mehrerer Themen* im Vordergrund, unabhängig von der Detailliertheit des immer erforderlichen topographischen Inhalts. Eine strenge Abgrenzung ist praktisch nicht möglich, da einerseits topographische Karten auch nichttopographische Objekte, wie z.B. Verwaltungsgrenzen enthalten, andererseits thematische Karten nur thematisch ergänzte, ansonsten aber vollständige topographische Karten sein können, wie z.B. Wanderkarten der Landesvermessungsämter. Wenig sinnvoll ist dennoch eine Einordnung von Wanderkarten, Stadtplänen, Straßenkarten (Autokarten), Luftfahrtkarten und Seekarten, als „angewandte" topographische Karten, da deren Zweck und inhaltliche Gestaltung eindeutig thematischer Natur ist und letztlich alle Karten einer Anwendung dienen.

Die Anfänge der thematischen Darstellungen gehen ähnlich wie die der topographischen weit zurück (vgl. *Imhof* 1972). Zu den ersten Themakarten gehörten die für die Orientierung und Navigation so wichtigen Seekarten des Mittelmeerraumes im 13. Jahrhundert (vgl. 7.1.2). Aber erst mit der beginnenden Systematisierung der topographischen Landesaufnahme im 19. Jahrhundert war es möglich, die für die meisten thematischen Inhalte erforderliche topographische Basis bereitzustellen. Die zunächst üblichen Bezeichnungen wie ‚angewandte Karte' oder ‚Spezialkarte', wurden allerdings erst in den dreißiger Jahren des 20. Jahrhunderts durch den Begriff ‚thematische Karte' ersetzt. Heute ist deren Zahl fast unüberschaubar und übersteigt die der topographischen Karten bei weitem. Im Folgenden können daher nur die wesentlichen Aspekte thematischer Darstellungen sowie ihrer kartographischen Gestaltungsmöglichkeiten aufgegriffen werden. Für vertiefende Betrachtungen sei auf die Spezialliteratur, wie z.B. *Imhof* (1972) oder *Arnberger* (1993) sowie, hinsichtlich des Einsatzes der EDV bei der Kartengestaltung, *Olbrich u.a.* (2003) verwiesen. Thematische Kartenwerke werden im Kap. 7 vorgestellt.

6.1 Zur Gliederung thematischer Karten

Die Vielzahl thematischer Darstellungen legt es nahe, eine Gliederung mit Hilfe gemeinsamer bzw. gegensätzlicher Merkmale vorzunehmen. Hierfür gibt es in der Literatur verschiedene Ansätze, wie die Einteilung in qualitative und quantitative, statische und dynamische, induktive und deduktive, konkrete und abstrakte, analytische, komplexe und synthetische Karten. Diese sind jedoch nicht immer schlüssig und nachvollziehbar und daher z.t. auch durchaus strittig (vgl. *Imhof* 1972). Die nachfolgenden Ausführungen beschränken sich daher auf Gliederungsmerkmale, wie sie für die topographischen Karten gegeben wurden (vgl. 1.2).

Eine *Einteilung nach dem Maßstab* unterscheidet zwischen großmaßstäbigen (M≥1:10.000), mittelmaßstäbigen (1:10.000>M>1:500.000) und kleinmaßstäbigen Karten (M≤1:500.000). Diese Gliederung ist jedoch nur begrenzt anwendbar, da sich viele Themen nur in bestimmten Maßstabsbereichen darstellen lassen. So ist eine Liegenschaftskarte, welche eine sehr detaillierte Darstellung der Bebauung sowie die Eigentums- bzw. Flurstücksgrenzen enthält, nur großmaßstäbig (M ≥1:5000) und eine Klimakarte, welche i.d.R. ein großräumiges Phänomen darstellt, nur kleinmaßstäbig möglich. Andere Themen wiederum, wie z.B. der Geologie, können je nach erfaßtem Gebiet (Region, Land, Kontinent, Erde) in sehr unterschiedlichen Maßstäben erscheinen.

Eine *Einteilung nach Entstehung und Funktion* unterscheidet Grund- und Folgekarten. Entsprechend einer topographischen Grundkarte, welche die Ergebnisse der Landesaufnahme wiedergibt, stellt eine *thematische Grundkarte* unmittelbar Beobachtungen (Messungen, Zählungen, Schätzungen) dar, allenfalls geringfügig aufbereitet. Hierzu würde z.B. eine Karte der absoluten Bevölkerungsverteilung gehören, welche eine bestimmte Einwohnerzahl durch Punkte in entsprechender Lage wiedergibt (vgl. Abb. 6.3.8), oder eine Karte mit den Standorten von Kraftwerken und ihrer Jahresleistung. *Thematische Folgekarten* oder *abgeleitete Karten* sind zunächst ebenso wie bei den topographischen Karten solche, die durch Verkleinerung und Generalisierung aus Karten größeren Maßstabs des entsprechenden Themas entstehen, wie z.B. eine Bevölkerungsdichtekarte Europas aus denen der einzelnen Länder. Zusätzlich werden aber auch solche Karten als abgeleitet bezeichnet, denen erheblich aufbereitete Daten zugrunde liegen, wie etwa bei der Umrechnung von absoluten in relative, auf Flächeneinheiten bezogene Bevölkerungszahlen (Einwohner/km^2) mit der Bildung von Wertegruppen (vgl. Abb. 6.3.8).

Eine *Einteilung nach dem Inhalt* orientiert sich schließlich an den dargestellten Themen. Hier können zunächst zwei Gruppen unterschieden werden, die sich ihrerseits wiederum in mehrere Themenbereiche unterteilen lassen (vgl. auch *Hake u.a.* 2002):

- *Allgemeingeographische Themen* stellen Objekte oder Sachverhalte aus dem Naturbereich dar, wie der Geologie und Geomorphologie, Hydrographie und Ozeanographie, Meteorologie und Klimatologie, Astronomie, Landschaftskunde u.ä..

- *Anthropogeographische Themen* stellen die Bevölkerung sowie Objekte und Sachverhalte aus den Bereichen menschlichen Wirkens dar, wie Bevölkerungsverteilung und -entwicklung, Verwaltung und Recht, Siedlungen, Wirtschaft, Verkehr, Raumplanung u.ä..

Die letztgenannte Gliederung ist einfach und ubersichtlich und daher besonders geeignet, sich einen Überblick zu verschaffen.

6.2 Kartengrundlagen

Die Herstellung einer thematischen Karte ist ein komplexer Prozeß, bei dem zahlreiche Gesichtspunkte zu beachten sind, um ein gewünschtes Ergebnis zu erzeugen. Hierzu gehören die Art des Quellenmaterials sowie seine Aufbereitung für die thematische Aussage, die Festlegung des Maßstabs sowie die Art der Abbildung, die Auswahl der topographischen Grundlage und die äußeren Kartenelemente. Die schwierigste Aufgabe ist schließlich die Wahl der graphischen Gestaltungselemente (vgl. 6.3). Da die Themenvielfalt kaum eine einfache, auf alle zutreffende Vorgehensweise zuläßt, sollen im Folgenden nur einige grundsätzliche Hinweise gegeben werden, welche dann mit Hilfe der angegebenen Literatur vertieft werden können.

6.2.1 Quellenmaterial

Die Qualität einer thematischen Karte ist eng mit dem hierfür vorliegenden Datenmaterial verknüpft, dessen Quellen sehr unterschiedlich sind:

- *Beobachtungen*, d.h. Messungen, Zählungen, Schätzungen, wie z.B. Niederschlagsmengen, Temperaturen, Schwerewerte, Produktionszahlen u.ä., also konkrete Zahlenwerte, die häufig noch einer Aufbereitung bedürfen.

- *Statistische Erhebungen* als eine besondere Form von Beobachtungen, die in vielen Ländern von staatlichen bzw. behördlichen Institutionen regelmäßig durchgeführt und veröffentlicht werden, wie in Deutschland durch das Statistische Bundesamt bzw. die entsprechenden Landesämter. Hierzu gehören Daten zu Bevölkerung, Bildung, Wirtschaft, Verkehr, Steuern, Sozialleistungen u.a.m.. Deren sachgerechte Nutzung setzt Kenntnisse über die Methoden der Statistik voraus.

- *Topographische Karten*, wenn es um die thematische Darstellung von darin enthaltenen Objekten geht. So kann eine Straßenkarte (Autokarte) weitgehend auf topographische Karten mit entsprechend differenziertem Straßennetz zurückgreifen. Hinzuzufügen sind dann weitere aus der topographischen Karte nicht unmittelbar entnehmbare Informationen, wie km-Angaben, Raststätten, Parkplätze, Motels u.a.. Auch ein Stadtplan basiert hauptsächlich auf topographischen Karten entsprechenden Maßstabes.

- *Thematische Karten* als Grundlage bei der Ableitung von Folgekarten kleineren Maßstabs, wie z.B. bei Bevölkerungsdichtekarten, geologischen Karten oder Seekarten. Zugleich können sie der Entnahme von Informationen dienen, die für die Bearbeitung eines ähnlichen oder damit zusammenhängenden Themas erforderlich sind.

• *Luft- und Satellitenbilder* sowohl in Ergänzung anderer Quellen als auch eigenständig als thematische Grundlage. So basiert etwa eine Waldschadenskarte, die verschiedene Vitalitätsstufen unterscheidet, auf der Interpretation von Bildern, welche die infolge der Schädigung durch Umwelteinflüsse unterschiedliche Infrarot-Remission der Vegetation in Rottönen wiedergeben (vgl. 3.6).

• *Auswertung von Schrifttum*, wie etwa der Ergebnisse von Forschungen zur Geschichte, Archäologie, Völkerkunde u.a., als einzige Quelle oder in Ergänzung anderer Daten. Deren Aufbereitung stellt eine besondere Anforderung dar, da die Deutung und Interpretation textlicher Beschreibungen individuell sehr verschieden ausfallen kann.

Grundsätzlich müssen alle Daten und Erhebungen sorgfältig hinsichtlich Quelle, Aktualität und Plausibilität geprüft werden. Da ursprüngliche Daten häufig nicht unmittelbar in ein graphisches Bild umsetzbar sind, müssen sie nach bestimmten Regeln aufbereitet werden, ohne dass es zu einer verfälschenden Aussage kommt. Ein Beispiel ist hier die Bildung von Wertegruppen bei Vorliegen zahlreicher individueller Zahlenwerte für einen bestimmten Sachverhalt, wie etwa für die Wiedergabe der Bevölkerungsdichte in den Landkreisen eines Bundeslandes (vgl. Abb. 6.3.8). Schließlich sollten Datenquellen möglichst in der Legende mit aufgeführt werden (z.B.: Quelle: Statistisches Landesamt Berlin).

6.2.2 Kartenmaßstab und Art der Abbildung

Der *Maßstab* einer Karte ist mitbestimmend für die Genauigkeit der Darstellung, die Vollständigkeit bzw. die Detailwiedergabe, d.h. je größer der Maßstab, desto genauer und vollständiger die Karte. Zunächst gelten auch für die in einer thematischen Karte darzustellenden Objekte die graphischen Mindestausdehnungen, wie z.B. die Mindestgröße von $0{,}3 \times 0{,}3mm^2$ für schwarze bzw. $1 \times 1mm^2$ für farbige Flächen (vgl. 4.3). Anders als bei topographischen Karten sind hier jedoch weitere Bedingungen zu beachten:

• Ein bestimmtes vorgegebenes Kartenformat darf nicht überschritten werden. So ist das in einem Atlas zur Verfügung stehende Format in der Regel geringer als das einer Einzelkarte. Ein Stadtplan soll ebenso wie eine Straßenkarte auch auf engem Raum handhabbar sein.

• Die Größe der für die thematische Aussage zu verwendenden graphischen Elemente (Signaturen, Diagramme) und der hierfür zur Verfügung stehende Platz sind so aufeinander abzustimmen, daß sowohl eine eindeutige Zuordnung als auch eine gute Lesbarkeit gewährleistet ist.

- Zwecks Vergleichbarkeit soll trotz unterschiedlicher Gebietsgröße derselbe Maßstab für die Darstellung desselben Sachverhalts in mehreren Karten verwendet werden. Dies gilt insbesondere für Atlanten, in denen immer gleiche Themen für verschiedene Länder auftreten.

Die *Art der Abbildung* sowie ihre Eigenschaft richten sich zunächst nach der Größe des abzubildenden Gebietes und damit auch nach dem Maßstab, sowie nach dem Zweck der thematischen Darstellung. Grundsätzlich ist eine Abbildung so auszuwählen, daß die Abbildungsverzerrungen möglichst gering bleiben (vgl. Kap.2).

Für *groß- und mittelmaßstäbige Karten* bis zum Maßstab 1:1.000.000 sind die Verzerrungen i.d.R. so gering, dass sie innerhalb der einzelnen Kartenblätter nicht meßbar sind, d.h. sie sind geringer als die Kartier- bzw. Meßgenauigkeit von ± 0,2 mm in der Karte. Damit spielt die Art und Eigenschaft der jeweiligen Abbildung keine Rolle und es kann diejenige der topographischen Grundlagenkarte übernommen werden. Eine Ausnahme bilden z.B. Seekarten mit ihrer winkeltreuen Zylinderabbildung nach Mercator (vgl. 2.4.2), bei denen die Strecken- und damit auch Flächenverzerrungen schon im o.g. Maßstabsbereich rasch zunehmen und in der Karte meßbar sind. Hier sind die Eigenschaft der Winkeltreue sowie die Abbildung der Kurslinie (Loxodrome) als Gerade für Zwecke der Navigation entscheidend.

In *kleinmaßstäbigen Karten* entscheiden Lage und Ausdehnung des darzustellenden Gebietes über die *Art* der Abbildung. So wird man für polare Gebiete stets eine Azimutalabbildung in normaler (polständiger) Lage, für Gebiete auf der Nord- oder Südhalbkugel mit einer größeren Ost-West-Erstreckung eine Kegelabbildung in normaler Lage sowie für äquatoriale Gebiete eine Zylinderabbildung in normaler Lage wählen. Eine Alternative für Kegel- und Zylinderabbildung ist eine Azimutalabbildung in beliebiger (zwischenständiger) Lage immer dann, wenn der abzubildende Bereich näherungsweise kreisförmig oder quadratisch ist, da hier die Verzerrungen stets radialsymmetrisch zum Berührungspunkt verlaufen. Für Darstellungen sehr großer Teile der Erdoberfläche oder der gesamten Erde kommen schließlich vor allem nichtkegelige (unechte) Abbildungen infrage (vgl. 2.4.4).

Die *Eigenschaft* einer Abbildung (Mittabstandstreue, Flächentreue oder Winkeltreue) richtet sich nach dem Zweck der Karte. So spielen bei Themen, die sich auf einen flächenhaften Sachverhalt beziehen, Flächenvergleiche eine wichtige Rolle, woraus sich die Forderung nach einer flächentreuen Abbildung ergibt. Karten, die der Navigation dienen, wie Seekarten und Luftfahrtkarten, werden winkeltreu abgebildet, da hier der Kurswinkel für den zurückzulegenden Weg entscheidend ist.

Sind Art und Eigenschaft einer Abbildung für die Wiedergabe eines Themas ohne Bedeutung, so wird man auch bei kleinmaßstabigen Karten die Abbildung der topographischen Grundlagenkarte übernehmen.

6.2.3 Topographischer Karteninhalt

Für jede thematische Darstellung ist eine topographische Karte als *Basiskarte* erforderlich und zwar

- als geometrische Grundlage für die lagerichtige Zuordnung des thematischen Inhalts und
- zur Unterstützung für dessen Verständnis und Interpretation.

In der Regel wird man auf bestehende topographische Karten, ggf. auch Luftbild- oder Satellitenbildkarten zurückgreifen können. Deren Inhalt wird nur in dem Umfang übernommen, wie es für die thematische Darstellung erforderlich ist, da jede unnötige Beeinträchtigung des Themas zu vermeiden ist. Es können auch Vereinfachungen der topographischen Objekte vorgenommen werden, wie z.B. in der Linienführung von Verkehrswegen. Sog. orohydrographische Ausgaben amtlicher topographischer Karten (z.B. 1:50.000), welche nur eine Gewässer- und Geländedarstellung enthalten, eignen sich besonders für hiermit in Verbindung stehende Themen.

Die Übernahme des gesamten topographischen Inhalts ist zwar mit dem geringsten Arbeitsaufwand verbunden, da dies über die EDV (vgl. 7.2.1) oder die Reproduktionstechnik (vgl. 8.2.2) erfolgen kann, sie ist jedoch nur in wenigen Fällen sinnvoll. Ein Beispiel ist die Herausgabe einer amtlichen topographischen Karte als Wanderkarte, wobei die thematischen Objekte in Rot zusätzlich eingetragen oder hervorgehoben sind. In anderen Fällen erweist es sich zwecks Minimierung des Aufwandes als sinnvoll, den topographischen Inhalt zwar vollständig zu übernehmen, jedoch nur in einem kontrastarmen Grauton darzustellen. Hierdurch tritt er deutlich zurück, beeinträchtigt nicht das in kräftigeren Farben dargestellte Thema und ermöglicht dennoch die notwendige Orientierung. Die zunehmende Umstellung der analogen Karten, insbesondere auch der amtlichen auf eine digitale Basis, wird eine vereinfachte Auswahl der als notwendig erachteten topographischen Objekte ermöglichen (vgl. 7.3).

6.2.4 Äußere Kartenelemente

Hinsichtlich der bereits bei den topographischen Karten aufgeführten, auch für die thematischen Karten zutreffenden äußeren Kartenelemente, wie Maßstab und Maßstabsleiste, Koordinatenlinien, Zeichenerklärung (Legende), Kartenformat und -begrenzung (vgl. 4.7), sind einige Besonderheiten zu beachten.

Das *Kartenformat* ist sehr viel häufiger bestimmten Zwängen unterworfen als das der topographischen Karten. So müssen etwa Stadtpläne oder Straßenkarten auch auf engem Raum handhabbar sein, was dann u.U. zu einer bestimmten Blattfaltung oder zur Aufteilung in Einzelblätter und Herausgabe in Atlasform führt. In Erdatlanten, wie z.B. einem Schulatlas der Oberstufe, gehören zu einer topographischen Karte häufig mehrere thematische Karten, für die dann jeweils nur ein kleineres Format zur Verfügung steht. Hierdurch wird nicht zuletzt auch der Maßstab und damit die Detailwiedergabe beeinflusst.

Thematische Daten stehen oft nur für begrenzte Verwaltungseinheiten zur Verfügung und sind auch nur dafür von Interesse, wie z.B. die Bevölkerungsverteilung innerhalb eines Staates. Während der Inhalt topographischer Karten auch über diese Grenzen hinweg bis zur Kartenblattbegrenzung, also als *Rahmenkarte* darstellbar ist, da die entsprechenden Informationen vorliegen, erscheinen thematische Darstellungen oft in Form einer *Inselkarte*, d.h. die Verwaltungsgrenze begrenzt zugleich den gesamten Karteninhalt.

Die Wiedergabe der *Netzlinien* des zugrunde liegenden Koordinatensystems ist in thematischen Karten meist entbehrlich, da hier nur selten die Notwendigkeit einer Entnahme von Koordinaten besteht und alle nicht erforderlichen graphischen Elemente allenfalls die Lesbarkeit der Karte beeinträchtigen.

6.3 Graphische Gestaltung

Aufgabe der graphischen Gestaltung einer thematischen Karte ist die Umsetzung der thematischen Aussage in eine anschauliche Darstellung. Deren Gegenstand sind *Objekte* im engeren Sinn, also die Straßen in einer Straßenkarte, anstehende Gesteine in einer geologischen Karte oder zukünftige Gebäude in einem Bebauungsplan. Weitaus häufiger handelt es sich jedoch um die Wiedergabe von *Sachverhalten*, wie Bevölkerungsdichte, Religionszugehörigkeit, Klimafaktoren oder Energieerzeugung, also nicht um konkrete Objekte, sondern um Vorkommen, Verbreitung, Eigenschaften oder Leistungen. Beides kann in einer Karte vereint sein, wie etwa die Vegetationsflächen (Objekte) und mittleren Jahrestemperaturen und -niederschläge (Sachverhalte) in einer Klimakarte. Der im Folgenden zumeist verwendete Begriff ,Objekt' gilt also gleichermaßen auch für ,Sachverhalt', aber auch umgekehrt.

6.3.1 Darstellungsmittel

Entsprechend denen der topographischen Karten lassen sich die graphischen Darstellungsmittel in geometrische, d.h. *Punkt, Linie und Fläche*, und in erläuternde Elemente, d.h. *Schrift, Signaturen und Farben*, gliedern. Hinzukommen *Diagramme*, die es ermöglichen, Sachverhalte zeitlich oder sachlich aufzugliedern. Infolge der mit Ihnen verbundenen differenzierten Aussagemöglichkeiten gehören sie zu den wichtigsten graphischen Elementen (vgl. auch *Imhof* 1972, S. 72 ff.).

Die Vielzahl von Gestaltungsmöglichkeiten thematischer Aussagen läßt sich nach verschiedenen Kriterien ordnen. *Arnberger* (1993) unterscheidet hierfür vier Grundprinzipien:

- Das *Lage- oder topographische Prinzip* fordert eine weitgehende Lagetreue der Darstellungsobjekte, d.h. der Mittelpunkt der zu verwendenden Objektsignaturen sollte mit dem zugehörigen Standort übereinstimmen. Ihre Ausdehnung ist so zu beschränken, dass andere Objekte nicht verdrängt oder verdeckt werden. Damit sind die Signaturengrößen eingeschränkt und Wertabstufungen nur in geringem Umfang möglich.

- Beim *Diagrammprinzip* ist eine derartige Positionstreue nicht mehr einhaltbar, da die hiermit verbundenen differenzierten Aussagen erheblich mehr Raum beanspruchen.

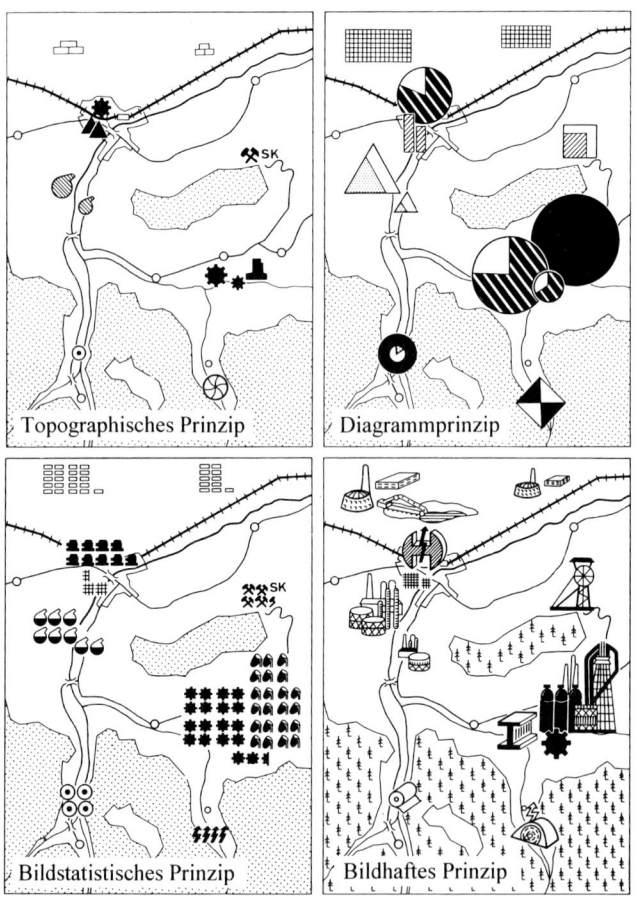

Abb. 6.3.1: Grundprinzipien graphischer Ausdrucksformen in thematischen Karten nach *Arnberger* (1993)

- Das *bildstatistische Prinzip* verwendet für quantitative Aussagen eine Anhäufung bildhafter Signaturen gleicher Größe, die jeweils denselben Wert darstellen und daher auch als Werteinheitssignaturen bezeichnet werden. Die Anzahl der nebeneinander dargestellten Signaturen ergibt dann den jeweiligen Gesamtwert und ermöglicht so sehr einfache Vergleiche. Auch hier ist keine Positionstreue möglich.

- Beim *bildhaften Prinzip* schließlich werden Objekte durch Aufrißbilder dargestellt, wobei ebenfalls keine Positionstreue gewährleistet werden kann.

Hake (1985) gliedert die graphischen Gestaltungsmittel nach dem Raumbezug der thematischen Aussage und unterscheidet zunächst Objekte, deren räumliche Verbreitung abgrenzbar (*Diskreta*), und Objekte, deren räumliche Verbreitung nicht abgrenzbar ist (*Kontinua*). Hierbei werden die zugrunde liegenden Daten i.d.R. als ‚statisch‘, d.h. als Ergebnis einer Erhebung zu einem bestimmten Zeitpunkt, angesehen. Eine dritte Gruppe stellen *räumliche Veränderungen* auf der Basis der eher selteneren ‚dynamischen‘ Sachverhalte dar. In Anlehnung an *Hake* geht die folgende Gliederung hinsichtlich der Verwendung der graphischen Ausdrucksmittel ebenfalls vom Raumbezug aus und unterscheidet

- *lokale Objekte*, die sich eindeutig einem definierten Standort, wie z.B. einer Siedlung zuordnen lassen,
- *lineare Objekte*, deren Verlauf oder Ausbreitung linienhaft erfolgt,
- *flächenhafte Objekte*, deren Vorkommen oder Verbreitung flächenbezogen ist.

Die meisten thematischen Sachverhalte stellen kein einmaliges Ereignis dar, sondern unterliegen einer kontinuierlichen zeitlichen Veränderung, so dass die Datenerfassung und die graphische Präsentation i.a. nur den Zustand zu einem bestimmten Zeitpunkt oder einen bestimmten Zeitraum repräsentieren. Hiervon zu unterscheiden sind Darstellungen, bei denen gerade diese Veränderung von Interesse ist. Schließlich können sich die Objekte nur in ihrer Art (qualitativ) oder auch in ihrem Wert (quantitativ) unterscheiden.

6.3.2 Darstellung lokaler Objekte

Hierbei geht es um Themen, die sich eindeutig auf einen Standort beziehen, wie z.B. die Lage von Kraftwerken oder die absolute Einwohnerverteilung (vgl. Abb. 6.3.8). Sind nur Objektarten ohne Wertangabe zu unterscheiden, so kommen für die Darstellung am besten bildhafte, ggf. auch geometrische Signaturen zur Anwendung.

Abb. 6.3.2: Bildhafte und geometrische Signaturen für Objekte ohne Wertunterscheidung (nach *Arnberger* 1993)

Häufig sind mit der Wiedergabe von Objekten auch Wertunterscheidungen, wie z.B. Kraftwerksleistungen oder Produktionsmengen, zu treffen, wofür dann absolute Zahlenangaben vorliegen. Bei sehr vielen Einzelwerten empfiehlt sich die Verwendung gestufter Signaturen, wofür zunächst eine Gruppen- oder Klassenbildung (von... bis...) vorzunehmen ist (vgl. z.B. *Hake u.a.* 2002, S. 478). Sollen die individuellen Werte dargestellt werden, so ist nach Möglichkeit eine proportionale Größenänderung, d.h. ein linearer Maßstab zu wählen. Kommen zugleich sehr kleine und sehr große Werte vor, so daß der zur Verfügung stehende Platz keine proportionale Wiedergabe zuläßt, ist ein nichtlinearer, d.h. Flächen-, Volumen- oder sogar logarithmischer Maßstab erforderlich.

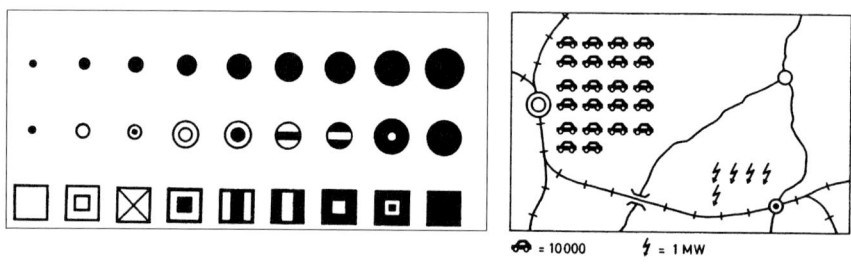

Abb. 6.3.3: Gestufte Signaturen für Wertegruppen (nach *Arnberger* 1997) und Werteinheitssignaturen (nach *Hake* 1985)

Eine Alternative stellt die Verwendung von Werteinheitssignaturen dar, die zwar einen raschen Vergleich ermöglichen, jedoch sehr viel Kartenfläche beanspruchen. Bei Wiedergabe nur einer Objektart mit lokalisierbarem sehr häufigem Vorkommen kann man statt einer Signatur auch einzelne Punkte verwenden, woraus sich eine Punktstreuung ergibt. Ein Beispiel hierfür ist die absolute Bevölkerungsverteilung (vgl. Abb. 6.3.8).

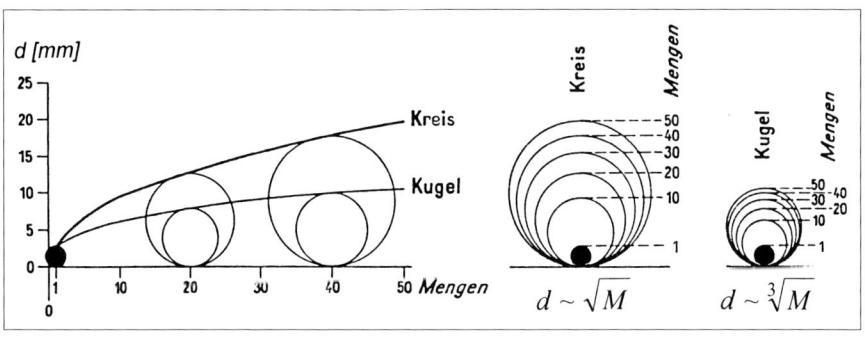

Abb. 6.3.4: Nichtlineare Signaturenmaßstäbe (nach *Imhof* 1972)

Sind neben der absoluten Wertangabe von Objekten auch noch deren sachliche oder zeitliche Gliederung darzustellen, so finden hierfür Diagrammfiguren Anwendung, deren Gestaltung vom jeweiligen Sachverhalt abhängt (vgl. auch *Imhof* 1972, S. 72 ff.).

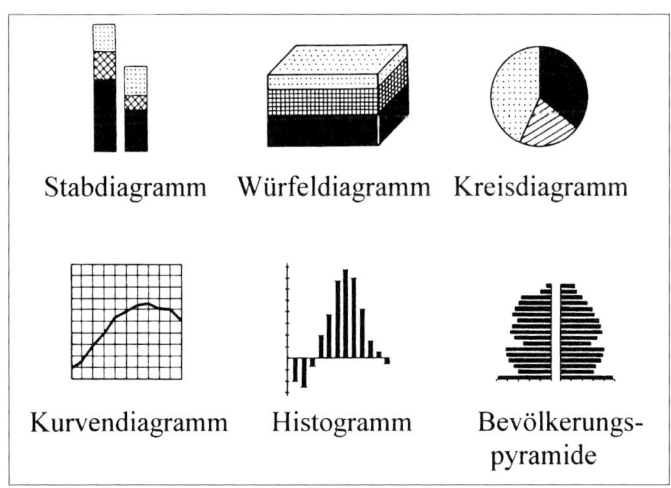

Abb. 6.3.5: Diagrammfiguren für sachliche und zeitliche Objektgliederungen (nach *Arnberger* 1993)

6.3.3 Darstellung linearer Objekte

Linienförmige Objekte, wie Straßen, Eisenbahnen oder Versorgungsleitungen lassen sich durch einfache Linien oder durch lineare Signaturen wiedergeben. Wert- oder Mengenangaben kommen durch Variation von Breite und Farbe oder durch Schriftzusätze zum Ausdruck.

Linienförmige Bewegungen mit und ohne zeitliche Differenzierung, wie z.B. Strömungsrichtungen in Gewässern, Vogelflugrichtungen, Berufspendler, Transportwege u.ä., können durch Pfeile oder Bänder dargestellt werden.

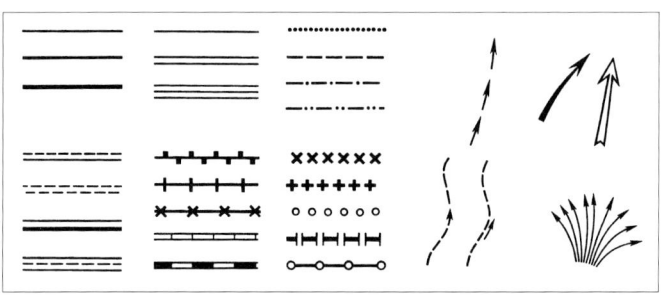

Abb. 6.3.6: Lineare Signaturen (nach *Imhof* 1972)

Quantitative Angaben werden durch unterschiedliche Pfeil- oder Bandbreiten (Banddiagramme) bzw. durch Zahlen- oder Schriftzusätze ermöglicht.

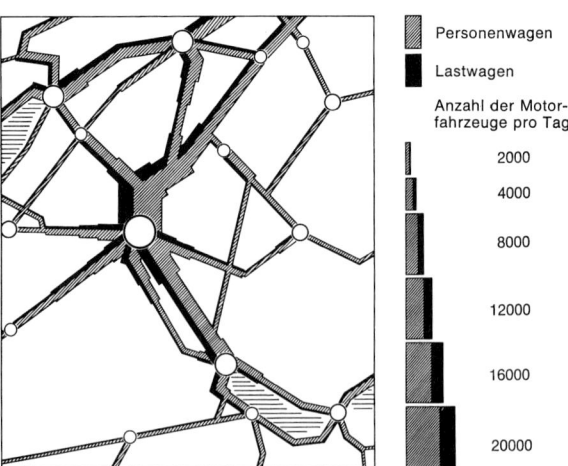

Abb. 6.3.7: Banddiagramm zur Darstellung der Straßenbelastung je Tag (nach *Imhof* 1972)

6.3.4 Darstellung flächenhafter Objekte

Bei der Wiedergabe flächenhafter thematischer Objekte sind folgende Fälle zu
unterscheiden:

- Die zugrunde liegenden Daten beziehen sich auf eine abgrenzbare Fläche,
  d.h. ihr Vorkommen bzw. Verbreitung ist abgrenzbar.

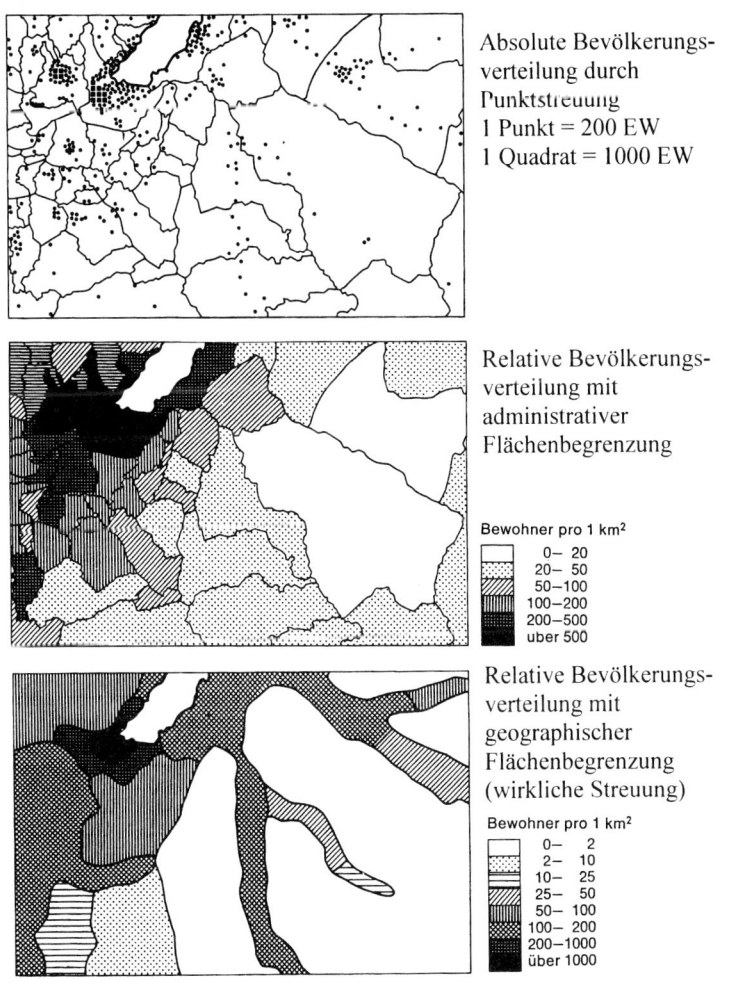

Absolute Bevölkerungs-
verteilung durch
Punktstreuung
1 Punkt = 200 EW
1 Quadrat = 1000 EW

Relative Bevölkerungs-
verteilung mit
administrativer
Flächenbegrenzung

Bewohner pro 1 km²

	0– 20
	20– 50
	50–100
	100–200
	200–500
	uber 500

Relative Bevölkerungs-
verteilung mit
geographischer
Flächenbegrenzung
(wirkliche Streuung)

Bewohner pro 1 km²

	0– 2
	2– 10
	10– 25
	25– 50
	50– 100
	100– 200
	200–1000
	über 1000

Abb. 6.3.8: Darstellung flächenhaft abgrenzbarer Objekte mit Wertunterscheidung am Beispiel der Bevölkerungsverteilung (nach *Imhof* 1972)

- Die Daten sind flächenhaft verteilte diskrete Beobachtungen (Messungen, Zählungen) einer sich kontinuierlich verändernden Erscheinung, d.h. die Verbreitungsfläche ist nicht abgrenzbar.
- Die Daten beschreiben raumzeitliche Veränderungen.

In ihrer Verbreitung abgrenzbare Objekte beziehen sich auf Verwaltungsgrenzen (Kreis, Regierungsbezirk, Land), wie z.B. Angaben zur Bevölkerung, oder auf sonstige Vorkommensgrenzen, wie z.B. Vegetationsformen oder anstehende Gesteine. Werden lediglich Objektarten ohne Wertangabe unterschieden, so lassen sich die Flächen durch Schraffuren, Farben oder eine gleichmäßige Anordnung bildhafter Signaturen wiedergeben.

Für Objekte mit quantitativer Aussage in Form flächenbezogener absoluter Zahlenwerte kommen wie bei den lokalen Objekten geometrische, bildhafte oder Werteinheitssignaturen mit entsprechenden Maßstäben zur Anwendung (vgl. 6.3.2). Liegen relative Zahlenangaben vor (z.B. Einwohner/km²), so ist die Darstellung durch entsprechend abgestufte Schraffuren oder Farbtöne üblich. Für letztere sind ‚warme‘ Farben (Gelb, Orange, Rot) zu bevorzugen, da diese unmittelbar den Eindruck einer Wertsteigerung beim Betrachter erzeugen. Bei Vorliegen vieler individueller Werte ist wiederum eine Gruppen- oder Klassenbildung vorzunehmen (vgl. 6.3.2). Ein besonderes Problem stellt die Flächenabgrenzung dar, wenn keine Begrenzungen, wie z.B. administrativer Art vorliegen (vgl. auch Arnberger 1993, S. 142 ff.). Insbesondere auf statistischen Daten beruhende Darstellungen werden auch als *Kartogramm* bezeichnet.

Wenn neben der absoluten Wertangabe auch zeitliche oder sachliche Aufgliederungen vorliegen, finden wiederum Diagramme Anwendung.

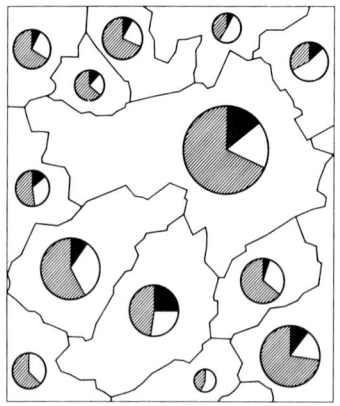 

Abb. 6.3.9: Darstellung flächenhaft abgrenzbarer Sachverhalte durch Diagramme (nach *Imhof* 1972)

Objekte oder Sachverhalte, deren Vorkommen einer kontinuierlichen und damit nicht abgrenzbaren Veränderung unterworfen ist, werden auch als *Kontinua* bezeichnet. Besonders häufig handelt es sich hierbei um Daten aus dem Naturbereich, wie z.B. Schwerewerte, Temperaturen, Niederschlagsmengen oder Luftdruckwerte. Grundlage sind i.d.R. punktuelle Beobachtungen (Messungen, Zählungen), die zu einem diskreten Punktfeld mit Absolutwerten führen. Eine anschauliche Darstellung erhält man einfachsten zunächst durch die Konstruktion von Isolinien mittels linearer Interpolation zwischen den benachbarten Einzelpunkten, analog der Konstruktion von Höhenlinien (Isohypsen) bei der Geländedarstellung (vgl. 4.5.1). Diese Linien stellen stets runde Werte dar und sind meistens auch gleichabständig abgestuft. Von der linearen Interpolation kann man abweichen, wenn weitere Informationen vorliegen, wie z.B. Geländeformen bei der Konstruktion von Linien gleichen Niederschlags (Isohyeten), da zwischen beiden häufig eine Korrelation besteht. Die Anschaulichkeit einer kontinuierlichen Wertsteigerung kann noch durch eine entsprechende Farbgebung zwischen den Isolinien verstärkt werden, wobei hinsichtlich der Farbwahl gleiches gilt wie bei den abgrenzbaren Flächen (s.o.).

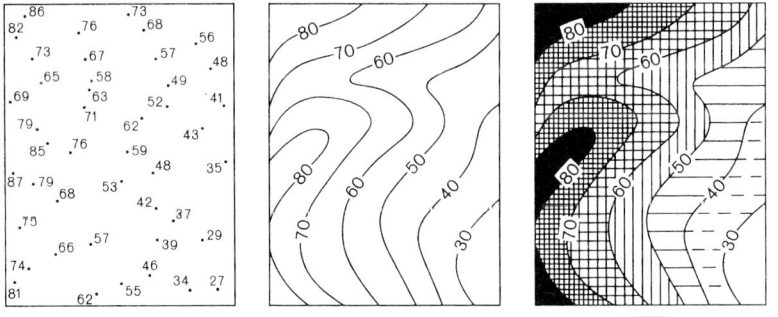

Abb. 6.3.10: Darstellung eines Kontinuums durch ein diskretes Punktfeld, Isolinien und Flächenfüllung (nach *Hake* 1985)

Flächenhaften raumzeitlichen Veränderungen liegen Beobachtungen über einen bestimmten Zeitraum zugrunde, wie z.B. solche über Siedlungs- oder Bevölkerungsentwicklungen (Zu- und Abnahme der Bevölkerungsdichte). Als Darstellungsmittel kommen vor allem Schraffuren oder Farben in Betracht, die durch Dichte- oder Tönungsänderung bzw. Farbwechsel für Zu- oder Abnahme den Entwicklungsverlauf deutlich werden lassen.

7. Topographische und thematische Informationssysteme

Der Begriff *Informationssystem* hat sich mit der Entwicklung der elektronischen Datenverarbeitung und den hieraus resultierenden Möglichkeiten zur Speicherung, Bearbeitung und Nutzung umfangreicher Datenmengen besonders in den letzten zwei Jahrzehnten im allgemeinen Sprachgebrauch etabliert. Zunächst einmal kann man hierunter eine systematische Sammlung von Informationen (Daten, Sachverhalten, Ereignissen) sowie ihre Bereitstellung für bestimmte Zwecke verstehen. In diesem Sinne ist auch ein Lehrbuch über ein Fachgebiet, ein statistisches Jahrbuch oder ein Atlas ein solches System, nur hat man diese in ihrer analogen Form, also als Text, Datensammlung oder graphische Bilder nicht so benannt. Ein *Geoinformationssystem*, als Kurzform von Geographisches Informationssystem, ist demnach eine systematische Sammlung von Daten und Sachverhalten über die Erde, d.h. die Erdoberfläche, die Erdkruste (Lithosphäre) und die Erdatmosphäre.

Die analoge Form der Speicherung und Präsentation bedeutete jedoch erhebliche Einschränkungen hinsichtlich der Datenerhebung, der Speicherkapazität, der Aktualisierung, der Flexibilität sowie der Nutzungsmöglichkeiten. Ein entscheidender Fortschritt ergab sich erst durch die Entwicklung der EDV und Informatik und damit auch der Möglichkeit, textliche und graphische (analoge) Informationen in Zahlen umzuwandeln, d.h. zu digitalisieren. Damit könnte man wie folgt formulieren: Ein *Geoinformationssystem* (GIS) ist ein Datenverarbeitungssystem, welches die Erde betreffende Daten (Zahlen, graphische Darstellungen, Bilder, Sachverhalte) digital erfaßt, aufbereitet und verarbeitet, speichert und verwaltet sowie für unterschiedliche Aufgaben zur Verfügung stellt. Bestandteile eines solchen Systems sind neben den Daten Rechner, Speicher, Plotter, Digitizer und Scanner (Hardware) sowie Programme für die Datenverarbeitung und -verwaltung, Datennutzung und Kommunikation mit anderen Systemen (Software).

Ein Geoinformationssystem, welches die gesamten Informationen über die Erde enthält, ist praktisch nicht möglich. Daher gibt es eine Vielzahl zweck- und aufgabenorientierter Einzelsysteme. Hierzu gehören auch *topographische und thematische Informationssysteme*, welche topographische und thematische Daten entsprechend den analogen Karten enthalten und die heute in digitaler Form zur Verfügung stehen. Die analogen und digitalen Systeme sollen im Folgenden näher betrachtet werden. Weitergehende Ausführungen zu Geoinformationssystemen und ihren unterschiedlichen Anwendungen findet man z.B. bei *Bartelme* (1995), *Bill* (1999), *Göpfert* (1991) sowie *Kraus* (2000).

7.1 Kartenwerke und Atlanten

Gemäß 1.2 versteht man unter einem *Kartenwerk* die Gesamtheit von Kartenblättern für ein bestimmtes Gebiet, mit gleicher Gestaltung und i.a. auch gleichen Maßstabs und Formats, und unter einem *Atlas* eine Sammlung von aufeinander abgestimmten Einzelkarten für einen bestimmten Zweck. Im Sinne der vorstehenden Ausführungen kann man beide als graphische (analoge) Informationssysteme ansehen. Im Folgenden sollen daher zunächst insbesondere die amtlichen topographischen Kartenwerke der Bundesrepublik Deutschland, einige thematische Kartenwerke sowie Atlanten vorgestellt werden.

7.1.1 Topographische Kartenwerke

Die Herstellung topographischer Kartenwerke setzt naturgemäß eine flächendeckende systematische Landesaufnahme voraus. Diese begann in den damaligen deutschen Ländern in den ersten Jahrzehnten des 19. Jahrhunderts, meist durch militärische Dienststellen, wie die ‚Königlich Preußische Landesaufnahme' in den norddeutschen Ländern oder das ‚Militärische Topographische Bureau' in Bayern (vgl. *Habermeyer* 1993). Bedingt durch die Zuständigkeit der einzelnen Länder verlief die Entwicklung sehr heterogen. Erst mit der Umwandlung der ‚Preußischen Landesaufnahme' in das ‚Reichsamt für Landesaufnahme' nach dem ersten Weltkrieg wurden die Bemühungen um eine einheitliche Vorgehensweise intensiviert (vgl. *Krauß u. Harbeck* 1985). Die wichtigsten topographischen Kartenwerke waren bis 1945 schließlich die

- Deutsche Grundkarte 1 : 5000 (DGK 5) (erst in der Entstehung),
- Topographische Karte 1 : 25 000 (fast abgeschlossen),
- Karte des Deutschen Reiches 1 : 100 000 (abgeschlossen),
- Topographische Übersichtskarte des Deutschen Reiches 1: 200 000 (fast abgeschlossen),
- Übersichtskarte von Mitteleuropa 1 : 300 000 (abgeschlossen).

Eine Sonderstellung nahm hier die Topographische Karte 1: 25.000 ein, welche als Ergebnis einer topographischen Aufnahme durch Meßtischtachymetrie (vgl. 3.3.2) auch als *Meßtischblatt* bezeichnet wurde. In weiten Bereichen Deutschlands hatten die Karten eine Grundkartenfunktion, wie etwa in Norddeutschland, wo die ‚Preußische Landesaufnahme' zwischen 1877 und 1912 insgesamt 3216 Kartenblätter herstellte (*Krauß* 1969).

Nach 1945 fielen das Vermessungswesen und damit auch die Kartenherstellung wieder in den Zuständigkeitsbereich der heutigen Bundesländer, mit den Landesvermessungsämtern als verantwortliche und ausführende Dienststellen. Diese gründeten schließlich die ‚Arbeitsgemeinschaft der Vermessungsverwaltungen der Länder der Bundesrepublik Deutschland' (AdV), welche in verschiedenen Arbeitskreisen Vorschläge zur Vereinheitlichung im Vermessungswesen und damit auch für die Herstellung amtlicher Kartenwerke erarbeiteten. Letztere wurden in sog. *Musterblättern*, d.h. Vorschriften zur einheitlichen Kartengestaltung, ausgeführt und von den einzelnen Bundesländern auch weitgehend eingehalten.

Durch die Umstellung der Kartenwerke auf eine digitale Basis sind die Herstellungsprozesse derzeitig einem tief greifenden Wandel unterworfen, woraus schließlich auch eine veränderte Kartengraphik resultiert (vgl. 7.3.2). Bis zum Abschluß dieser Arbeiten werden neben den neuen Karten noch längere Zeit die traditionellen Ausgaben in Gebrauch sein, wobei zahlreiche wesentliche Elemente unverändert bleiben. Die nachfolgend genannten topographischen Kartenwerke der Bundesrepublik Deutschland sollen im Folgenden mit ihren wichtigsten Merkmalen vorgestellt werden:

- Deutsche Grundkarte 1 : 5000 (DGK 5) (,alte' Bundesländer),
- Topographische Karte 1 : 10 000 (TK 10) (,neue' Bundesländer),
- Topographische Karte 1 : 25 000 (TK 25),
- Topographische Karte 1 : 50 000 (TK 50),
- Topographische Karte 1 : 100 000 (TK 100),
- Topographische Übersichtskarte 1 : 200 000 (TÜK 200),
- Übersichtskarte 1 : 500 000 (ÜK 500),
- Karte der Bundesrepublik Deutschland 1 : 1000 000 (D 1000).

Die Bearbeitung und Herausgabe der Kartenwerke 1 : 5000 bis 1 : 100.000 ist Aufgabe der Landesvermessungsbehörden, welche hierüber detaillierte Verzeichnisse herausgeben. Die TÜK 200, die ÜK 500 und die D 1000 werden vom ,Bundesamt für Kartographie und Geodäsie' (BKG) in Frankfurt a. M. (vormals Institut für angewandte Geodäsie, IfaG) bearbeitet, die TÜK 200 in Gemeinschaft mit den Landesbehörden.

Den Kartenwerken von 1 : 5000 bis 1 : 200.000 liegt das Gauß-Krüger-Meridianstreifensystem zugrunde, bezogen auf das Besselellipsoid (vgl. 2.1 und 2.5.2). Die ÜK 500 und die D 1000 sind in winkeltreuer (konformer) Kegelabbildung in normaler Lage mit zwei längentreuen Parallelkreisen bezogen auf das Internationale Ellipsoid im geographische Koordinatensystem wiedergegeben (vgl. 2.4.1). Die ÜK 500 enthält zusätzlich die Koordinatenlinien des UTM-Systems (vgl. 2.5.3). Die Höhenangaben in den Karten beziehen sich auf Normalnull (NN) bzw. Höhennull (HN) in den östlichen Bundesländern (vgl. 3.2.2).

Die *Deutsche Grundkarte 1 : 5000 (DGK 5)* wurde 1923 vom ,Beirat für das Vermessungswesen' als Grundkartenwerk auf der Basis einer einheitlichen Landesaufnahme für das damalige Deutsche Reich vorgeschlagen (vgl. *Krauß u. Harbeck* 1985). Hieraus sollten dann alle Folgekarten durch Generalisierung abgeleitet werden. Das Kartenwerk ist bis heute nicht vollständig fertig und einige Länder haben wegen bereits vorhandener Karten großen Maßstabs, wie z.B. der

Höhenflurkarte 1 : 2500 in Württemberg, auf die Herstellung ganz verzichtet. Aufnahme und Bearbeitung basierten auf den sog. Grundkartenerlassen, Aufnahmehandbüchern und einem Musterblatt (s.o.).

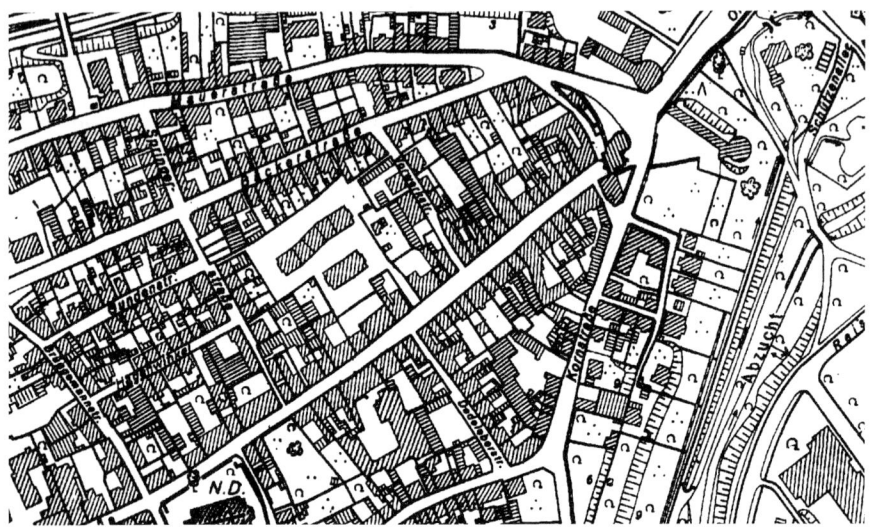

Abb. 7.1.1: Ausschnitt aus der Deutschen Grundkarte 1 : 5000 (DGK 5), Blatt 4028/34 Goslar-Ost (Landesvermessung & Geobasisinformation Niedersachsen)

Die Wiedergabe der Situation ist grundrißtreu, d.h. alle wesentlichen Objekte mit einer Ausdehnung von mindestens 1,5 m (0,3 mm i.d. Karte) sind in ihren tatsächlichen Ausmaßen darstellbar (vgl. 4.4). Durch Übernahme der Bebauung einschließlich der Flurstücksgrenzen aus den Liegenschaftskarten wurde die Karte zunächst als Katasterplankarte bezeichnet. Die Geländedarstellung erfolgte durch Höhenlinien und Höhenpunkte. Die Kartenblätter sind durch Ordinaten und Abszissen des Gauß-Krüger-Systems begrenzt und das Format beträgt $2 \times 2 km^2$ bzw. $40 \times 40 cm^2$. Daraus ergibt sich mit Ausnahme der Blätter am Grenzmeridian des jeweiligen Meridianstreifens ein quadratischer Blattschnitt. Die Reproduktion erfolgt meist einfarbig und wird, da nicht für den allgemeinen Gebrauch bestimmt, als Kopie herausgegeben und nur in Ausnahmefällen gedruckt. Die DGK 5 wurde neben ihrer eigentlichen Funktion als Grundkarte und damit Basis für alle Folgekarten häufig auch für technische Planungen herangezogen. In den östlichen Bundesländern wird statt der DGK 5 eine Karte 1:10.000 (TK 10) basierend auf den militärischen Karten der DDR herausgegeben.

Die DGK 5 wird in Zukunft durch das *Basis-DLM* (Digitales Basis-Landschaftsmodell), durch die *Automatisierte Liegenschaftskarte* ALK und hieraus abzuleitende Karten 1:5000 (AK 5), 1:10.000 und 1:25.000 ersetzt. Darüber hinaus stehen Luftbildkarten bzw. Digitale Orthophotos zur Verfügung (vgl. 7.3.2).

Kennzeichnend für die *Kartenwerke TK 25, TK 50, TK 100 und TÜK 200* ist die grundrißähnliche Darstellung der Situation, d.h. je nach Maßstab können nur noch Objekte mit einer Mindestausdehnung zwischen 7,5m (TK 25) und 60m (TÜK 200) entsprechend 0,3 mm in der Karte grundrißtreu dargestellt werden (vgl. 4.4 und Abb. 7.1.3 bis 7.1.7). Während dies im Maßstab 1:25.000 im wesentlichen nur Vereinfachungen, wie etwa bei den Gebäuden zur Folge hat, müssen in den folgenden Maßstäben zunehmend Objekte weggelassen, zusammengefaßt oder durch eine Signatur ersetzt werden, wobei letzteres bereits für Verkehrswege ab dem Maßstab 1:25.000 gilt. Da die Siedlungsdarstellung zunehmend schematisiert erscheint, wird diese z.B. in den Ausgaben der TK 100 des Landes Hessen nur noch durch farbige Umrißflächen wiedergegeben, wobei durch unterschiedliche Rottöne zwischen offener und geschlossener Bebauung unterschieden wird. Die Geländedarstellung erfolgt in allen Maßstäben durch Höhenlinien, ergänzt durch Höhenpunkte an wichtigen Stellen, und ab dem Maßstab 1:50.000 auch kombiniert mit Schummerung in hügeligem und bergigem Gelände.

Blattschnitte und -formate sowie Blattbenennungen der TK 50, TK 100 und TÜK 200 basieren auf denen der TK 25, welche ihrerseits auf das Meßtischblatt zurückgehen. Diese waren Gradabteilungskarten, also begrenzt durch Meridiane und Parallelkreise, im Format $\Delta\varphi \times \Delta\lambda = 6' \times 10'$. Damit umfaßt ein Kartenblatt je nach geographischer Breite eine Fläche von etwa $11 \times 11 \text{km}^2$ bzw. $45 \times 45 \text{ cm}^2$. Die Kennzeichnung der Kartenblätter besteht aus einer vierstelligen Zahl, d.h. aus je zwei Ziffern für die Kartenblattreihe und -spalte sowie dem Namen des größten enthaltenen Ortes (z.B. 3126 Hermannsburg). Die Benennung der Kartenblätter der Folgekarten folgt dann aus der Blattnummer des südwestlichen Blattes der TK 25, ergänzt durch eine römische Zahl entsprechend dem Kürzel des Maßstabs, sowie wiederum dem Namen des größten Ortes (z.B. TÜK 200, Blatt CC 4726 Goslar). Die erfaßte Fläche der Folgekarten ergibt sich damit durch jeweilige Verdopplung der Seitenlänge.

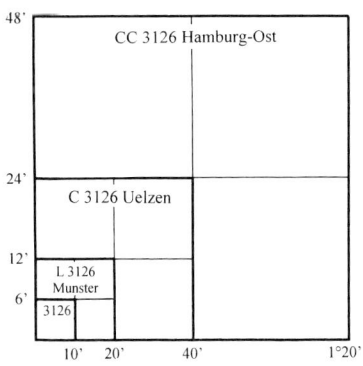

3126 Hermannsburg (TK 25)
L 3126 Munster (TK 50)
C 3126 Uelzen (TK 100)
CC 3126 Hamburg-Ost (TÜK 200)

Abb. 7.1.2: Blattformat, Einteilung und Beispiel zur Blattbenennung der amtlichen Kartenwerke in Deutschland von 1: 25 000 bis 1: 200 000

Die Ausgabe der Karten erfolgt i.d.R. vierfarbig, d.h. die Situation in Schwarz, die Gewässer in Blau, die Vegetation in Grün und die Höhenlinien in Braun.

Hinzu kommt ab 1:50.000 Graublau für die Schummerung sowie Orange und Gelb für die Straßen des Fernverkehrs bzw. des Regionalverkehrs. Die Ausgaben in neuer Graphik weisen demgegenüber insbesondere für Flächen und Signaturen eine erweiterte Farbgebung auf.

Die TK 25 und die TK 50 werden zukünftig aus dem Basis-DLM bzw. DLM 50 des *Amtlichen Topographisch-Kartographischen Informationssystems* ATKIS abgeleitet und dann in digitaler und analoger Form mit veränderter Kartengraphik herausgegeben (vgl. 7.3.2). Die TK 50 steht darüber hinaus als Ergebnis einer Rasterdigitalisierung (vgl. 7.2.1) blattschnittfrei auf CD-ROM mit zahlreichen Nutzerfunktionen zur Verfügung.

Die *Übersichtskarte 1:500.000 (ÜK 500)* und die *Karte der Bundesrepublik 1:1000.000 (D 1000)* sind gekennzeichnet durch die vollständige Umriß- bzw. Signaturendarstellung bei der Situation sowie durch die Darstellung des Geländes mittels farbiger Höhenschichten, begrenzt durch nichtäquidistante Höhenlinien, sowie einer Schummerung (vgl. Abb. 7.1.8 u. 7.1.9). Die *ÜK 500* basiert in ihrer inhaltlichen Gestaltung auf dem militärischen Kartenwerk ‚World Map 1:500.000‘ Großbritanniens (vgl. *Krauß u. Harbeck* 1985) und besteht aus vier sich überlappenden Kartenblättern mit den Benennungen Nordwest, Nordost, Südwest und Südost. Je nach Ausgabeart (Normal- Arbeits-, Verwaltungs- und orohydrographische Ausgabe) erscheint die Karte in bis zu zehn Farben.

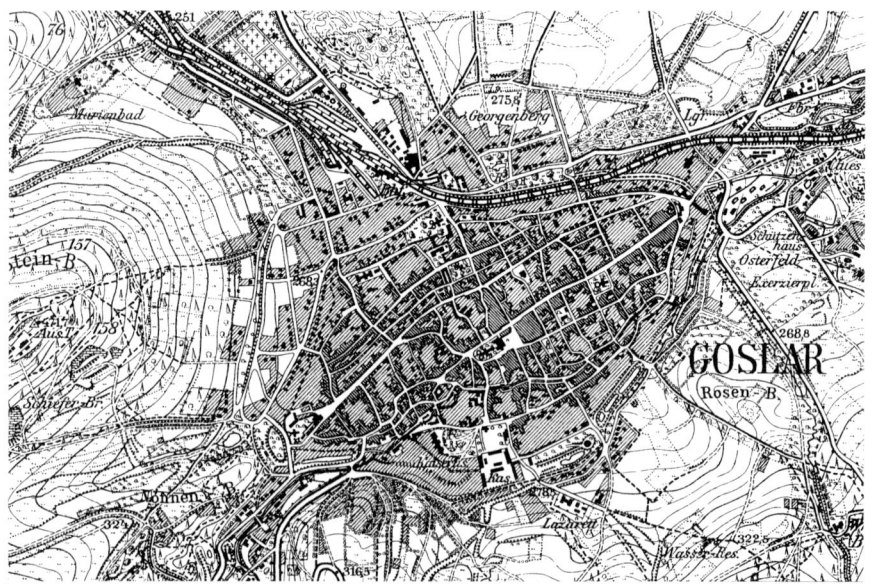

Abb. 7.1.3: Ausschnitt aus der Topographischen Karte 1: 25 000 der Preußischen Landesaufnahme (Meßtischblatt), Blatt 4028 Goslar von 1907 (LG Niedersachsen)

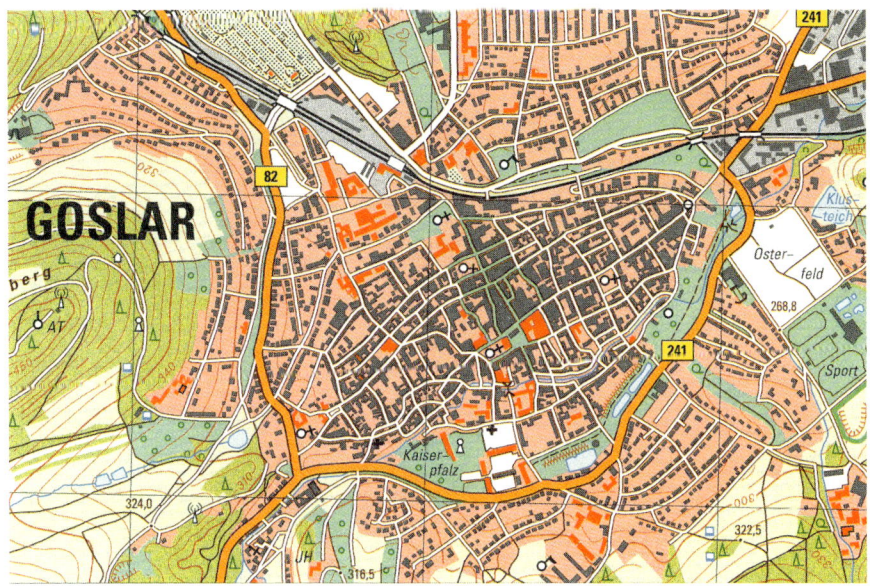

Abb. 7.1.4: Ausschnitt aus der Topographischen Karte 1:25 000 (TK 25), Blatt 4028 Goslar (Ausgabe 2003) (Landesvermessung & Geobasisinformation Niedersachsen)

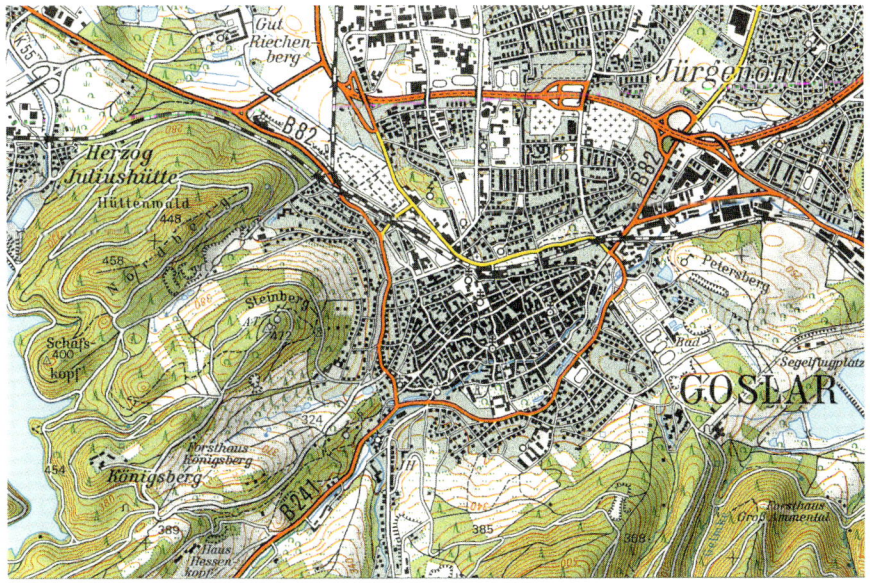

Abb. 7.1.5: Ausschnitt aus der Topographischen Karte 1: 50 000 (TK 50), Blatt L 4128 Goslar (Landesvermessung & Geobasisinformation Niedersachsen)

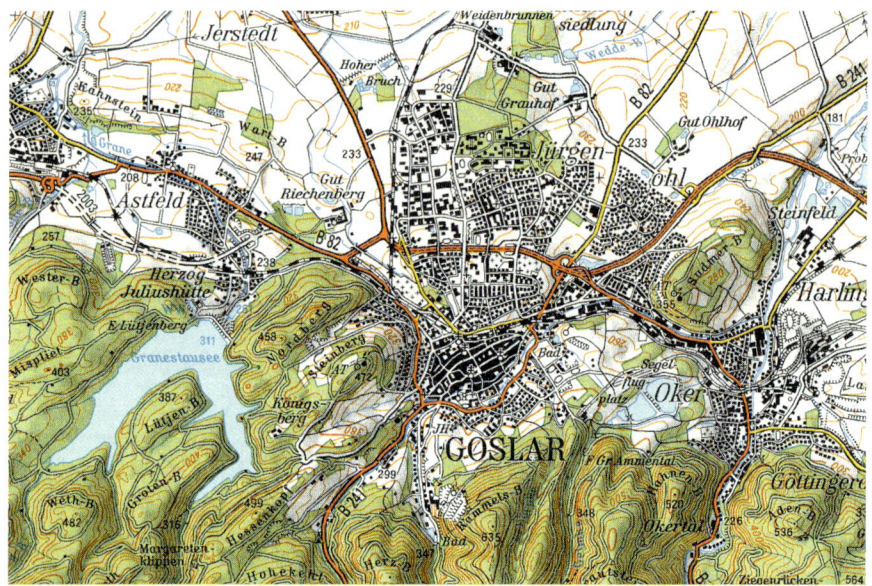

Abb. 7.1.6: Ausschnitt aus der Topographischen Karte 1: 100 000 (TK 100), Blatt C 4326 Goslar (Landesvermessung & Geobasisinformation Niedersachsen)

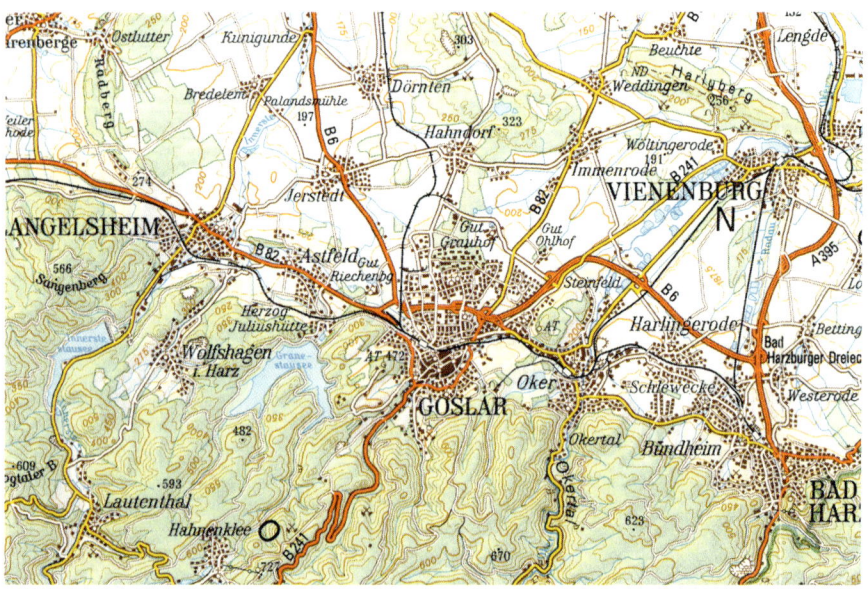

Abb. 7.1.7: Ausschnitt aus der Topographischen Karte 1: 200 000 (TÜK 200), Blatt CC 4726 Goslar (DTK200 © Bundesamt für Kartographie und Geodäsie 2004)

Abb. 7.1.8: Ausschnitt aus der Übersichtskarte 1: 500 000 (ÜK 500), Blatt Nr.1 Nordwest (DTK500 © Bundesamt für Kartographie und Geodäsie 2004)

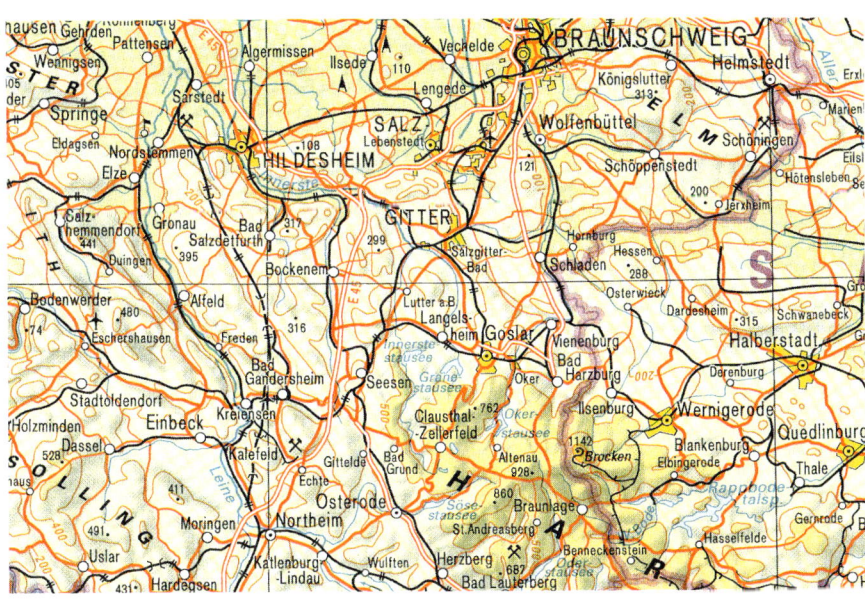

Abb. 7.1.9: Ausschnitt aus der Karte der Bundesrepublik Deutschland 1:1 000 000 (D 1000) (DTK1000 © Bundesamt für Kartographie und Geodäsie 2004)

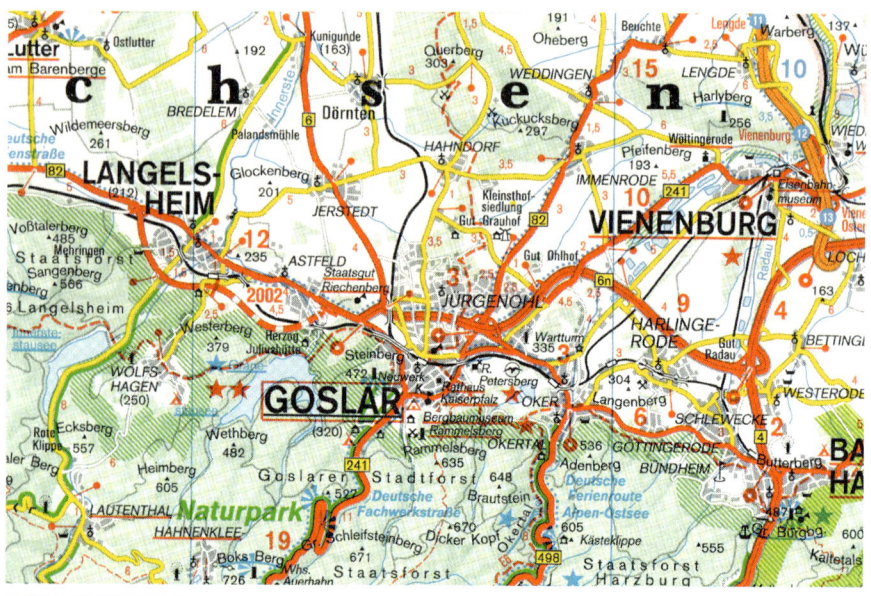

Abb. 7.1.10: Ausschnitt aus der ‚Generalkarte' 1: 200 000, Blatt 10 (‚Pocket'-Ausgabe) (Mairs Geographischer Verlag, Ostfildern) (vgl. auch Abb. 7.1.7)

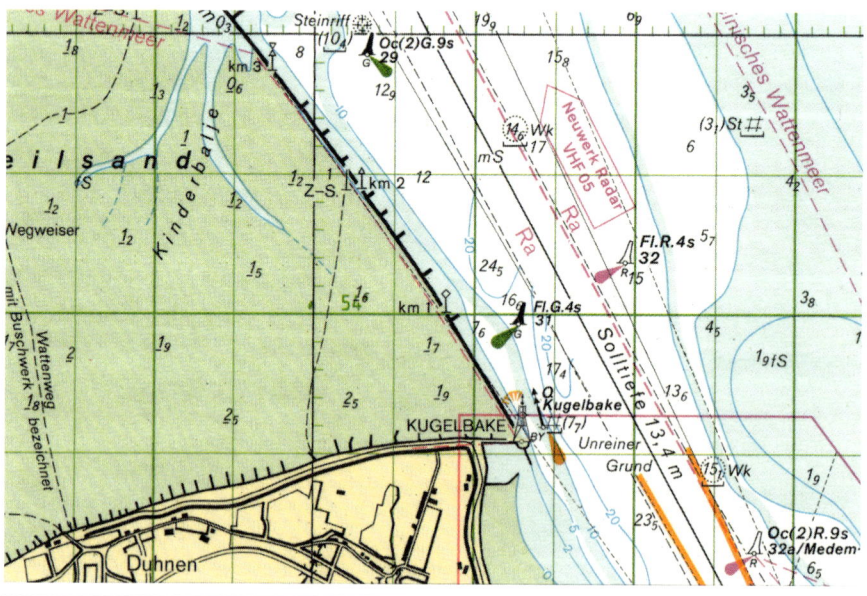

Abb. 7.1.11: Ausschnitt aus der Seekarte Nr.44 der Elbmündung im Maßstab 1:50 000 (Bundesamt für Seeschiffahrt und Hydrographie)

Abb. 7.1.12: Ausschnitt aus einer Handatlaskarte 1: 5 Mill. der Iberischen Halbinsel

Abb. 7.1.13: Ausschnitt aus einer Karte 1: 4 Mill. der Iberischen Halbinsel (hier auf 1:5 Mill. verkleinert) aus dem Schweizerischen Mittelschulatlas (*Imhof* 1962)

Die *Karte der Bundesrepublik 1:1.000.000 (D 1000)* geht zurück auf die *Internationale Weltkarte 1:1.000.000 (IWK)*, ein weltweit einheitliches Kartenwerk, welches auf Vorschlag des österreichischen Geographen A. *Penck* aus dem Jahre 1891 nach mehreren internationalen Konferenzen schließlich 1913 begonnen wurde (vgl. *Böhme* 1971). Die Koordination der Bearbeitung oblag zunächst einem ,Zentralbüro' beim englischen ,Ordnance Survey' in Southampton und ging 1953 auf das ,Kartographische Büro' der Vereinten Nationen über. Für die Wiedergabe der Landflächen der Erde waren etwa 750 Kartenblätter mit einem Blattformat von $6° \times 4°$ ($\Delta\lambda \times \Delta\varphi$) erforderlich, deren Herstellung den einzelnen Staaten oblag. Auf die Bundesrepublik entfielen zwei Kartenblätter. Die weltweite Bearbeitung der IWK ist seit 1986 eingestellt worden.

Als weiteres internationales Kartenwerk ist die *Weltkarte 1:2.500.000*, auf Initiative der UDSSR als Gemeinschaftsprojekt der damaligen Ostblockstaaten zwischen 1964 und 1976 entstanden und bereits in zweiter Auflage erschienen (vgl. *Meine* 1971 u. *Haack* 1989). Das zwölffarbige Kartenwerk stellt in insgesamt 244 Kartenblättern die gesamte Erde einschließlich der Ozeane dar und soll einen Überblick über die physischen und politischen Gegebenheiten der Erde vermitteln und zugleich eine Basis für thematische Darstellungen in diesem Maßstabsbereich liefern. Als Abbildung werden auf Grundlage des Ellipsoids von Krassowski zwischen 64° nördlicher und südlicher Breite mittabstandstreue Kegelentwürfe mit zwei längentreuen Parallelkreisen und ab 64° jeweils ein polständiger mittabstandstreuer Azimutalentwurf verwendet. Die Ausdehnung der Kartenblätter beträgt 12° in Nord-Süd-Richtung und, je nach geographischer Breite, zwischen 18° und 60° in Ost-West-Richtung. Die Geländedarstellung erfolgt durch farbige Höhenschichten.

Weitere Informationen zu diesen sowie weiteren Kartenwerken, insbesondere auch denen anderer Staaten findet man bei *Hake u.a.* (2002) sowie *Wilhelmy u.a.* (2002).

7.1.2 Thematische Kartenwerke

Thematische Karten erscheinen überwiegend als Einzelkarten innerhalb von Atlanten (z.B. Schulatlas) bzw. als thematischer Atlas. Eine Ausnahme bilden solche Themen, deren Darstellung für ein größeres Gebiet (Land, Erdteil, Erde), eine Aufteilung in einzelne Kartenblätter analog den topographischen Kartenwerken erforderlich macht. Hierzu gehören insbesondere Verkehrskarten, also Karten, die der Orientierung bzw. Navigation bei Verwendung eines Verkehrsmittels dienen.

Karten für den *Straßenverkehr* werden entweder als Einzelkarten, deren Maßstab dem darzustellenden Gebiet angepaßt ist, oder in Atlasform herausgegeben. Eine Ausnahme bildet hier z.B. ,Die Generalkarte' 1:200.000 (ursprünglich ,Deutsche Generalkarte'), die seit 1952 in einem privatkartographischen Verlag erscheint und für Deutschland insgesamt 20 Blätter umfaßt (vgl. Abb. 7.1.10). Inzwischen wurde sie auf Nachbarländer, wie Dänemark, Niederlande, Österreich u.a. sowie auf touristisch interessante Gebiete des Atlantiks und des Mittelmeerraums erweitert. Neben einem differenzierten Straßenbild und entsprechenden Angaben für den Autoverkehr enthält sie zahlreiche touristische Hinweise.

Als ältestes thematisches Kartenwerk sind *Seekarten* anzusehen. Erstmalig im Jahre 1270 werden Karten des Mittelmeerraumes erwähnt und ab dem 16. Jahrhundert gab es dann eine Zunahme an Seekarten, deren Herstellung mit der Gründung ‚Hydrographischer Dienste‘ in mehreren europäischen Ländern einherging (vgl. *Bettac* 1986). In Deutschland war es 1861 das ‚Hydrographische Bureau‘ in Berlin, welches ab 1945 als ‚Deutsches Hydrographisches Institut‘ (DHI) in Hamburg und schließlich als ‚Bundesamt für Seeschiffahrt und Hydrographie‘ (BSH) in Hamburg und Rostock beheimatet ist. Bis 1882 gab es 44 Karten der Nord- und Ostsee und bis heute bearbeitet das BSH in enger Zusammenarbeit mit den Hydrographischen Diensten anderer Länder etwa 1000 Kartenblätter.

Seekarten sind ein unentbehrliches Hilfsmittel für „die Sicherheit und Leichtigkeit des Seeverkehrs“ und gemäß der 3. Seerechtskonferenz der UN von 1974 „ein wissenschaftliches und nautisches Instrument“ vor allem für die Navigation, aber auch für die Erforschung und Nutzung untermeerischer Lagerstätten, Einrichtung von Verkehrstrennungsgebieten u.a.m. (vgl. *Hecht* 1989). Unterschieden werden *Küstenkarten* für die Küstenfahrt und Hafenansteuerung im Maßstab 1:30.000 bis 1:1Mill. (vgl. Abb. 7.1.11), *Segelkarten* für die Navigation auf hoher See im Maßstab bis 1:5 Mill. sowie *Ozean- und Übersichtskarten* für die Reisewegplanung und Kursfestlegung ab dem Maßstab 1:5 Mill.. Hinzukommen Spezialkarten für die Fischerei, Sportschiffahrt u.a. (vgl. *Kappel* 1986).

Den Karten liegt eine winkeltreue Zylinderabbildung in normaler Lage nach Mercator, bezogen auf das Hayford-Ellipsoid (zukünftig WGS 84) zugrunde, welche als Besonderheit die für die Navigation so interessante Kurslinie (Loxodrome) als Gerade abbildet (vgl. 2.4.2 und Abb. 9.3.5). Der Karteninhalt gliedert sich in

- topographische Objekte, wie Geländeformen und hervorragende Bebauung im Küstenbereich, Hafenanlagen, Wasserbauten u.a.,
- hydrographische Objekte bzw. Sachverhalte, wie Tiefenzahlen und Tiefenlinien, Schiffshindernisse, Wracks, Strömungen, Eisgrenzen u.a.,
- Navigationshilfen, wie Leuchtfeuer, Tonnen, Baken, Radarstationen u.a. sowie
- allgemeine Angaben, wie Positionen, Entfernungen u.a..

Während die frühesten Karten überwiegend auf Schätzungen und Erfahrungen basierten, haben die heutigen Verfahren der Seevermessung, insbesondere auch durch die Positionsbestimmung über GPS und Ultraschallverfahren für die Tiefenmessung, einen Stand erreicht, der eine hohe Genauigkeit und eine schnelle Aktualisierung der Karten ermöglicht (vgl. *Berger u. Moehl* 1986, *Hecht u.a.* 1999). Zusammen mit der Entwicklung der EDV eröffnete sich seit den neunziger Jahren zugleich die Möglichkeit der Umstellung des Kartenwerks auf eine digitale Basis, die *Elektronische Seekarte* (vgl. 7.3.3).

Luftfahrtkarten dienen in erster Linie der Navigation, sowohl der Sicht- als auch der Funknavigation. Als Kartenwerke sind hier die ‚Aeronautical Chart 1:500.000‘ der Internationalen Weltluftfahrtorganisation (ICAO) und die ‚Operational Navigation Chart‘ 1:1.000.000 der USA von besonderer Bedeutung. Die Wiedergabe des topographischen Inhalts ist auf eine schnelle Erfaßbarkeit aus größerer Höhe ausgerichtet und besteht u.a. aus der Umrißdarstellung für größere Orte sowie Verkehrswegen, Gewässern, Wald, Höhenpunkten und Schummerung. Hinzu kommen zahlreiche für die Navigation wichtige Objekte sowie Daten der Flugsicherung. Herausgeber für Deutschland ist die Deutsche Flugsicherungs-GmbH in Frankfurt a.M..

7.1.3 Atlanten

Die Vielzahl von Atlanten läßt sich nach dem *erfaßten geographischen Bereich* oder nach dem *Zweck* einteilen. Im ersten Fall ergibt sich folgende Unterscheidung:

- *Weltraumatlanten*, mit Karten von Planeten, Monden, Gestirnen und sonstigen Erscheinungen des Weltraums.
- *Erdatlanten* (bzw. Weltatlanten), mit topographischen und/oder thematischen Karten der gesamten Erde, der Erdteile und einzelner Länder. Insbesondere in Schulatlanten ist das Herausgeberland besonders differenziert in unterschiedlichen Maßstäben dargestellt.
- *National- und Regionalatlanten,* mit topographischen und thematischen Karten einheitlichen Maßstabs für einen Staat oder eine Region. Ein Beispiel hierfür ist der bisher nur teilweise fertig gestellte 12-bändige *Nationalatlas der Bundesrepublik Deutschland*.
- *Stadtatlanten* im Sinne eines Regionalatlas oder als gebundene Form eines in Einzelblätter unterteilten Stadtplans.

Der Zweck eines Atlas bestimmt sowohl den Inhalt als auch die erfaßte Region sowie die Detailliertheit der Darstellung:

- *Handatlanten* sind i.d.R. Erdatlanten und enthalten überwiegend detaillierte kleinmaßstäbige topographische Karten im Sinne eines Nachschlagewerks sowie ein umfangreiches Ortsregister (vgl. Abb. 7.1.12). Ein Beispiel ist der *Internationale Atlas* von *Rand McNally*, der als Ergebnis der Zusammenarbeit von sechs kartographischen Verlagen aus verschiedenen Ländern erstmalig 1969 erschienen ist und seitdem ständig fortgeführt wird (vgl. *Schaub* 1973). Gegenüber anderen Handatlanten, deren Schwergewicht auf der Darstellung des Hauptabsatzgebietes liegt, erfolgt hier die Auswahl insbesondere der Regionalkarten ausschließlich nach geographischen Gesichtspunkten.

Die Kartenmaßstäbe ergeben sich aus einer in einem einfachen Verhältnis zueinander stehenden Reihe. Den Anfang bilden einige Themen als Gesamtdarstellungen der Erde, wie z.B. Klimazonen, Bevölkerungsdichte, Vegetation und Landnutzung, Weltwirtschaft, u.a., gefolgt von Übersichtskarten der Ozeane in 1:48 Mill. und der Kontinente in 1:24 Mill.. Die Regionalkarten geben zunächst in 1:12 Mill. die politischen Verhältnisse wieder. Die Darstellung einzelner Regionen erfolgt dann je nach geographischer Bedeutung in den Maßstäben 1:6 Mill. oder 1:3 Mill.. Besonders hervorzuheben ist die Reliefdarstellung als Kombination aus farbigen Höhenschichten und Schummerung. Bereiche mit hoher Besiedlungsdichte und ausgeprägter politischer und wirtschaftlicher Funktion werden schließlich in 1:1 Mill. wiedergegeben. Den Abschluß bilden 60 Karten der wichtigsten städtischen Ballungsräume im Maßstab 1:300.000.

- *Schulatlanten* sind weniger umfangreich und detailliert in der Wiedergabe als ein Handatlas. Im Zentrum der Darstellung steht je nach Schulaltersstufe die Region oder das Land des Verbreitungsgebietes mit topographischen Karten unterschiedlicher Maßstäbe für typische geographische Objekte, wie Siedlungen, Landschaften, Relief u.a., sowie thematische Karten. Diesen schließen sich topographische und thematische Länderkarten des zugehörigen Kontinents, der übrigen Kontinente, der Erde sowie besonders interessanter Regionen an. Den Abschluß bilden meist Weltraumthemen. Eine Besonderheit ist der *Schweizerische Mittelschulatlas* von *E. Imhof* (1962), der durch seine Geländedarstellung mit Schummerung und farbigen Höhenschichten in luftperspektiver Abstufung besticht, die je nach Relief und Maßstab noch durch Felssignaturen und Höhenlinien ergänzt wird und damit einen hervorragenden Eindruck der physischen Erdoberfläche vermittelt (vgl. Abb. 7.1.13).

- *Hausatlanten* sind meist Erdatlanten und weisen neben einer gegenüber einem Handatlas sehr viel geringeren Zahl von Karten und einer weniger detaillierten Darstellung vor allem auch photographische Bilder sowie textliche Beschreibungen besonderer Landschaften, Städte und sonstiger Sehenswürdigkeiten auf. Sie dienen damit einer allgemeinen Information.

- *Fachatlanten* dienen der Darstellung eines Themas oder eines Themengebietes für die gesamte Erde, einen Kontinent, ein Land oder eine Region. Hierzu gehören Klimaatlanten, Wirtschaftsatlanten, Geologische Atlanten, Straßenatlanten (Autoatlanten), Planungsatlanten u.a.. Eine besondere Form sind *Topographische Atlanten*, welche aus einer Zusammenstellung von Ausschnitten aus amtlichen topographischen Karten zu interessanten geographischen Themen, wie Siedlungsformen, Landschaftstypen, Vegetation, Geomorphologie u.a. bestehen, ergänzt durch Luftbilder und Texte.

- *Bildatlanten* sind Zusammenstellungen von Luft- oder Satellitenbildern, kombiniert mit textlichen Beschreibungen und topographischen Karten.

- *Digitale (elektronische) Atlanten* liegen auf einem geeigneten Datenträger, z.B. einer CD-ROM, vor und können am Bildschirm eines PC präsentiert und interaktiv genutzt werden (vgl. 7.3.4).

7.2 Digitale Topographische Modelle

Eine topographische Karte stellt eine überwiegend maßstabsabhängige Auswahl der natürlichen und künstlichen Objekte der Erdoberfläche dar (vgl. 4.1). Sie ist damit kein detailgetreues, sondern ein auf das Wesentliche reduziertes Bild der Erdoberfläche, d.h. die Komplexität der realen Landschaft wird durch ein *analoges Modell*, die Karte ersetzt. Verwendet wurde der Begriff ‚Modell' jedoch erst mit der Möglichkeit einer umfassenden digitalen Speicherung und Verarbeitung topographischer Daten.

Ein *Digitales Topographisches Modell* (DTM) unterscheidet sich zunächst vor allem durch die Art der Objektmodellierung von der analogen Karte. Objektlage, Objektform und Objektart werden durch Zahlen, also Koordinaten und codierte Angaben (Geometrie- und Sachdaten) statt durch graphische Elemente dargestellt. Hieraus ergeben sich folgende Vorteile:

- Die Anzahl und der Detailreichtum der erfaßten Objekte sind prinzipiell beliebig groß, da hier anders als in der Karte kein vom Maßstab abhängiges Platzangebot besteht. Eine Beschränkung ergibt sich allerdings schon aus wirtschaftlichen Gründen, denn je mehr Daten, desto größer ist der Erfassungs- und Aktualisierungsaufwand.

- Die geometrische Genauigkeit der Objekte entspricht ihrer Erfassungsgenauigkeit, ist also ebenfalls maßstabsunabhängig. Einschränkungen ergeben sich dadurch, dass viele Daten nicht durch Neuvermessung, sondern durch Digitalisierung bestehender Kartenoriginale gewonnen werden (vgl. 7.2.1).

- Unterschiedliche Objektbereiche, wie Siedlungen, Verkehrswege, Gewässer, Vegetation, Gelände u.a., können separat gespeichert und dann getrennt oder beliebig miteinander kombiniert ausgegeben werden. Diese Möglichkeit bestand prinzipiell auch bei den bisherigen Karten. Hiervon wurde allerdings wegen des erheblichen Aufwandes bei der Herstellung getrennter Originale nur wenig Gebrauch gemacht. Ein Beispiel sind orohydrographische Ausgaben, ein Zusammendruck von Gewässern und Geländedarstellung bei amtlichen Karten.

- Die Ausgabe der Daten als Karte kann in unterschiedlichen Maßstäben erfolgen und die Datenaktualisierung ist sehr viel einfacher, da keine zeichen- und reproduktionstechnischen Arbeiten erforderlich sind.

Zur Festlegung und Identifizierung von Objekten in einem DTM bedarf es unterschiedlicher Angaben:

- *Geometriedaten* in Form von Koordinaten bestimmen die Lage ggf. auch die Höhe eines Objektes, sowohl in einem Referenzsystem als auch innerhalb umgebender Objekte, sowie Objektform und -größe.

- *Sachdaten*, auch als Attribute bezeichnet, ermöglichen eine Aussage zur Objektart (Gebäude, Straße, Gewässer) und zu weiteren Merkmalen (öffentliches Gebäude, Autobahn, Kanal). Hierzu gehören auch Zahlen (Hausnummer, Breite) und Namen (Ortsnamen, Gebäudebezeichnung, Straßenklassifizierung, Gewässername). Sachdaten müssen in codierter Form durch Schlüsselzahlen den Objekten zugeordnet werden (vgl. 7.3).

Während die Sachdaten auch in der analogen Darstellung durch entsprechende graphische Elemente wiedergegeben werden, ermöglichen digitale Modelle die Aufnahme weiterer sog. *Metadaten*, wie z.B. Angaben zur Datenquelle, zum Zeitpunkt der Objekterfassung, zur Genauigkeit u.a.m..

Analog der Gliederung topographischer Karten in Situation und Gelände ist es auch bei einem DTM üblich zu unterteilen in *Digitales Situationsmodell* (DSM) mit allen Grundrißobjekten und in *Digitales Geländemodell* (DGM), welches die Geländeoberfläche in Form von Höhenpunkten enthält.

7.2.1 Digitalisierung graphischer Daten

Die Daten für ein DTM erhält man direkt durch ein geeignetes Verfahren der Landesaufnahme. Eine wichtige Quelle bilden bereits vorhandene topographische Kartenoriginale (vgl. 8.3.1). Deren graphische Elemente (Punkt, Linie, Fläche) und Attributierung (Objektart, Beschriftung) müssen in Zahlen umgewandelt, also digitalisiert werden. Für diese *Analog-Digital-Wandlung* gibt es zwei Verfahren.

Bei der *Vektor-Digitalisierung* (Digitalisierung im Vektorformat) werden die graphischen Grundelemente durch Vektoren mit ihren Anfangs- und Endpunktkoordinaten x,y ersetzt. Ein Punkt ist dann ein Nullvektor, d.h. Anfangs- und Endpunkt sind identisch. Eine Linie setzt sich je nach Krümmungsverlauf aus einem oder mehreren Vektoren zusammen. Eine Fläche ist ein geschlossener Linienzug, bei dem der Anfangspunkt des ersten Vektors mit dem Endpunkt des letzten Vektors zusammenfällt. Die Digitalisierung erfolgt im einfachsten Fall mit Hilfe eines *Digitizers* durch manuelle Einstellung bzw. Nachführung der graphischen Elemente mit einer Meßeinrichtung (Cursor) und der automatischen Registrierung von Punktkoordinaten in vorgegebenen festen Weg- oder Zeitintervallen. Zugleich können codierte Zusatzinformationen über Attribute sowie Anweisungen, welche Punkte ein Objekt bilden und durch welche Linienform (Gerade, Kreisbogen, Parabel o.ä.) aufeinander folgende Objektpunkte miteinander zu verbinden bzw. zu interpolieren sind, eingegeben und registriert werden. Zunehmende Bedeutung gewinnt die Vektordigitalisierung am Bildschirm eines PC, die allerdings zunächst ein rasterdigitalisiertes graphisches Bild voraussetzt.

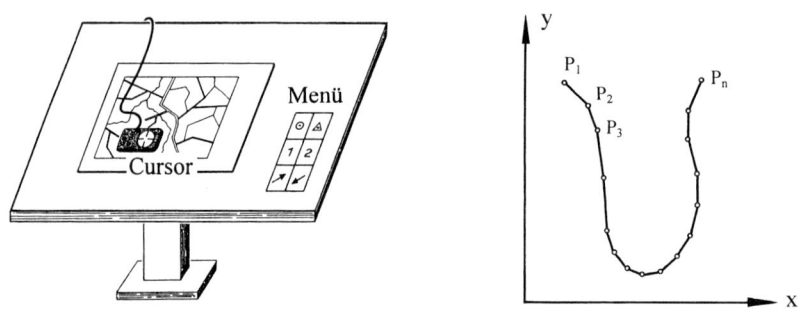

Abb. 7.2.1: Digitizer für die manuelle Digitalisierung im Vektorformat (nach *Hake* 1985) sowie Prinzip der Vektor-Digitalisierung

Bei der *Rasterdigitalisierung* (Digitalisierung im Rasterformat) werden die Kartenoriginale in kleine regelmäßige Flächenelemente (Pixel) aufgeteilt und jedem eine ganze Zahl ≥ 0 entsprechend dem Farb- oder Grauton der Vorlage zugeordnet. Dieser als Rasterung und Quantisierung bezeichnete Vorgang führt zu einer Bildmatrix, deren Zahlenwerte bei der Digitalisierung einer einfarbigen Strichkarte (z.B. DGK 5) aus 0 (Schwarz für Zeichnung) und 1 (Weiß für Freiflächen) bestehen (vgl. 5.1.2). Ein Punkt wird durch ein Pixel, eine Linie durch alle Pixel, welche von ihr ganz oder teilweise erfaßt werden, und eine Fläche durch die von der Umringslinie erfaßten und eingeschlossenen Pixel dargestellt. Die Digitalisierung erfolgt automatisch mit einem *Scanner* (Zeilenabtaster). Bei einem Trommelscanner ist die zu digitalisierende Vorlage auf einem Zylinder und bei einem Flachbettscanner auf einer ebenen Fläche angeordnet. Bei letzterem können mehrere Zeilen (z.B. 500) gleichzeitig erfaßt werden. Die Qualität der Digitalisierung hängt insbesondere von der Auflösung und damit von der Pixelgröße ab, die häufig in dpi (dots per inch) angegeben wird, wobei ein inch 25,4 mm beträgt. So bedeutet eine Angabe von 300 dpi eine Pixelgröße von 0,085 mm, welches etwa dem Auflösungsvermögen des menschlichen Auges bei Betrachtung aus 30 cm Entfernung entspricht. Will man das Erkennen der einzelnen Pixel vermeiden, muß man die dpi-Zahl erhöhen, wodurch allerdings der benötigte Speicherplatz quadratisch wächst.

Die Anwendung der Vektordigitalisierung ist im großmaßstäbigen Bereich, d.h. bei Vorherrschen linienhafter Objekte vorteilhaft, wobei der Speicherbedarf sehr viel geringer und ein unmittelbarer Zugriff auf einzelne Objekte mit ihren Attributen möglich ist. Der Vorteil der Rasterdigitalisierung besteht in der vollständigen Automatisierung bei der Datenerfassung und Datenwiedergabe bei allerdings sehr hohem Speicherbedarf. Die Anwendung ist insbesondere im mittel- und kleinmaßstäbigen Bereich, d.h. bei flächenhaften Darstellungen von Vorteil. Bei der Digitalisierung von Halbtonbildern (z.B. Luftbildern) ist es das einzig sinnvolle Verfahren (vgl. 5.1.2).

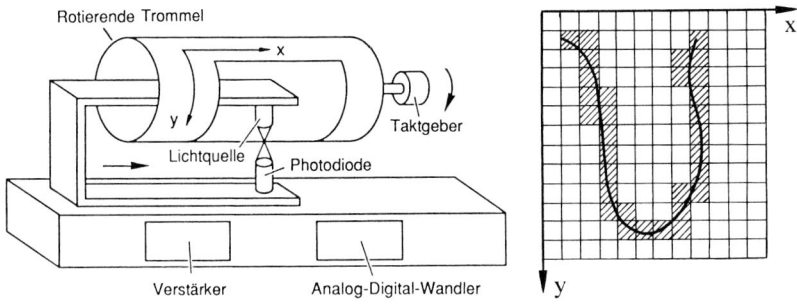

Abb. 7.2.2: Trommelscanner zur automatischen Digitalisierung im Rasterformat (nach *Albertz* 1991) sowie Prinzip der Raster-Digitalisierung

Vektor- und Rasterdarstellung werden auch miteinander kombiniert ausgegeben (hybrides Modell), wie z.B. bei der gemeinsamen Darstellung einer Liegenschafts- karte mit einem entzerrten Luftbild (vgl. Abb.7.3.5). Eine Umwandlung von Vek- tor- in Rasterdaten bzw. umgekehrt (Konvertierung) ist ebenfalls möglich.

7.2.2 Digitale Situationsmodelle

Die Situationsdarstellung umfaßt alle wesentlichen topographischen Objekte, welche durch ihren Grundriß, ggf. auch durch eine Signatur darstellbar sind: Siedlungen, Verkehrswege, Gewässer, topographische Einzelobjekte und die Ve- getation (vgl. 4.4). Welche Objekte mit welcher Detailliertheit und mit welcher Genauigkeit in einem *Digitalen Situationsmodell* (DSM) enthalten sind, wird in einem *Objektartenkatalog* festgelegt (vgl.7.3.2). Ein DSM kann sehr viel detail- lierter sein als eine vergleichbare topographische Karte. Die Daten sind i.d.R. vektoriell erfaßt und je nach Quelle von unterschiedlicher Lagegenauigkeit. Diese beträgt z.B. bei einer großmaßstäbigen Luftbildauswertung etwa ±0,1 m und bei der Digitalisierung der DGK 5 etwa ±3 m.

Die Objekte werden mit ihren Koordinaten, ggf. auch Höhen, codierten Attri- buten, ggf. auch Namen sowie zugehörigen Vorschriften zur Objektbildung und Lineninterpolation getrennt in verschiedene Objektbereiche in einer Datenbank gespeichert. Zusätzlich können weitere Angaben, wie zum Fortführungsstand, zur Datenquelle, zur Genauigkeit u.a. aufgenommen werden (Metadaten).

Digitale Situationsmodelle stehen schließlich für vielfältige Anwendungen zur Verfügung, insbesondere auch für die Ableitung topographischer Karten, als Grundlage für thematische Karten oder für Geoinformationssysteme. Hierbei wird i.d.R. nicht der gesamte Inhalt benötigt, sondern nur bestimmte Objektbe- reiche, welche dann separat ausgegeben werden können.

7.2.3 Digitale Geländemodelle

Die Geländedarstellung erfolgt in topographischen Karten je nach Maßstab durch Höhenlinien, Schattenplastik (Schummerung), farbige Höhenschichten sowie Höhenpunkte an wichtigen Stellen. Höhenlinien bilden die Grundlage aller Methoden und ermöglichen sowohl eine Aussage zur absoluten Höhe nahezu beliebiger Kartenpunkte als auch zu den Geländeformen (vgl. 4.5). Sie stellen damit ein *analoges Modell* der Geländeoberfläche dar.

Ihre Entstehung beruhte ursprünglich auf der Interpolation zwischen den Höhenpunkten einer tachymetrischen Geländeaufnahme (indirektes Verfahren) oder auf der stereoskopischen Modellabtastung bei der Luftbildauswertung (direktes Verfahren) (vgl. 4.5.1). Im ersten Fall repräsentieren die Höhenpunkte die Geländeoberfläche und bilden zusammen mit ihren Grundrißkoordinaten ein *digitales Modell*, dessen Nutzung etwa zur Ableitung von Höhenlinien allerdings zusätzliche Informationen in Form eines Geländefeldbuches mit den darin enthaltenen Interpolationsvorschriften erforderte.

Unter einem *Digitalen Geländemodell* (DGM) versteht man daher ein Punktfeld mit Lagekoordinaten und Höhen über einer Bezugsfläche, welches eine Geländeoberfläche ohne wesentliche Zusatzinformationen hinreichend genau repräsentiert. Die hinreichende Genauigkeit ist dann gegeben, wenn eine vorgegebene Höhengenauigkeit (z.B. eine amtliche Fehlergrenze) bei den einzelnen Punkten nicht überschritten wird und die Geländeformen hieraus morphologisch richtig z.B. durch Höhenlinien abgeleitet werden können (vgl. 9.1.3). Zu unterscheiden sind prinzipiell zwei Formen.

Bei einem DGM mit *im Grundriß unregelmäßiger Anordnung*, wie z.B. dem Punktfeld einer tachymetrischen Geländeaufnahme, wird die Geländeoberfläche durch ein Polyeder aus Dreiecksflächen approximiert. Durch eine geeignete Dreiecksbildung können hierbei Rücken- und Muldenlinien (Geripplinien) sowie Bruchkanten (Böschungen, Steilränder, Rinnen u.ä.) durch Dreiecksseiten erfaßt werden. Eine solche Vermaschung wird auch als Triangulation und das Ergebnis als TIN (Triangulated Irregular Network) bezeichnet. Höhenlinien lassen sich dann z.B. durch lineare Interpolation längs der Dreiecksseiten und Verbindung der Interpolationspunkte gleicher Höhe durch ausgerundete Linienzüge erzeugen. Eine hinreichende Genauigkeit der Geländewiedergabe ist allerdings nur dann gewährleistet, wenn die Dreiecksflächen die Geländeoberfläche nicht zu sehr glätten. Abhilfe läßt sich hier durch eine höhere Punktdichte bei der Aufnahme oder durch gekrümmte Dreiecksflächen schaffen, wobei ersteres einen erhöhten Aufwand bei der Geländeaufnahme, letzteres einen erhöhten programm- und rechentechnischen Aufwand erfordert.

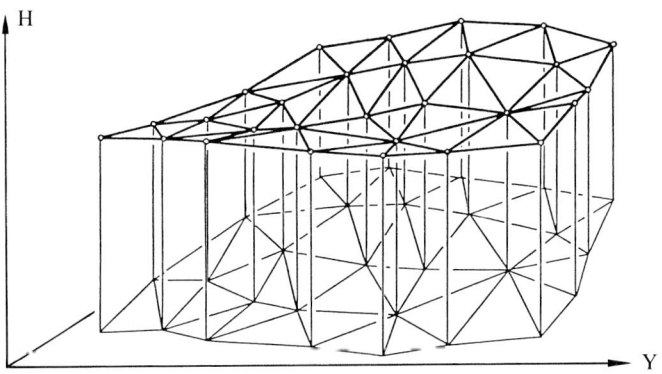

Abb. 7.2.3: Perspektivansicht eines im Grundriß unregelmäßigen DGM mit Dreiecksvermaschung

Bei einem DGM mit *quadratisch-gitterförmigem Grundriß* wird die Geländeoberfläche durch gekrümmte Vierecksflächen in Form hyperbolischer Paraboloide approximiert. Derartige DGM erhält man direkt aus der profilweisen Abtastung eines Stereomodells bei der Luftbildauswertung oder indirekt durch Berechnung aus einem unregelmäßig verteilten Stützpunktfeld. Das Prinzip der Rechenverfahren besteht darin, die Höhe der DGM-Gitterpunkte aus den umgebenden Stützpunkten zu interpolieren (vgl. z.B. *Kruse* 1990, *Kraus* 2000). Hierbei können auch Bruchkanten berücksichtigt werden. Bleiben diese unberücksichtigt, spricht man auch von einem *Digitalen Höhenmodell* (DHM). Die programm- und rechentechnisch aufwendigen Interpolationsverfahren ermöglichen eine genauere geometrische und morphologische Wiedergabe bei hügeligem und bergigem Gelände, als bei einem DGM aus einer Dreiecksvermaschung. Gitterförmige DGM sind insbesondere durch ihre einfache Grundrißstruktur für viele Anwendungen geeigneter. Höhenlinien lassen sich hier ebenfalls durch lineare Interpolation längs der Vierecksseiten und entsprechende Kurvenerzeugung herleiten.

Die Gewinnung des Stützpunktfeldes für ein DGM kann durch verschiedene Verfahren erfolgen:

- Die *tachymetrische Geländeaufnahme* liefert ein Punktfeld nach morphologischen Gesichtspunkten durch Erfassung von Rücken, Mulden, Kuppen, Senken usw. (vgl. 3.3.3). Bei hinreichend dichter Aufnahme entsteht ein unregelmäßiges DGM, welches unmittelbar mit Zusatzinformationen über Geripplinien und Bruchkanten für weitere Zwecke genutzt werden kann, z.B. auch für die Berechnung eines gitterförmigen DGM.

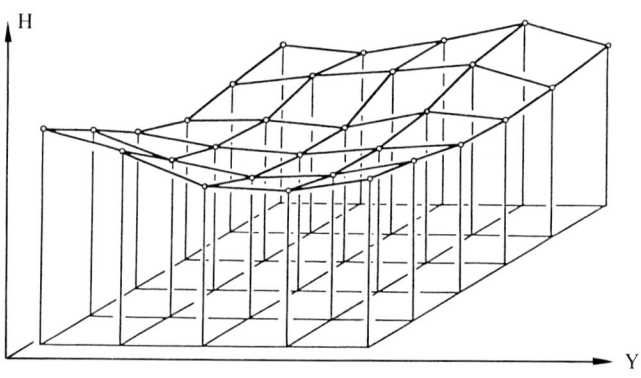

Abb. 7.2.4: Perspektivansicht eines im Grundriß gitterförmigen quadratischen DGM

- Die Höhenaufnahme durch *Laser-Scanning* oder *Radarinterferometrie* ergibt je nach Flughöhe ein unterschiedlich dichtes und unregelmäßiges Punktfeld (vgl. 3.5 u.3.7.2). Hieraus müssen zunächst alle Punkte, die auf Objekten oberhalb der Erdoberfläche liegen (Gebäude, Vegetation) durch geeignete Rechenverfahren (Filter) eliminiert werden. Problematisch ist, dass wichtige morphologische Stellen, wie Kuppen oder Bruchkanten nicht systematisch erfaßt werden. Auch hier bietet sich die Ableitung eines gitterförmigen DGM an.

- Das profilförmige Abfahren (Abtasten) eines Stereomodells bei der *Luftbildauswertung* führt unmittelbar zu einem gitterförmigen DGM (s.o.), wobei der Profil- bzw. Gitterabstand je nach Geländeform gewählt wird. Der Abtastvorgang ist durch Bildkorrelation automatisierbar, erfordert jedoch die interaktive Berücksichtigung von Bruchkanten u.ä..

- Durch *Vektor-Digitalisierung* von Höhenlinien in topographischen Karten erhält man ebenfalls ein im Grundriß unregelmäßiges Punktfeld, dessen Dichte in Gefällsrichtung von der Dichte der Höhenlinien und damit von der Geländeneigung abhängig ist. Hier besteht sowohl die Möglichkeit der Dreiecksvermaschung als auch der Berechnung eines gitterförmigen DGM.

Digitale Geländemodelle bilden heute die Basis für zahlreiche Anwendungen bzw. für die Herstellung von Folgeprodukten mittels entsprechender Zusatzprogramme. Hierzu gehören:

- Die Interpolation und Konstruktion von Höhenlinien und ihre Darstellung in topographischen Karten.
- Die schattenplastische Darstellung des Geländes durch Schummerung (vgl. 4.5.2), deren ursprünglich manuelle Erzeugung heute vollständig automatisierbar ist. Hierbei wird unter Annahme einer bestimmten Beleuchtungsrichtung den einzelnen Vierecken eines Gittermodells in Abhängigkeit von ihrer Neigung und Lage zur Lichtquelle ein Grauwert zugewiesen. Sind die einzelnen Vierecke in der Abbildung (Karte, Bildschirm eines PC) kleiner als die Auflösung des menschlichen Auges, so entsteht der Eindruck einer sich kontinuierlich verändernden Grautönung entsprechend der Schattenplastik. Die digitale Bearbeitung und Bilderzeugung ermöglicht zugleich Variationen hinsichtlich der Lage der Lichtquelle und ihrer Intensität.
- Die Berechnung und Darstellung von Perspektivansichten, Blockbildern und Panoramen des Geländes, mit und ohne Schummerung, wovon man z.B. auch bei digitalen Atlanten Gebrauch macht (vgl. 7.3.4).
- Die Berücksichtigung bzw. Eliminierung von perspektiven Verzerrungen durch Geländehöhenunterschiede bei der Herstellung von Bildkarten aus Luftbildern, Satellitenbildern sowie Radarbildern (vgl. 5.3).
- Die Berechnung und Darstellung von Längs- und Querprofilen sowie Erdmassenberechnungen im Verkehrswegebau.
- Die Ermittlung von überfluteten Landflächen bei einer Hochwassersimulation.

Nicht unerwähnt bleiben soll auch eine militärische Nutzung. So benötigen sog. Marschflugkörper (Cruise Missile) gespeicherte DGM für ihre Navigation in Bodennähe (*Altmann u a* 1983). Eine umfangreiche Auflistung weiterer Anwendungen findet man bei *Bill* (1999).

7.3 Digitale Informationssysteme

Der Übergang von den analogen Kartenwerken mit ihren zwangsläufig begrenzten Darstellungs- und Nutzungsmöglichkeiten zu den umfangreicheren und leistungsfähigeren digitalen Informationssystemen spiegelt sich in besonderem Maße im amtlichen Vermessungs- und Kartenwesen wider. Hierzu gehören die Umstellung des Liegenschaftskatasters und der topographischen Kartenwerke durch die Landesvermessungsbehörden und das Bundesamt für Kartographie und Geodäsie (BKG) sowie die Überführung des analogen Seekartenwerks in die ‚Elektronische Seekarte' durch das Bundesamt für Seeschiffahrt und Hydrographie (BSH). Ähnliches gilt auch für privatkartographische Produkte, wie z.B. digitale Straßenkarten und hierauf basierende digitale Systeme für die Fahrzeugnavigation und schließlich auch digitale Atlanten. Letztgenannte Produkte basieren allerdings hinsichtlich ihres topographischen Inhalts, wie auch schon die analogen Karten, auf den Ergebnissen der behördlichen Landesaufnahme und Kartographie.

Im Folgenden werden die wesentlichen Merkmale der amtlichen kartographischen Informationssysteme sowie die digitaler Atlanten vorgestellt. Die Umstellungsprozesse sind größtenteils noch nicht abgeschlossen. Neben den großen zu verarbeitenden Datenmengen ist es vor allem auch die Weiterentwicklung der Datenverarbeitung, die fortlaufende Veränderungen bei den Systemumstellungen notwendig macht, wodurch sich die Fertigstellung entsprechend verzögert. Zugleich müssen die Daten auch immer wieder aktualisiert werden.

7.3.1 Die Automatisierte Liegenschaftskarte (ALK)

Der Erfassung und Ordnung von Grund und Boden dienen in Deutschland das Liegenschaftskataster und das Grundbuch. Das *Liegenschaftskataster* weist auf der Basis von Vermessungen die Einteilung des Bodens in Flur- bzw. Grundstücke nach und enthält Angaben über deren Lage, Größe, Nutzung usw.. Seine Einrichtung und Fortführung ist Aufgabe der Vermessungsbehörden in den Bundesländern, vertreten durch die Vermessungs- und Katasterämter. Das *Grundbuch* regelt die rechtlichen Aspekte an einem Grundstück, wie das Eigentum, Dienstbarkeiten und Belastungen. Seine Führung obliegt den Amtsgerichten.

Das Liegenschaftskataster hat seinen Ursprung im Grundsteuerkataster des 19. Jahrhunderts, dessen Ziel eine einheitliche und gerechte Besteuerung von Grund und Boden war. Seine erste Erweiterung erfuhr es durch die Übernahme der Ergebnisse der Bodenschätzung (Bodenbeschaffenheit und Ertragsfähigkeit) für landwirtschaftlich genutzte Flächen. Heute bildet es die Grundlage für zahlreiche Anforderungen aus Wirtschaft und Verwaltung, für den Natur- und Umweltschutz sowie für Planungen und bodenordnerische Maßnahmen. Basis des Liegenschaftskatasters ist die Einteilung des Bodens in abgegrenzte Flurstücke als Elementareinheit mit ihren Geometrie- und Sachdaten. Diese Daten gliedern sich in zwei Bereiche, wobei die Flurstücksnummer das verbindende Merkmal bildet:

- Die *Liegenschaftskarte* dient der geometrisch-graphischen Darstellung der Flurstücke mit den Flurstücksgrenzen und -nummern, Gebäuden, Nutzungsarten und -grenzen, ggf. auch Ergebnissen der Bodenschätzung, sowie weiteren topographischen Einzelheiten und sonstigen Angaben.

- Das *Liegenschaftsbuch* enthält als beschreibender (textlicher) Teil u.a. Angaben zur Lage und Fläche der Flurstücke, zu den Nutzungsarten, zu öffentlich-rechtlichen Festlegungen (z.B. Baulasten, Naturschutz), über die Eigentümer sowie zur Bodenschätzung.

Erste Bestrebungen, das analog geführte Liegenschaftskataster in eine digitale und damit automationsgerechte Form umzuwandeln, gehen bereits auf die siebziger Jahre zurück und führten schließlich zum *Automatisierten Liegenschaftskataster-Informationssystem* (ALKIS) mit den Bestandteilen *Automatisierte Liegen-*

schaftskarte (ALK) und *Automatisiertes Liegenschaftsbuch* (ALB). Die *ALK* bildet nach wie vor die geometrische Basis und enthält:

- Die Geometriedaten (Koordinaten) für die Flurstücksgrenzen bzw. Grenzmarken, für die Gebäudegrundrisse sowie ggf. für weitere topographische Einzelheiten.

- Die Sachdaten, wie Flurstücksnummern, Flur- und Gemarkungsgrenzen, Gebäudenutzung, Hausnummern, Flächennutzung, ggf. Bodenschätzung, Beschriftungen u.a..

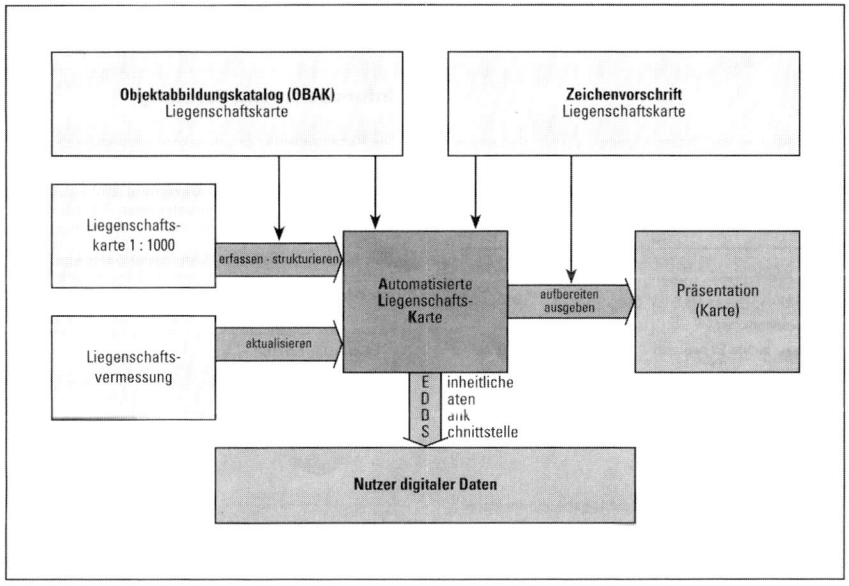

Abb. 7.3.1: Schematischer Aufbau der ALK (Landesvermessung & Geobasisinformation Niedersachsen)

Die Datengewinnung erfolgt durch Digitalisierung (Vektorisierung) bestehender Liegenschaftskarten sowie durch Neuvermessungen. In einem Objektschlüsselkatalog (OSKA) werden die zu erfassenden Objekte festgelegt. Der Objektabbildungskatalog (OBAK) enthält schließlich die Vorschriften zur Bildung der Objekte sowie zu ihrer Abbildung in der ALK. Die Speicherung der Daten in der ALK-Datenbank wird getrennt nach Objektarten in sog. Fachfolien vorgenommen, wie z.B. für Flurstücksdaten, Gebäude, Flächen und ihre Nutzung, sonstige topographische Objekte u.a.. Hinzukommen Dateien für die Festpunkte sowie für die Messungselemente, die der Koordinatenberechnung zugrunde liegen.

Die ALK kann dann sowohl in digitaler als auch in graphischer Form (Liegenschaftskarte) ausgegeben werden, letztere bis zum Maßstab ≥1:5000.

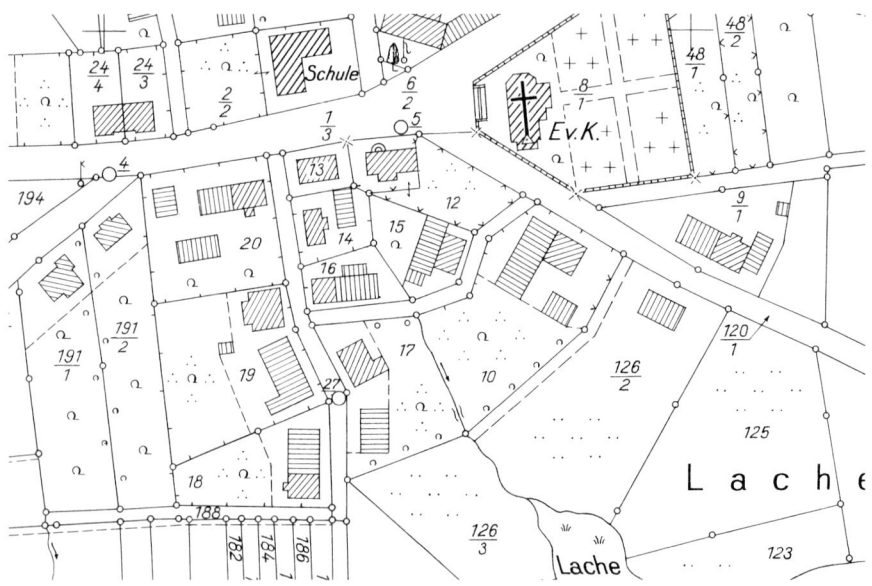

Abb. 7.3.2: Ausschnitt aus einer Liegenschaftskarte 1: 2500

Die Fertigstellung der ALK liegt je nach Bundesland zwischen 15% und 100%, durchschnittlich etwa bei 72% (*Schüttel* 2003). In einigen Bundesländern wurden auch veränderte Konzepte verfolgt. So verfügt z.B. Hamburg über eine Digitale Stadtgrundkarte (DSGK), welche zahlreiche zusätzliche Objekte und Sachdaten enthält. Eine weitergehende Vereinheitlichung unterschiedlicher Vorgehensweisen wird allerdings angestrebt. Ausführliche Informationen zum Liegenschaftskataster findet man z.B. bei *Herzfeld u. Kriegel* (1973 ff.).

7.3.2 Amtliches Topographisch-Kartographisches Informationssystem (ATKIS)

Im Jahre 1989 beschloß die ‚Arbeitsgemeinschaft der Vermessungsverwaltungen der Länder der Bundesrepublik Deutschland' (AdV) nach längeren Vorarbeiten, die Kartenwerke von 1:25.000 bis 1:1Mill. in ein digitales Informationssystem zu überführen. Dieses sollte unter der Bezeichnung *Amtliches Topographisch-Kartographisches Informationssystem* (ATKIS) aus zwei Komponenten bestehen: Den inhaltsreichen und genauen *Digitalen Landschaftsmodellen* (DLM) und den vereinfachten (generalisierten) *Digitalen Kartographischen Modellen* (DKM). Aus letzteren sollten dann die analogen topographischen Karten abgeleitet werden. Nach mehr als zehn Jahren der Entwicklung sowie umfangreicher Datenerfassungen für die DLM durch die Landesvermessungsbehörden und das Bundesamt für Kartographie und Geodäsie (BKG) wurde die ursprüngliche Konzeption überarbeitet und modifiziert. Als Produkte sollen zukünftig zur Verfügung stehen (*Harbeck* 2000):

- Digitale Landschaftsmodelle (DLM),
- Digitale Geländemodelle (DGM),
- Digitale Topographische Karten (DTK),
- Digitale Orthophotos (DOP).

Zugleich wurde das Ziel der bloßen Umstellung der Kartenwerke erweitert. Danach ist ATKIS ein topographisches Informationssystem hoher Genauigkeit, dessen Daten für vielfältige Zwecke genutzt werden können, u.a. auch als Grundlage für die Herstellung topographischer und thematischer Karten.

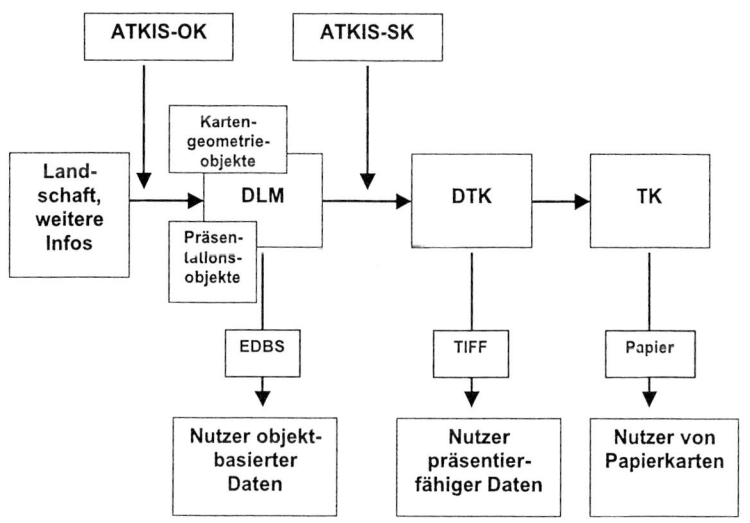

Abb. 7.3.3: Schematische Darstellung von ATKIS (nach *Zahn* 2002)

Ein *Digitales Landschaftsmodell* (DLM) enthält alle wesentlichen topographischen Objekte der Landschaft in vektorisierter Form mit folgenden Merkmalen (vgl. auch 7.2.2):

- Geometrische Festlegung der Objekte durch Landeskoordinaten und ggf. Landeshöhen,

- codierte Angaben zur Objektart, Objektattributen sowie Namen,
- keine über die Erfassungsgeneralisierung hinausgehende kartographische Generalisierung (vgl. 4.3),
- Genauigkeit der Objekte entsprechend ihrer Erfassungsgenauigkeit.

Die Objektklassifizierung und ihre Codierung (Verschlüsselung) werden in einem Objektartenkatalog (ATKIS-OK) festgelegt.

ATKIS – Objektbereiche						
Festpunkte	Siedlung	Verkehr	Vegetation	Gewässer	Relief	Gebiete
1000	2000	3000	4000	5000	6000	7000
Objektgruppen des Objektbereichs Verkehr (3000)						
3100	Straßenverkehr					
3200	Schienenverkehr					
3300	Flugverkehr					
3400	Schiffsverkehr					
3500	Anlagen und Bauwerke für Verkehr, Transport u. ä.					
Objektarten der Objektgruppe Straßenverkehr (3100)						
3101	Straße					
3102	Weg					
3103	Fußgängerzone					
3104	Platz					

Attribute der Objektart Straße (3101)		**Attributwerte** von WDM	
BDF	Breite der Fahrbahn	1301	Bundesautobahn
OFL	Lage zur Erdoberfläche	1302	Bundesauto.u. Europastr.
ZUS	Zustand	1303	Bundesstraße
FTR	Fahrbahntrennung	1304	Bundesstr. u. Europastr.
FKT	Funktion	1305	Landes- o. Staatsstraße
WDM	Widmung	1306	Kreisstraße
ENM	Eigenname	1307	Gemeindestraße
BRO	Breite des Objekts	9999	Sonstiges
FSZ	Anzahl der Fahrstreifen		
OFM	Oberflächenmaterial		

Abb. 7.3.4: Aufbau des ATKIS-Objektartenkatalogs (nach *Grothenn* 1988)

Grundsätzlich wäre die Erfassung und ständige Aktualisierung eines einzigen DLM ausreichend, vergleichbar mit einer Grundkarte wie der DGK5 als Ergebnis der Landesaufnahme, aus dem dann alle weiteren DLM und schließlich auch die DTK durch Generalisierung ableitbar wären. Die hierzu notwendige automatisierte Generalisierung ist z.Z. jedoch nur partiell möglich und bedarf noch erheblicher interaktiver Unterstützung (vgl. *Zahn* 2002). Daher sieht das AdV-Konzept zunächst die Einrichtung mehrerer DLM vor:

- Ein *Basis-DLM* (Digitales Basis-Landschaftsmodell), inhaltlich etwa vergleichbar mit der DGK 5, bildet das inhaltsreichste und genaueste Modell. Welche Objekte zu erfassen sind, wird im Basis-OK (Objektartenkatalog) geregelt. Die Datengewinnung erfolgt durch Übernahme von Daten aus der ALK (vgl. 7.3.1) sowie durch Vektordigitalisierung der DGK 5 bzw. TK 10 und großmaßstäbiger Orthophotos, ggf. auch durch Neuaufnahme (z.B. Luftbildmessung). Die Lagegenauigkeit entspricht der Erfassungsgenauigkeit, mindestens jedoch der der DGK 5 von ±3 m. Der Bearbeitungsstand ist in den einzelnen Bundesländern sehr unterschiedlich. Ein Abschluß der Erfassungsarbeiten ist für das Jahr 2006 zu erwarten (*Jäger* 2003).

- Ein *DLM 50*, inhaltlich etwa der bisherigen Topographischen Karte 1:50.000 (TK 50) entsprechend, soll durch Generalisierung aus dem Basis-DLM abgeleitet werden. Über den Stand der automatisierten Generalisierung hierzu berichtet *Birth* (2003). Seine Fertigstellung ist ebenfalls für 2006 geplant.

- Ein *DLM 250* wird durch Digitalisierung des militärischen Kartenwerks ,Joint Operations Graphics 1:250.000' (JOG 250) gewonnen. Die Bearbeitung erfolgt durch das BKG und ist noch nicht abgeschlossen.

- Ein *DLM 1000* entsteht schließlich aus der Digitalisierung der Topographischen Übersichtskarte 1:500.000 (ÜK 500) ebenfalls durch das BKG und liegt fertig vor.

Ein *Digitales Geländemodell* (DGM), welches mit hinreichender Genauigkeit die Geländeoberfläche repräsentiert (vgl. 7.2.3), würde ebenfalls ähnlich einem einzigen DLM ausreichen, um hieraus vielfältige Informationen zu entnehmen. Um jedoch sehr unterschiedlichen Nutzeranforderungen gerecht zu werden, hat die AdV qualitativ unterschiedliche DGM vorgeschlagen (*Harbeck* 2000, *Jäger* 2003):

- Ein *DGM 5/10* mit einer Gitterweite ≤ 20 m und einer Höhengenauigkeit von ±0,5 m (Qualitätsstufe 1).
- Ein *DGM 25* mit einer Gitterweite ≤50 m und einer Höhengenauigkeit von ±1 m im Flachland und ±3 m im Gebirge (Qualitätsstufe 2).
- Ein *DGM 50* mit einer Gitterweite > 50 m und einer Höhengenauigkeit von ±5 m (Qualitätsstufe 3).

Die Datengewinnung erfolgt je nach Qualitätsstufe durch Digitalisierung der Höhenlinien aus den topographischen Karten großen und mittleren Maßstabs mit anschließender DGM-Berechnung sowie durch Neuvermessung, wie z.B.

Laser-Scanning (vgl. 3.5). Die ursprünglich vorgesehene Integration in die DLM unter dem Objektbereich 6000 (Relief) ist zunächst zugunsten einer separaten Einrichtung aufgegeben worden. Der Bearbeitungsstand ist in den einzelnen Bundesländern sehr unterschiedlich. Das BKG soll aus den genauesten DGM der einzelnen Bundesländer das DGM 25 für das gesamte Bundesgebiet bearbeiten. Darüber hinaus verfügt das BKG über ein DGM 250, abgeleitet aus der Digitalisierung der Höhenlinien der TK 50, mit einer Gitterweite von etwa $30 \times 20 m^2$ und einer Höhengenauigkeit von ±20 m sowie ein wiederum hieraus berechnetes DGM 1000 (*Jäger* 2003).

Digitale Topographische Karten (DTK) und ihre analogen Ausgaben, die Topographischen Karten (TK), sollen aus den entsprechenden DLM (die Höhenlinien aus den DGM) ebenfalls im Vektorformat abgeleitet werden:

- Die *DTK 10* und die *DTK 25* für die Ausgabe im Maßstab 1:10.000 (TK 10) und 1:25.000 (TK 25) aus dem Basis-DLM.
- Die *DTK 50* für die Ausgabe einer TK 50 und einer TK 100 aus dem DLM 50.
- Die *DTK 250* für die Ausgabe der Topographischen Übersichtskarte TÜK 250 und der Übersichtskarte ÜK 500 aus dem DLM 250.
- Die *DTK 1000* für die Ausgabe der Karte der Bundesrepublik Deutschland 1:1 Mill. (D 1000) aus dem DLM 1000.

Abb. 7.3.5: Orthophoto 1: 5000 (vgl. auch Abb. 5.3.2), überlagert mit Inhalten der ALK (Landesvermessung & Geobasisinformation Niedersachsen)

Voraussetzung hierfür ist eine automatisierte, aber z.Z. nur interaktiv durchführbare kartographische Generalisierung der detaillierten DLM (s.o.) und Darstellung der Objekte entsprechend einem Signaturenkatalog (ATKIS-SK). Als vorläufige Produkte stehen die derzeitigen analogen Kartenwerke von 1:25.000 bis 1:1 Mill. im Rasterformat beim BKG zur Verfügung (*Endrullis* 2000).

Für die Herstellung *Digitaler Orthophotos* (DOP) sollen Schwarz-Weiß- oder Farb-Luftbilder, aufgenommen mit einer Normal- oder Weitwinkelkamera, Verwendung finden (vgl. 3.4 und Kap. 5). Die Bildmaßstäbe sollen zwischen 1:12.000 und 1:18.000 liegen und die Digitalisierung der Bilder (im Rasterformat) soll eine Bodenauflösung von 40×40 cm^2 gewährleisten. Spätestens im Jahre 2005 dürften die DOP flächendeckend verfügbar sein (*Jäger* 2003). Neben der Ausgabe als einfache Luftbildkarte, z.B. im Maßstab 1:5000, sind auch Kombinationen mit Vektordaten aus ALKIS oder ATKIS möglich.

Um den Zugang zu den Daten von ATKIS für alle Interessenten zu vereinfachen, werden diese zentral durch das Geodatenzentrum des Bundesamtes für Kartographie und Geodäsie (BKG) verwaltet und zur Verfügung gestellt (*Endrullis* 2000).

7.3.3 Die Elektronische Seekarte

Seekarten sind als thematisches Kartenwerk für die Sicherheit des Seeverkehrs unentbehrlich und unterliegen daher der Notwendigkeit zur ständigen Aktualisierung (vgl. 7.1.2). Dies bedeutet u.a., dass der Druck der Karten nur in geringer Auflage erfolgt, da die gedruckten Exemplare ggf. noch vor ihrer Abgabe an die Nutzer manuell zu korrigieren sind. Zusätzlich müssen die Nautiker durch spezielle Mitteilungen (z.B. Nachrichten für Seefahrer des BSH) laufend über Veränderungen informiert werden, welche diese dann in ihre Seekarten an Bord des Schiffes zu übernehmen haben. Nicht zuletzt dieser Aufwand hat bei den verantwortlichen Institutionen, wie etwa dem Bundesamt für Seeschiffahrt und Hydrographie (BSH), bereits in den achtziger Jahren zu Überlegungen geführt, das analoge Kartenwerk durch ein digitales System, die *Elektronische Seekarte* oder Electronic Navigational Chart (ENC), abzulösen (*Hecht* 1989, *Hecht* u.a. 1999).

Seit 1996 wurde durch die Britische Admiralität ein rasterdigitalisiertes Seekartenwerk unter dem Namen *Admiralty Raster Chart System* herausgegeben, welches bereits einige über die analogen Karten hinausgehende Funktionen ermöglichte. Nahezu gleichzeitig wurde durch die ‚International Maritime Organisation' (IMO) die Einrichtung eines *Electronic Chart Display and Information System* (ECDIS) beschlossen, dessen zentraler Bestandteil die Elektronische Seekarte auf Vektorbasis sein sollte. Neben der Präsentation des Seekarteninhalts auf einem Graphikbildschirm soll ECDIS folgenden Funktionen erfüllen:

- Wahlweise Überlagerung des Karteninhalts mit Zusatzinformationen insbesondere zur Navigation, wie Schiffsposition, Kurs, Geschwindigkeit, Radarbild,

- kontinuierliche Verschiebung des Karteninhalts auf dem Bildschirm mit der Schiffsbewegung und kontinuierliche Maßstabsänderungen,
- Ausblendung von ggf. nicht erforderlichem Inhalt bis hin zu einer Basisdarstellung,
- Automatische Kurseinhaltung und Fahrtüberwachung mit Gefahrenwarnung, wie z.B. bei zu geringer Wassertiefe,
- Abfrage von Zusatzinformationen, wie z.B. der Charakteristik eines Leuchtfeuers,
- ständige Aktualisierung des Inhalts über geeignete Datenträger, ggf. auch ‚Online' über Satelliten.

Die Datengewinnung für die Elektronische Seekarte erfolgt zunächst durch Vektordigitalisierung der Seekartenoriginale und schließlich durch aktuelle Seevermessungen. Das BSH hat bislang große Teile des Nord- und Ostseeraums insbesondere im Küstenbereich bearbeitet. Ausführliche Informationen zu ECDIS findet man bei *Hecht u.a.* (1999).

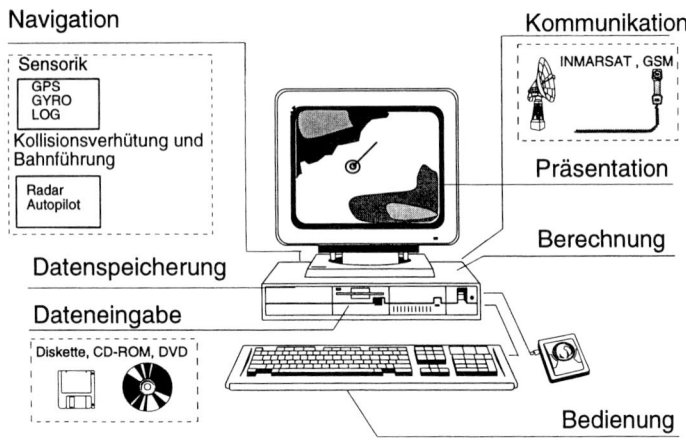

Abb. 7.3.6: Komponenten der Elektronischen Seekarte (nach *Hecht u.a.* 1999)

7.3.4 Digitale Atlanten

Konventionelle (analoge) Atlanten mit ihren unterschiedlichen Erscheinungsformen sind in ihren Nutzungsmöglichkeiten relativ begrenzt. Die in ihnen enthaltenen Informationen sind graphisch unveränderlich fixiert und die einzelnen Karten sind je nach Maßstab schon bei Herausgabe des Atlas inhaltlich nicht mehr auf dem neuesten Stand. Abhilfe können hier *digitale Atlanten* schaffen, auch als elektronische oder auch virtuelle Atlanten bezeichnet, deren Präsentation und Nutzung über digitale Datenträger und Graphikbildschirme erfolgt, und wie sie seit den 90-er Jahren zugleich mit dem Fortschritt bei den rechnergestützten kartographischen Verfahren entwickelt werden. Sie weisen je nach Ausstattung und Atlastyp über den Nutzungsgrad konventioneller Atlanten hinausgehende Funktionen und Informationen auf, wie

- Darstellung von Texten, Tabellen, Bildern, Graphiken,
- Variationsmöglichkeiten der anzuzeigenden Kartenausschnitte sowie deren kontinuierliche maßstäbliche Veränderung,
- unmittelbarer Vergleich mehrerer Karten bzw. Kartenausschnitte gleicher oder verschiedener Gebiete, Maßstäbe und Themen auf dem Bildschirm,
- Ein- und Ausblenden einzelner Objekt- und Informationsebenen,
- rechnergestützte kartometrische Auswertungen (vgl. 9.3),
- Verwendung eigener Daten und Verknüpfung mit vorhandenen Daten und Karten, sowie ggf. Datenaktualisierung auch über das Internet, und
- interaktive Variationsmöglichkeiten von Karten und thematischen Daten sowie der Betrachtungs- und Darstellungsgeometrie.

Die Atlanten lassen sich hinsichtlich ihres Nutzungspotentials (View-only oder interaktiv) und ihrer Ausgabeform (Online oder Offline) unterscheiden (vgl. *Asche* 2001, *Hurni u.a.* 2001, *Hake u.a.* 2002):

- *View-only-Atlanten* entsprechen am ehesten noch der analogen Form und weisen nur wenige zusätzliche Funktionen auf,
- *Interaktive Atlanten* haben zahlreiche von den Nutzern aktivierbare Variationsmöglichkeiten,
- *Atlanten auf Datenträgern* (Offline-A.) enthalten alle Daten und Funktionen auf einer CD-ROM und sind ansonsten unveränderbar,
- *Webatlanten* (Online-A.) sind über das Internet weltweit verfügbar und ermöglichen weitergehende interaktive Schritte, wie die Integration verschiedener Medien, die Verknüpfung mit externen Datenbanken sowie kürzere Aktualisierungszeiten.

Ein Beispiel für ein interaktives System ist der *Atlas der Schweiz*, ein Nationalatlas (vgl. 7.1.3), der viersprachig (deutsch, französisch, italienisch, englisch) auf einer CD-ROM herausgegeben wird (*Hurni* 2000). Der Atlas besteht aus einer Basiskarte mit mehreren wählbaren Kartenebenen (Relief, Gewässer, Grenzen, Verkehrsnetz, Siedlungen) sowie aus einer großen Zahl thematischer Karten (Statistikkarten) für die Schweiz und Europa. Neben der Darstellung der Topographie sind es die Themen ‚Gesellschaft, Wirtschaft, Staat und Politik, Internationales' mit zahlreichen Untergliederungen. Weitere Kennzeichen sind:

- Auf einer *Referenzkarte* können Kartenausschnitte, in Größe und Maßstab variabel für alle Darstellungen, gewählt werden.

- Ein *Index* ermöglicht über eine Indexliste oder ein Schriftfeld das Auffinden bestimmter Raumeinheiten (Siedlungen, Landschaften) mit Angabe von Landeskoordinaten und Höhen.
- Bei der Wiedergabe des Geländes durch Schattenplastik (Schummerung) mit und ohne farbige Höhenschichten kann zwischen der Darstellung als *Kartenrelief* (Orthogonaldarstellung), *Blockbild* (Perspektivdarstellung) oder *Panorama* (Betrachtung von einem Standort) gewählt werden, wobei Beleuchtungsrichtung sowie Betrachtungsstandort, -höhe und -entfernung variabel sind.
- Die *thematischen Karten* können mit den verschiedenen Ebenen der Basiskarte kombiniert werden. Bei vielen Themen ermöglichen Zeitachsen die Wahl bestimmter Zeitpunkte oder Zeitperioden. Ebenso sind bei Histogrammen die Klassenbildung und die Farbgebung veränderbar.

Eine Ausgabe als Webatlas ist insbesondere im Hinblick auf eine einfachere Aktualisierung der thematischen Karten geplant.

8. Kartenherstellung

Am Ende eines kartographischen Arbeitsprozesses steht, ausgehend von topographischen, thematischen oder Bilddaten, die Erzeugung eines graphischen Bildes, sei es auf dem Bildschirm eines PC oder als gedrucktes Exemplar. Bis in die neunziger Jahre folgte die Herstellung weitgehend einem auf fast alle Karten zutreffenden Schema, ausgehend vom Kartenentwurf, über die Herstellung des Originals bis zur Vervielfältigung durch Kopier- oder Druckverfahren. Die Entwicklung der EDV und hier insbesondere die der graphischen Datenverarbeitung mit ihrer immer leistungsfähigeren Hard- und Software hat die manuellen Arbeitsprozesse weitgehend abgelöst, so dass heute eine zumindest EDV-gestützte, wenn nicht sogar eine automatisierte Herstellung von Karten möglich ist. Die folgenden Ausführungen sollen einen Überblick über die Verfahrensweisen und den prinzipiellen Ablauf der Kartenherstellung geben.

8.1 Graphische Datenausgabe

In den Anfängen der Landesaufnahme zwecks Kartenherstellung hat man zunächst Verfahren eingesetzt, die unmittelbar zu einem graphischen Bild als Kartenentwurf führten. Hierzu gehörte die Meßtischtachymetrie ebenso wie die analoge Luftbildauswertung (vgl. Kap.3). Mangels geeigneter Rechenhilfsmittel für die Verarbeitung umfangreicher Datenmengen war es ein erklärtes Ziel, „Rechnungen zu vermeiden". Dies hat sich seit den siebziger Jahren des 20. Jh. grundlegend gewandelt, zunächst nur für reine Rechenprozesse, d.h. die Ablösung manueller Berechnungen durch die EDV, und schließlich auch für die der manuellen Zeichnung durch die programmgesteuerte graphische Ausgabe. Für die Präsentation eines analogen Kartenbildes muß der in digitaler Form vorliegende Karteninhalt durch eine Digital-Analog-Wandlung in graphische Zeichen umgewandelt werden.

8.1.1 Bild- und Zeichnungsträger

Graphische Bilder werden entweder vorübergehend auf dem Bildschirm eines Rechners präsentiert oder dauerhaft auf einem Bild- bzw. Zeichnungsträger. Das Material für letztere ist abhängig von seinem Verwendungszweck als Zwischen- oder als Endprodukt in einem Herstellungsprozeß. Welcher Träger an welcher Stelle Verwendung findet, ist von den jeweils hierbei erforderlichen Eigenschaften abhängig. Hierzu gehören:

- Eine gute *Haftung* für Zeichenmittel, wie Bleistiftgraphit, Zeichentusche, Tinte oder Druckfarbe.
- Gute *Korrektureigenschaften*, wie z.B. beim Radieren einer Bleistiftzeichnung oder beim mechanischen Entfernen von Tusche.

- *Transparenz* für das Hochzeichnen vom Kartenentwurf oder für Kontaktkopien im Reproduktionsprozeß.
- *Maßbeständigkeit* für den exakten Übereinanderdruck von Farben.

Papier als einfachster Zeichnungsträger findet in unterschiedlicher Zusammensetzung und Qualität Anwendung und zwar als Kopierpapier für die Vervielfältigung nur weniger Exemplare, als Zeichenkarton etwa bei der Anfertigung eines Kartenentwurfs, als Kartenpapier für eine höhere Beanspruchung gedruckter Karten und als mit Kunststoff verstärktes PE-Papier bei photographischen Kopien. Für das Zeichnen oder Bedrucken ist eine glatte Oberfläche erforderlich. Die Maßbeständigkeit wird durch den Einfluß von Lufttemperatur und Luftfeuchtigkeit so beeinträchtigt, dass Kartenpapier für den Mehrfarbendruck in klimatisierten Räumen verarbeitet wird.

Kunststoff-Folien auf PVC- oder Polyesterbasis sind transparent und ausreichend maßhaltig. Sie bildeten lange Zeit die Grundlage für die Herstellung der Kartenoriginale durch Tuschezeichnung oder Schichtgravur sowie für Zwischenprozesse in der Kartenvervielfältigung. Ihre Bedeutung ist mit der rechnergestützten Kartenherstellung sehr zurückgegangen.

Film als Basis für photographische Emulsionen besteht entweder aus Acetatzellulose oder Polyester, wobei nur letzteres von ausreichender Maßbeständigkeit ist. Er spielte eine wesentliche Rolle bei der Erzeugung eines Positivs von einer Negativ-Schichtgravur als Kartenoriginal sowie bei der Anfertigung exakter Verkleinerungen oder Vergrößerungen durch die Reproduktionsphotographie. Heute ist er lediglich für die Herstellung von Druckvorlagen durch Reproscanner von Bedeutung.

8.1.2 Kartier- und Zeichentechnik

Unter *Kartieren* versteht man zunächst das exakte Abtragen von Koordinaten für die darzustellenden Objektpunkte sowie das ebenso exakte Verbinden der Punkte zu Objekten, manuell oder mit Hilfe von EDV-gesteuerten Plottern. Das Ergebnis ist eine *Kartierung*, i.d.R. ein Kartenentwurf. Das eigentliche *Zeichnen* ist die graphisch exakte Gestaltung. Manuelles Kartieren und Zeichnen wird heute nur noch in Ausnahmefällen angewandt. Die Herstellung der Kartenoriginale kann durch Tuschezeichnung, Schichtgravur oder Lichtzeichnung erfolgen. Die EDV-Zeichnung setzt einen digitalisierten Kartenentwurf sowie entsprechende Zeichenprogramme voraus.

Für alle graphischen Elemente eines Kartenoriginals wird im Hinblick auf die Lesbarkeit, insbesondere bei mittel- und kleinmaßstäbigen Karten, eine hohe Präzision gefordert, wie

- scharf abgegrenzte lichtundurchlässige Linien exakt gleicher Breite,
- exakte Parallelität bei doppellinigen Objekten,
- Linienstärken ≥ 0,05 mm,
- exakte Schrift- und Signaturenzeichnung.

Die *Tuschezeichnung* ist das älteste Verfahren. Ihre manuelle Durchführung, insbesondere auf transparenter Folie, erforderte neben speziellen gut deckenden Tuschen und speziellen Zeichengeräten (Ziehfeder, Tuschefüller, Zeichenfeder) lange Übung und feinmotorische Begabung. Ein besonderer Nachteil war auch die schwierige, weil nur mechanisch mögliche Korrektur bei Zeichenfehlern bzw. Kartennachführungen (Herausschaben). Für einfache Kartenprodukte mit geringeren Qualitätsansprüchen wie z.B. Liegenschaftskarten, großmaßstäbigen Plänen für Bauprojekte o.ä. ist die Tuschezeichnung heute in der EDV-Ausführung üblich. Voraussetzung ist eine im Vektorformat digitalisiert vorliegende Karte. Eine weitere Möglichkeit ist die Ausgabe mit einem Rasterplotter (vgl. 8.1.4).

Seit den 60-er Jahren des 20. Jh. wurde die Tuschezeichnung zunehmend durch die *Schichtgravur* abgelöst. Das Prinzip bestand darin, eine auf einer Folie befindliche transparente Gravurschicht mit einem präzisen Gravurgerät, versehen mit austauschbaren Stahlstichen bzw. Saphiren für unterschiedliche Strichbreiten, an den Zeichenstellen zu entfernen. Zu diesem Zweck wurde der Kartenentwurf aufkopiert bzw. auf einem Leuchttisch unterlegt und hochgraviert. Das Ergebnis war, sofern die Gravurschicht für das in der Reproduktionstechnik übliche photographisch wirksame UV-Licht undurchlässig war, ein Negativ, welches durch Abdecken und Nachgravieren einfach korrigiert werden konnte. Diese Methode war leichter erlernbar und durchführbar bei i.a. besserer Qualität als die der Tuschezeichnung. Ein positives Kartenbild erhielt man durch eine photographische Kopie auf Film, der dann zugleich die Druckvorlage für die Druckplattenherstellung war. Die Schichtgravur wurde auch noch mit programmgesteuerten Flachbettplottern (vgl. 8.1.4) angewandt, hat aber ihre frühere Bedeutung verloren.

Bei der *Lichtzeichnung* werden die Zeichenelemente (Punkte, Linien, Schrift, Signaturen) entweder durch kontinuierliche Projektion eines Lichtpunktes auf eine photographische Emulsion (dynamisches Verfahren) oder durch eine Negativ-Lichtscheibe (Schrift und Signaturen) erzeugt (statisches Verfahren). Die Zeichnung erfolgt automatisch über einen Flachbett-Plotter. Voraussetzung ist eine digitalisierter Kartenentwurf und entsprechende Graphik-Software. Das Ergebnis von Belichtung und Entwicklung ist eine positive Zeichnung auf Film, deren Qualität der der Gravur entspricht (*Cummerwie u. Jerosch* 1985). Eine andere Form der Lichtzeichnung kommt bei Reproscannern für die Herstellung von Druckvorlagen auf Film zur Anwendung (vgl. 8.2.1).

Für den Druck farbiger Flächen mußten *Farbdecker* auf Folie oder Film angefertigt werden, in denen die zu druckenden Flächen lichtundurchlässig waren. Sie dienten zur Herstellung gerasterter Druckvorlagen. Diese Rasterung kann heute über Reproscanner automatisiert erfolgen (vgl. 8.2.1).

Die *Schrift* wurde wegen der speziellen kartographischen Schriftarten und der hohen Qualitätsansprüche bis in die 50-er Jahre fast ausschließlich manuell gezeichnet, eine sehr zeitaufwendige und anspruchsvolle Methode. Sie konnte zunächst zumindest teilweise durch manuell zu bedienende optisch-mechanische Schriftsatzgeräte ersetzt werden, wobei als Ergebnis die Schrift auf einem Diapositivfilm vorlag. Die Platzierung der Namen in der Karte mußte allerdings manuell nach einem zuvor erstellten Schriftentwurf auf einer gesonderten Folie (Schriftoriginal) erfolgen. Die Fortschritte in der EDV und insbesondere auch in der Software für die Schrifterzeugung vereinfachen heute sowohl die Herstellung als auch die Platzierung in den Kartenoriginalen. Ein besonderes Problem ist allerdings nach wie vor die Schriftfreistellung, d.h. die Erzeugung eines geringen Freiraums zwischen Schrift und übriger Kartengraphik zwecks Erhalts der Lesbarkeit.

Ähnlich wie die Schrift war die Zeichnung der *Signaturen* zunächst nur manuell möglich. Später wurden immer wiederkehrende Signaturen vergrößert gezeichnet, photographisch verkleinert und auf einem speziellen Klebefilm (Stripfilm) vervielfältigt. Dies ermöglichte mit Hilfe des Kartenentwurfs eine manuelle Platzierung der Signaturen auf dem Original. Die EDV hat auch hier über entsprechende Software automatisierte Verfahren ermöglicht.

8.1.3 Digital-Analog-Wandlung

Manuelle Kartierung und Zeichnung dürften heute die Ausnahme sein und allenfalls beim Entwurf von durch Generalisierung abgeleiteten topographischen Karten oder thematischen Karten noch eine Rolle spielen. Angestrebt und in vielen Fällen bereits realisiert ist ein digitaler Datenbestand als *Digitales kartographisches Modell* (DKM), welches dann durch *Digital-Analog-Wandlung* in ein graphisches Bild umzusetzen ist. Entsprechend der Digitalisierung graphischer Daten (vgl. 7.2.1) ist hierbei zwischen der Ausgabe im Vektor- und im Rasterformat zu unterscheiden.

Für die Wiedergabe von *Strichkarten*, also topographischen und thematischen Karten, kommen beide Verfahren in Betracht. Liegen hierfür Vektordaten vor, so können diese über ein entsprechendes Ausgabegerät programmgesteuert gezeichnet werden. Für die Wiedergabe stetiger Kurven, wie z.B. Höhenlinien, sind die zu zeichnenden Linienelemente durch ein Interpolationsverfahren so durch geradlinige Vektoren zu ersetzen, dass diese vom Betrachter als stetig gekrümmt wahrgenommen werden. Für die Wiedergabe von Schrift und Signaturen sind besondere Verfahren erforderlich (vgl. *Hake u.a.* 2002). Soll die Ausgabe der Vektordaten im Rasterformat erfolgen, so sind diese zunächst einer Vektor-Raster-Konvertierung zu unterziehen (vgl. *Göpfert* 1991).

Für *Bildkarten* kommt nur die Ausgabe im Rastermodus in Betracht, da diese als sog. Halbtonbilder mit sich kontinuierlich verändernden Tönungen als Bildmatrizen vorliegen, deren Bildelementen (Pixel) bei der Ausgabe wieder ein entsprechender Grau- oder Farbton zugeordnet wird (vgl. 5.1.2).

8.1.4 Geräte für die graphische Wiedergabe

Die vorübergehende Darstellung graphischer Bilder wird durch Graphikbildschirme realisiert, deren Bildaufbau dem Rasterprinzip folgt und deren Farberzeugung auf die additive Farbmischung der spektralen Grundfarben Rot, Grün und Blau zurückgeht. Die Wiedergabe dient hier zunächst der Kontrolle und ggf. auch der interaktiven Überarbeitung des Kartenbildes, kann aber auch Endprodukt sein, wie z.B. bei der ‚Elektronischen Seekarte' oder digitalen Atlanten (vgl. 7.3). Die Umwandlung einer in digitaler Form als DKM vorliegenden Karte in ein dauerhaftes Bild erfordert auf die jeweilige Datenstruktur (Vektor- oder Rasterdaten) abgestimmte Ausgabegeräte (Drucker, Plotter).

Bei *Vektorplottern* entstehen aus den Vektordaten (Koordinaten) Linienverbindungen. Diese setzen sich aus sehr kleinen x,y-Schritten (Inkrementen) zusammen oder sie werden stetig durch eine zuvor berechnete Kurveninterpolation erzeugt. Man unterscheidet hierbei zwei Formen:

- Bei *Flachbettplottern* (Tischzeichnern) wird ein Zeichenkopf elektromechanisch über dem auf einem Zeichentisch befindlichen Zeichnungsträger in x- bzw. y-Richtung bewegt. Der Zeichenkopf enthält je nach gewünschter Zeichnungsform eine Bleistiftmine, einen Tuschefüller, ein Gravurwerkzeug oder eine Belichtungseinrichtung. Präzisionsplotter mit einer Positionsgenauigkeit von etwa ± 0,05mm und einem Format bis DIN A0 ($\approx 0,8 \times 1,2m^2$) ermöglichen die Herstellung von Kartenoriginalen bzw. Druckvorlagen auf einem maßhaltigen Zeichnungsträger bzw. Film.

- Für weniger präzise Zeichnungen eignen sich die preiswerteren *Trommelplotter*, bei denen sich der Zeichnungsträger auf einem Zylinder befindet. Die Zeichnung erfolgt hier in Bleistift oder Tusche und die inkrementalen x,y-Schritte sind auf die Drehung der Trommel (x) und die in Richtung der Trommelachse erfolgende Zeichenkopfbewegung (y) verteilt.

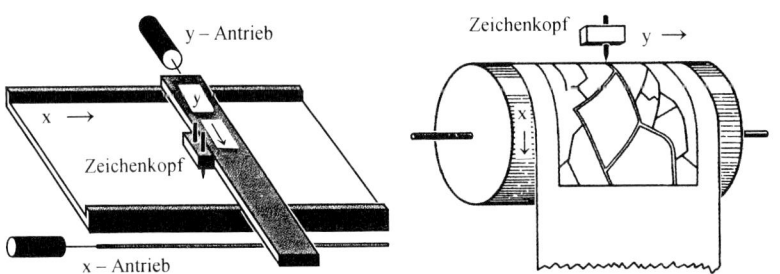

Abb. 8.1.1: Flachbettplotter und Trommelplotter für die graphische Ausgabe im Vektorformat (nach *Hake u.a.* 2002)

Rasterplotter erzeugen Flächenelemente (Pixel) entsprechend den vorliegenden Bildmatrizen, in Schwarz bei einer Strichzeichnung oder in Grau- bzw. Farbtönen bei ein- bzw. mehrfarbigen Bildkarten. Die Geräte entsprechen den Trommelscannern zur Digitalisierung graphischer Vorlagen (vgl. 7.2.1). Der Bildträger befindet sich auf einem Zylinder und die Bildwiedergabe erfolgt zeilenweise durch einen in Richtung der Trommelachse beweglichen Zeichenkopf. Hierzu gibt es verschiedene Verfahren:

- *Laser-Rasterplotter* verwenden einen gebündelten Laserstrahl entweder zur Erzeugung eines elektrostatischen Bildes mit anschließender Anlagerung von Farbpigmenten auf Papier oder Folie ähnlich der Elektrophotographie (vgl.8.2.2) oder sie belichten als *Reproscanner* einen Film mit photographischer Emulsion als Druckvorlage, wobei zugleich eine Aufrasterung für den Druck farbiger Flächen stattfindet (vgl. 8.2.1). Im ersten Fall lassen sich mit den Grundfarben Cyan, Gelb, Magenta sowie Schwarz durch wiederholten Durchlauf farbige Bilder ausgeben.

- *Elektrostatische Rasterplotter* erzeugen zeilenweise elektrostatische Aufladungen ohne Lichteinwirkung. Beim Durchlauf durch einen Flüssigkeitstoner bleiben an den aufgeladenen Stellen Farbpigmente haften. Für farbige Darstellungen muß der Vorgang entsprechend wiederholt werden.

- Bei *Ink-Jet-Plottern* (Tintenstrahlzeichnern) erfolgt die zeilenweise Wiedergabe durch elektronische Ablenkung feiner Farbtröpfchen auf den Zeichnungsträger. Durch Parallelanordnung von Düsen für Cyan, Gelb, Magenta und Schwarz entstehen unmittelbar farbige Bilder.

- *Thermographische Plotter* übertragen mit Hilfe mikroskopisch feiner Heizelemente, die durch entsprechende Signale aktiviert werden, Schmelzfarbe von einem Farbträger bzw. von Farbstiften auf einen Zeichnungsträger. Auch hier können unmittelbar Farbbilder erzeugt werden.

8.2 Vervielfältigungsverfahren

In vielen Fällen soll von einer Karte eine größere Zahl von Exemplaren hergestellt werden, insbesondere dann, wenn hierfür eine große Nachfrage besteht, wie z.B. bei Stadtplänen, Straßenkarten oder amtlichen topographischen Karten mittleren Maßstabs. Ob und in welchem Umfang hier eines Tages ein vollständiger Ersatz durch elektronische Geräte stattfindet, wie etwa bei der ‚Elektronischen Seekarte' kann nicht prognostiziert werden. Vor allem aber wegen ihrer einfachen Handhabbarkeit dürfte die ‚Papierkarte' kaum vollständig zu verdrängen sein.

Die Vervielfältigung kann bei einer nicht allzu großen Zahl von Exemplaren durch Rasterplotter oder Kopierverfahren erfolgen. Bei einer hohen Auflage kommen nach wie vor nur Druckverfahren in Betracht.

8.2.1 Rastertechnik

Für eine qualitativ hochwertige Wiedergabe farbiger Flächen ist insbesondere bei der Vervielfältigung durch Druckverfahren zuvor eine Zerlegung der Flächen in einzelne Druckelemente erforderlich. Dieser Vorgang wird traditionell als *Rastern* oder *Rasterung* bezeichnet und darf nicht mit dem gleichnamigen Prozeß bei der Rasterdigitalisierung verwechselt werden. Zu unterscheiden sind hierbei gleichmäßig getönte Flächen, wie z.B. Wald- oder Gewässerflächen (Vollton), und sich in ihrer Intensität kontinuierlich verändernde Flächentöne, wie z.B. bei einer Geländeschummerung oder einer Bildkarte (Halbton). Je nach Form der Rasterelemente gibt es Punkt-, Linien-, Kreuz- und Strukturraster. Für die o.g. Aufgaben kommen vor allem Punktraster in Betracht, wobei die Punkte quadratisch, elliptisch, kreis- oder kissenförmig sein können.

Die Wiedergabequalität wird durch die *Rasterfeinheit* bestimmt und in Punkten oder Linien je 1cm (L/cm) angegeben. Sie liegt je nach Qualitätsanspruch zwischen 20L/cm beim Zeitungsdruck und 120L/cm beim Kunstdruck. Die Grenze des Auflösungsvermögens des menschlichen Auges liegt bei etwa 50L/cm, d.h. die einzelnen Punkte bzw. Linien können bei Betrachtung in normaler Leseentfernung von der umgebenden weißen Fläche nicht mehr getrennt wahrgenommen werden. Es entsteht der Eindruck einer gleichmäßigen Tönung, deren Helligkeit vom *Rastertonwert* abhängt. Dieser gibt das Verhältnis zwischen der Fläche der Rasterelemente und der Gesamtfläche in % an.

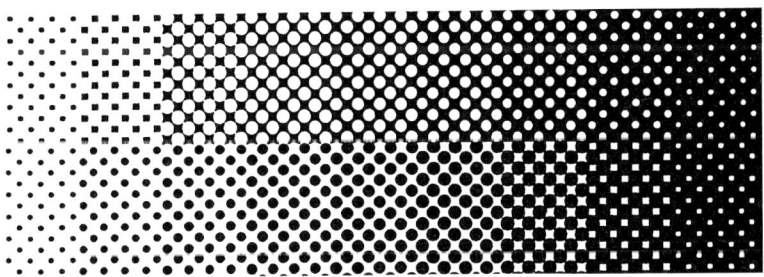

Abb. 8.2.1: Kissen- und kreisförmiger Punktraster (4 L/cm) mit Rastertonwerten von 10% bis 90% (nach *Bestenreiner* 1988)

Die *Volltonrasterung* zur Wiedergabe eines gleichmäßigen Flächentones ermöglicht nicht nur die Variation der Helligkeit einer Farbe durch unterschiedliche Rastertonwerte, sondern auch die Erzeugung beliebiger Mischfarben aus den Grundfarben Cyan, Gelb und Magenta. Rastert man z.B. Cyan (Blaugrün) und Gelb mit drei verschiedenen Tonwerten auf, erhält man 2 × 3 reine Farbtöne verschiedener Helligkeit und durch jeweiligen Übereinanderdruck 9 Mischtöne, also insgesamt 15 Farbtöne zwischen Cyan über Grün bis zum Gelb. Neben den o.g. Grundfarben verwendet man zusätzlich Schwarz zur Verbesserung der sog. Farbtiefe und für bestimmte Kartenelemente (z.B. Schrift).

Abb. 8.2.2: Halbtonrasterung einer Geländeschummerung in 4- bzw. 8-facher Vergrößerung (amplitudenmoduliert)

Die *Halbtonrasterung* ermöglicht die Wiedergabe eines sich in seiner Helligkeit kontinuierlich verändernden Farbtones, des sog. Halbtones, durch eine Rasterung mit sich kontinuierlich veränderndem Rastertonwert. Bei dem für Karten üblichen Offsetdruck (vgl. 8.2.3) werden hierbei unterschiedlich große Punkte bei gleich bleibendem Abstand oder gleich große Punkte in unterschiedlichem Abstand erzeugt. In Anlehnung an Begriffe aus der Nachrichtentechnik spricht man im ersten Fall von einer amplitudenmodulierten und im zweiten Fall von einer frequenzmodulierten Rasterung.

Während das Aufrastern früher auf reproduktionstechnischem Wege vorgenommen wurde, geschieht dies heute programmgesteuert unmittelbar bei der Herstellung der Druckvorlagen bzw. der Druckplatten.

8.2.2 Kopierverfahren

Sollen von einer bereits vorhandenen ein- oder mehrfarbigen graphischen Darstellung (Karte, Schriftstück o.ä.) weitere Exemplare hergestellt werden, so kommt bei nicht allzu großer Stückzahl nur eine Kopie in Betracht. Das heute fast ausschließlich angewandte Verfahren der *Elektrophotographie*, zunächst auch als Xerographie (Trockenschrift) bezeichnet, wurde bereits vor mehr als 40 Jahren entwickelt (vgl. *Bestenreiner* 1988). Das Prinzip besteht darin, eine lichtempfindliche Halbleiterschicht (Selen, Zinkoxyd) elektrostatisch aufzuladen und dann die zu kopierenden Vorlage im Kontakt oder durch Projektion über ein Objektiv aufzubelichten. Die Ladung fließt an den vom Licht getroffenen Stellen (Leerflächen) ab, bleibt aber an den nicht belichteten Zeichnungsstellen erhalten. Trägt man ein entgegengesetzt aufgeladenes Kunstharzpulver (Toner) auf, so haftet dieses nur an den geladenen Zeichnungsstellen. Durch Kontakt mit einem wiederum entgegengesetzt aufgeladenen Zeichnungsträger (Papier oder Folie) wird das Pulver auf diesen übertragen und durch eine kurze Erwärmung haltbar gemacht. Bei farbiger Wiedergabe muß dieser Prozeß für jede der drei Grundfarben Cyan, Gelb und Magenta separat ablaufen.

Heutige Geräte arbeiten vorwiegend mit einer auf einer Trommel befindlichen Selenschicht im Projektionsverfahren oder mit Laserabtastung. Die Laserkopierer können auch unmittelbar digital gesteuert als Rasterplotter eingesetzt werden. Deren Qualität ist bereits mit der des Offsetdrucks vergleichbar.

8.2.3 Druckverfahren

Drucken bedeutet das Übertragen einer auf einer Druckform oder Druckplatte befindlichen Farbe auf einen mit ihr im Kontakt befindlichen Zeichnungsträger. Je nach Lage der druckenden zu den nicht druckenden Stellen auf der Druckform unterscheidet man verschiedene Drucktechniken.

Beim wohl ältesten Verfahren, dem *Hochdruck*, liegen die druckenden (erhaben) über den nicht druckenden Stellen. Die Herstellung der Druckformen erfolgte vorwiegend zunächst durch Holzschnitt. Dies änderte sich erst mit der Erfindung der auswechselbaren und damit immer wieder verwendbaren Buchstaben (Lettern) aus einer speziellen Metall-Legierung durch den Mainzer *J. H. Gutenberg* im Jahre 1445. Die Hauptanwendung des Hochdrucks lag damit beim Druck von Schrift, woraus auch der Begriff ‚Buchdruck‘ resultierte. Seine Bedeutung ist heute aber nur noch gering.

Nahezu gleichzeitig mit dem Hochdruck entwickelte sich im 15. Jahrhundert der insbesondere für Zeichnungen und damit auch für Karten geeignete *Tiefdruck*, zunächst in Form des Kupferstiches. Die Zeichnungsstellen wurden mit Sticheln in eine Kupferplatte als Druckform graviert, lagen also tiefer und nahmen die Farbe auf. Das Verfahren spielte bis in das 20. Jahrhundert im Kartendruck eine wichtige Rolle, so z.B. für die ‚Karte des Deutschen Reiches 1:100.000‘ und das Seekartenwerk. Der Tiefdruck findet heute in Form des sog. Rastertiefdrucks vor allem für die Vervielfältigung farbiger graphischer Produkte, wie Zeitschriften u.ä. Anwendung.

Ein alternatives, für Schrift und Bilder geeignetes Druckverfahren zu den o.g. ist der *Flachdruck*, bei dem druckende und nicht druckende Stellen in einer Ebene liegen, wodurch sich eine geringere Abnutzung der Druckformen ergibt. Die Trennung erfolgt hierbei durch die Eigenschaft der Unvermischbarkeit von Wasser an den nicht druckenden und fetthaltiger Druckfarbe an den druckenden Stellen. Die Erfindung des Flachdrucks geht zurück auf *A. Senefelder* im bayerischen Solnhofen (1796), der einen hierfür besonders geeigneten Kalksandstein an seiner glatt geschliffenen Oberfläche entsprechend präparierte und damit die ‚Lithographie‘ begründete. Das Verfahren wurde ebenfalls bis ins 20. Jahrhundert auch für den Kartendruck genutzt, so z.B. für das ‚Meßtischblatt 1:25.000‘. Beim heutigen indirekten Flachdruck, dem *Offsetdruck*, befindet sich die Druckplatte mit dem seitenrichtigen Druckbild auf dem sog. Druckplattenzylinder, von dem aus es über einen mit einer Gummimatte versehenen Zwischen-(Gummi-)Zylinder auf den Gegendruck-(Papier-)Zylinder übertragen wird. Durch dieses die Druckplatte schonende Verfahren wird eine gleich bleibend hohe Druckqualität auch bei großer Auflage erreicht.

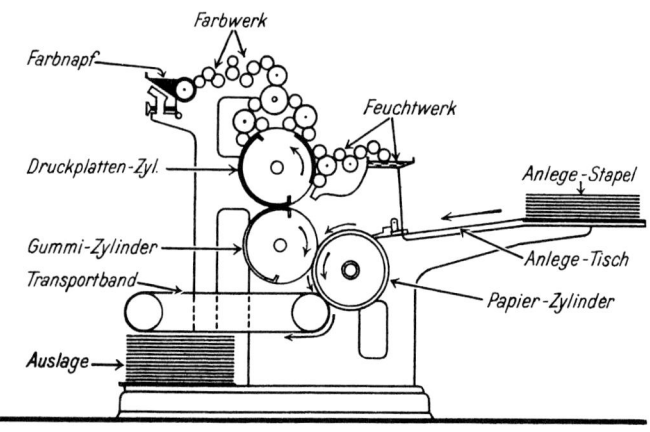

Abb. 8.2.3: Prinzipskizze einer Einfarben-Offsetdruckmaschine

Ein weiteres Druckverfahren ist der *Durchdruck*, dessen Druckform entweder aus einer Schablone oder einem Sieb (Siebdruck) besteht, durch deren offene Stellen die Druckfarbe auf den Druckträger gelangt. Seine Bedeutung liegt hauptsächlich im Plakatdruck oder beim Bedrucken unebener Gegenstände.

Der *Offsetdruck* bestimmt heute dank seines hohen technischen Standards weitgehend die Produktion von Druckerzeugnissen aller Art und ist auch das im Kartendruck übliche Verfahren. Als Druckformen verwendet man Aluminiumplatten mit einer speziellen Oberflächenbehandlung zur Erhöhung der Haftfähigkeit von Flüssigkeiten oder Mehrmetallplatten mit einer dünnen wasserhaltenden und damit fettabstoßenden Chromschicht auf einer fetthaltenden und damit wasserabweisenden Kupferschicht. Die Chromschicht wird nach Aufkopieren des Druckbildes durch Ätzen von den Zeichnungsstellen entfernt, so dass das Kupfer freiliegt und sich fetthaltige Druckfarbe anlagern kann. Für den Mehrfarbendruck werden mehrere Druckwerke hintereinander in einer Druckmaschine angeordnet.

8.3 Herstellungsverfahren

Die Verfahrensweise bei der Kartenherstellung ist zunächst abhängig von der Art der Karte (amtliche topographische Karte, thematische Karte oder Bildkarte) und von den zur Verfügung stehenden technischen Möglichkeiten. Die ursprünglich mit Ausnahme des Kartendrucks weitgehend manuell durchgeführten Arbeiten wurden mit der Entwicklung der EDV zunächst nur partiell durch diese ersetzt bzw. vereinfacht. Eigentliches Ziel ist ein weitgehend automatisierter Ablauf von der Datenerhebung bis zum gedruckten Exemplar, verbunden mit

- einer schnelleren, weil vereinfachten Aktualisierung,
- einer größeren Variationsbreite bei der Kombination verschiedener Objektbereiche für die graphische Ausgabe,
- einer Ausgabe in verschiedenen Maßstäben.

Im Folgenden sollen ausgehend vom herkömmlichen (konventionellen) Verfahren die wesentlichen Merkmale heutiger Kartenherstellung aufgeführt werden. Detailliertere Darstellungen findet man bei *Hake u.a.* (2002), Teilaspekte bei *Bill* (1999) und *Olbrich u.a.* (2002).

8.3.1 Konventionelles Verfahren

Der formale Ablauf einer Kartenherstellung läßt sich wie folgt gliedern:

- Herstellung des Kartenentwurfs,
- Herstellung des Kartenoriginals,
- Vervielfältigung.

Unter einem *Kartenentwurf,* auch Rohkarte oder Kartenmanuskript, versteht man die geometrisch exakte Zeichnung, d.h. die Kartierung des Karteninhalts in Bleistift oder Tusche, jedoch ohne endgültige graphische Ausgestaltung. Die Ausführung kann als Einzelentwurf mit allen Kartenelementen oder getrennt in Teilentwürfen, z.B. Situation, Höhenlinien, Gewässer und Schrift, erfolgen. Grundlage sind Kartierdaten einer topographischen Vermessung, eine zu generalisierende Vorlagenkarte oder Daten für eine thematische Darstellung.

Ein *Kartenoriginal* ist die auf der Basis des Kartenentwurfs und bestehender Zeichnungsvorschriften (Musterblatt, Signaturenkatalog) graphisch exakt ausgestaltete Zeichnung. Bis in die 30-er Jahre des vorigen Jahrhunderts waren Kupferstich und Lithographie vorherrschend. Der Entwurf der meist einfarbig zu druckenden Karten wurde auf die Kupferplatte bzw. den Lithographiestein übertragen und dort unmittelbar graviert bzw. gezeichnet. Kartenoriginal und Druckform waren damit identisch und Korrekturen wurden unmittelbar dort ausgeführt. Die Weiterentwicklung in der Kopier- und Drucktechnik sowie die Herstellung maßhaltiger transparenter Zeichenfolien führten dann zu einer Trennung zwischen Kartenoriginal und Druckform. Die Originalherstellung erfolgte zunächst durch Tuschezeichnung und später durch Schichtgravur. Die Anzahl der Kartenoriginale ist stets gleich der Anzahl der zu druckenden Farben. Beliebige

Farben (auch Schwarz) lassen sich durch Aufrasterung und Übereinanderdruck aus den Grundfarben Cyan, Gelb und Magenta erzeugen, so dass prinzipiell nur drei Originale und damit drei Druckplatten erforderlich wären. Zur Erzeugung einer hinreichenden Farbtiefe wird für Schwarz stets ein weiteres Original erstellt.

Für die *Vervielfältigung* durch Offsetdruck sind aus qualitativen Gründen stets seitenverkehrte Druckvorlagen zur Herstellung der seitenrichtigen (leserichtigen) Druckplatten erforderlich. Man erhielt sie durch eine sog. Folienkopie von den Originalen, wobei zugleich eine Aufrasterung der Vollton- bzw. Halbtonflächen erfolgte. Heute können sie direkt über Reproscanner erzeugt werden. Die Druckvorlagen werden schließlich im Kontakt auf die Druckplatten kopiert.

8.3.2 Von der rechnergestützten zur automatisierten Herstellung

Ziel in der Kartenherstellung war es stets, die zeitaufwendigen Arbeitsprozesse, beginnend mit der Datenerfassung über die kartographische Bearbeitung bis zum Kartendruck, zu beschleunigen, um die Defizite an aktuellen Karten zu verringern. So dauerte die Herstellung eines Blattes der graphisch nicht sehr anspruchsvollen ‚Deutschen Grundkarte 1:5000' (DGK 5) von der Luftbildaufnahme bis zu fertigen Druck- bzw. Kopiervorlage mehrere Monate. Zunächst gab es vor allem Verbesserungen bei manuellen Verfahrensschritten, wie z.B.:

- Ablösung der Tuschezeichnung durch die Schichtgravur,
- Herstellung der Kartenschrift durch optisch-mechanischen Schriftsatz,
- Vervielfältigung häufig auftretender Signaturen durch Reproduktionsphotographie oder
- sog. Abreibverfahren für die Schrift- und Signaturenplatzierung.

Entscheidende Fortschritte ergaben sich schließlich erst durch die EDV und hier vor allem durch die ‚Graphische Datenverarbeitung' (GDV). Damit ist es heute möglich, digitale Daten unmittelbar in ein analoges graphisches Bild umzusetzen, sei es auf dem Bildschirm eines PC oder über Zeichengeräte auf einem Zeichnungsträger. Eine besondere Rolle spielen hierbei sog. CAD-Systeme (Computer Aided Design oder Rechnergestütztes Entwerfen), welche die interaktive Bearbeitung von Zeichnungen am Bildschirm gestatten und damit das konventionelle Zeichnen weitgehend ersetzen. Wenn auch das eigentliche Bestreben eine vollständige Automatisierung der Herstellungsprozesse ist, so kann dies aufgrund der teilweise sehr komplexen Anforderungen bislang nur bei bestimmten Karten realisiert werden. Als nach wie vor schwierig erweist sich die Entwurfsherstellung bei mittel- und kleinmaßstäbigen Karten, bei denen die notwendige Generalisierung eine interaktive Arbeitsweise erfordert. Gleiches gilt auch für thematische Karten mit einer komplexen Aufgabenstellung. Zumindest besteht jedoch immer die Möglichkeit einer *rechnergestützten Bearbeitung*, d.h. einzelne Arbeitsschritte erfolgen über die EDV. Entsprechend ergibt sich bei den einzelnen Kartentypen ein unterschiedlicher Automatisierungsgrad:

- *Großmaßstäbige topographische Karten* lassen sich aufgrund ihrer einfachen graphischen Struktur (einfache Linienelemente, wenige Signaturen) und ihres geringen Generalisierungsgrades heute vollständig automatisiert herstellen. Hierzu gehören auch die ‚Automatisierte Liegenschaftskarte‘ (ALK) sowie ‚Digitale Stadtgrundkarten‘ (vgl. 7.3.1). Hierbei sind Kartenentwurf und -originale identisch. Ihre Ausgabe erfolgt nur bei Bedarf, entweder digital auf einen geeigneten Datenträger oder analog über Vektor- oder Rasterplotter.

- *Topographische Folgekarten* entstehen durch kartographische Generalisierung, deren automatisierte Durchführung bislang nur partiell möglich ist (vgl.7.3.2). Das bedeutet, dass die Entwurfsbearbeitung entweder durch manuelle Zeichnung und anschließende Digitalisierung oder durch Digitalisierung der Grundlagenkarte und anschließendes Generalisieren am Bildschirm erfolgen muß. Das Ergebnis ist ein *Digitales Kartographisches Modell* (DKM), bestehend aus mindestens so vielen unterschiedlichen Objektebenen (Objektbereichen), wie sie später farbig auszugeben sind. Sie bilden damit die Kartenoriginale, welche für die graphische Ausgabe zur Verfügung stehen und welche digital fortgeführt werden. Da der Bedarf an Karten in diesem Maßstabsbereich recht hoch ist, erfolgt i.d.R. eine Vervielfältigung durch den Offsetdruck. Hierfür ist die Ausgabe maßhaltiger Druckvorlagen auf Film über einen Reproscanner (Laser-Rasterplotter) erforderlich, wobei deren Anzahl gleich der Anzahl der zu druckenden Farben ist. Eine unmittelbare Übertragung auf die Druckplatten ohne Druckvorlagen ist ebenfalls möglich (vgl. *Bestenreiner* 1988).

- Die Daten für *Bildkarten* liegen digital im Rasterformat vor, entweder unmittelbar als Ergebnis einer Scanneraufnahme oder nachträglich digitalisiert, wie bei analogen Luftbildern (vgl. 5.1.2). Nach den geometrischen und radiometrischen Korrekturen werden entsprechend der Anzahl der für die graphische Ausgabe erforderlichen Farben Cyan, Gelb und Magenta drei Bildmatrizen als Kartenoriginale erzeugt. Bei Satelliten-Bildkarten werden diese aus den zur Verfügung stehenden ‚Kanälen‘ ausgewählt (vgl. 5.3.2). Bei farbigen analogen Luftbildern wird bei der Digitalisierung eine Farbtrennung durchgeführt. Ein viertes Original ist für Schwarz zur Erzielung einer hinreichende Farbtiefe beim Druck und für kartographische Elemente (Schrift, Kartenrahmen u.a.) erforderlich. Die Ausgabe kann dann je nach Anzahl der gewünschten Exemplare entweder über einen Rasterplotter auf einen Zeichnungsträger, über einen Reproscanner zur Erzeugung von Druckvorlagen oder direkt auf die Druckplatten erfolgen. Die Herstellung von Bildkarten ist damit weitgehend automatisiert.

- *Thematische Karten* weisen im Gegensatz zu topographischen Karten sehr unterschiedliche Gestaltungsvarianten auf (vgl. 6.3). Bei weitgehend standardisierten Darstellungen, wie z.B. Wetterkarten oder Karten zur Bevölkerungsdichte, ist eine unmittelbare Entwurfs- und Originalbearbeitung am Bildschirm über entsprechende Programme möglich (vgl. *Olbrich u.a.* 2002). Ist eine kartographische Generalisierung erforderlich oder handelt es sich um eine komplexe Themenstellung, so ist zunächst ein manueller Entwurf notwendig, der nach Digitalisierung am Bildschirm eines PC weiterbearbeitet werden kann. Die graphische Ausgabe entspricht dann der der topographischen Folgekarten. Ein Sonderfall ist die ‚Elektronische Seekarte', bei der ein vollständiger Datenfluß besteht und deren Endprodukt die graphische Präsentation auf einem Bildschirm ist (vgl. 7.3.3).

Insbesondere die Weiterentwicklung der graphischen Datenverarbeitung in Verbindung mit einer programmgesteuerten Generalisierung wird zu weiteren Fortschritten bei der Automatisierung der Kartenherstellung führen.

9. Kartennutzung

Nicht jeder Gebrauch von Karten erfordert ausführliches Wissen über die Grundlagen der Kartographie, wie sie in den vorangegangenen Kapiteln beschrieben wurden. So genügen etwa für die Orientierung mittels Straßenkarte oder Stadtplan nur wenige, mit einiger Übung leicht erlernbare Kenntnisse. Ein weit hierüber hinausgehendes Verständnis ist jedoch für die Verwendung von Karten in Bildung und Wissenschaft, in der Planung, für die Erstellung von thematischen Karten, für die Navigation u.ä. notwendig. Zunächst lassen sich hierbei zwei Kategorien der Kartennutzung unterscheiden:

- Die Informationsentnahme zum Zwecke der Orientierung, der Planung, des Unterrichts oder der Forschung, wobei die Karte als Hilfsmittel im Wesentlichen unverändert bleibt, sowie
- die Verwendung als Grundlage für planerische und technische Maßnahmen oder für die Darstellung von mit der Erde zusammenhängenden Sachverhalten, wobei die Karte ergänzt oder anderweitig verändert wird.

Im Folgenden sollen vor allem die Möglichkeiten aber auch Grenzen der Informationsentnahme dargestellt werden, wobei unterschieden wird zwischen

- *visueller Kartenauswertung*, d.h. dem Kartenlesen als einfachster Form der Nutzung, und der Karteninterpretation, als einem darüber hinausgehenden Prozeß, sowie
- *geometrischer Kartenauswertung*, d.h. der Entnahme von Maßen, wie Strecken , Flächen, Winkeln u.a..

Alle Vorgänge sind nicht streng voneinander abgrenzbar, d.h. Kartenlesen ist immer Voraussetzung für die Interpretation und die geometrische Auswertung. Letztere ist häufig auch Bestandteil einer Interpretation.

Die nachfolgenden Betrachtungen beziehen sich hauptsächlich auf den Gebrauch konventioneller topographischer Karten, sind aber teilweise auch auf Bild- und Themakarten übertragbar. Gerade Bildkarten stellen eine wichtige Alternative, aber auch Ergänzung zu topographischen Karten dar, zumal sie infolge der vollständig automatisierten und damit rascheren Herstellung häufig aktueller sind. Die Ausschöpfung ihrer vielfältigen Nutzungsmöglichkeiten setzt vertieftes Wissen voraus. Umfassende Darstellungen hierzu findet man bei *Schneider* (1974) und *Albertz* (2001). Während für die Gestaltung thematischer Karten die Verwendung weiterführender Literatur zwingend ist (vgl. Kap.6), ist ihre Nutzung auch ohne vertiefte Kenntnisse möglich. Ausführungen zur Interpretation von Themakarten findet man bei *Hüttermann* (1979).

9.1 Richtigkeit und Vollständigkeit einer Karte

Karten sind verkleinerte, vereinfachte und verebnete Modelle der Erdoberfläche und damit zwangsläufig unvollständig und nur eingeschränkt richtig. Für jegliche Kartennutzung ist es daher wichtig, sowohl den Grad der Vereinfachung und den Stand der Aktualisierung zu kennen als auch die Genauigkeit der geometrischen Informationsentnahme abschätzen zu können.

9.1.1 Detailwiedergabe und Aktualität

Eine topographische Karte unterliegt hinsichtlich ihres Detailreichtums unterschiedlichen Interessen, einerseits denen der Nutzer an einer umfangreichen inhaltlichen Vielfalt, andererseits denen der Produzenten an einer kostengünstigen Herstellung und Aktualisierung. Das Ergebnis ist letztlich ein Kompromiß zwischen den Nutzeranforderungen und deren Realisierbarkeit. Welche Objekte in welchem Maßstab dargestellt werden, wird schließlich in Aufnahmevorschriften bzw. Objektartenkatalogen festgelegt (vgl. 7.3.2) und in der Legende der einzelnen Kartenblätter dokumentiert (vgl. 4.7).

Den höchsten Grad an Vollständigkeit und Detailwiedergabe weist das unmittelbare Ergebnis einer Landesaufnahme in Form einer Grundkarte (z.B. DGK5) oder eines digitalen topographischen Basismodells (z.B. Basis-DLM von ATKIS) auf, welches nur der Erfassungsgeneralisierung unterliegt (vgl. Kap.7). Die Folgekarten sind dann zunehmend kartographisch generalisiert, wobei die graphischen Mindestausdehnungen eine wichtige Rolle spielen (vgl. 4.3). So ergibt sich für die minimale Flächenausdehnung von $0,3 \times 0,3mm^2$ im Maßstab 1:1000 eine Naturfläche von $0,3 \times 0,3m^2$, im Maßstab 1:25.000 eine solche von $7,5 \times 7,5m^2$ und in 1:50.000 sind es schließlich $15 \times 15m^2$. Damit sind in einer Karte 1:25.000, wenn auch vereinfacht, noch alle wesentliche Verkehrswege, Einzelgebäude einer Siedlung, Gewässer, Vegetationsflächen sowie zahlreiche topographische Einzelobjekte enthalten (vgl. 4.4). Ab 1:50.000 sind jedoch bereits deutliche Detailverluste durch Weglassen, Zusammenfassen, Auswählen und Klassifizieren zu erwarten. So ist das Wegenetz der amtlichen topographischen Karte 1:50.000 (TK 50) gegenüber dem der TK 25 bereits um 30% (vgl. *Krauß u. Harbeck* 1985) und die Anzahl der Einzelgebäude bei Siedlungen in offener Bauweise um bis zu 50% reduziert. Dieser Prozeß setzt sich mit kleiner werdendem Maßstab fort, d.h. der Karteninhalt wird zunehmend weniger detailliert und vollständig (vgl. 4.3).

Karten sind im Moment ihrer Herausgabe nicht mehr auf dem neuesten Stand. Eine ständige kurzfristige Fortführung durch unmittelbare Übernahme von Veränderungen ist praktisch nicht möglich, da einerseits ein umfassendes und gut funktionierendes Meldesystem unter Beteiligung vieler Institutionen Voraussetzung wäre, andererseits immer ein gewisser Zeitbedarf vom Vorliegen einer entsprechenden Information bis zu ihrer Umsetzung in übernahmefähige Daten, z.B. durch eine topographische Vermessung, erforderlich ist. Ein weiterer Zeitbedarf ergab sich bis in die jüngste Vergangenheit durch die aufwendige manuelle Korrektur der Kartenoriginale. Letzteres entfällt mit der Überführung der analogen Kartenoriginale in Digitale Kartographische Modelle (DKM).

Verläßliche Angaben zum Fortführungsstand gibt es bei den amtlichen topographischen Kartenwerken Deutschlands (vgl. *Krauß u. Harbeck* 1985). Hier wird unterschieden in:

- *Redaktionelle Änderungen*, wie z.B. Namenskorrekturen,
- *Nachträge*, d.h. Übernahme wichtiger Veränderungen, wie neue Verkehrswege, in den Karten als *einzelne Ergänzungen* mit Angabe der Jahreszahl bezeichnet,
- *Berichtigung*, d.h. Überprüfung und Ergänzung des gesamten Karteninhalts, in den Karten als *umfassende Aktualisierung* mit Angabe der Jahreszahl bezeichnet.

Für die Kartenwerke 1:25.000 (TK 25) und 1:50.000 (TK 50), welche am häufigsten benötigt werden, ist ein fünfjähriger Fortführungszyklus angestrebt und auch weitgehend realisiert. Für die Digitalen Landschaftsmodelle, insbesondere das Basis-DLM von ATKIS (vgl. 7.3.2) als Vorstufe der eigentlichen Karten ist eine fortlaufende Aktualisierung geplant, welche allerdings zunächst nur den Nutzern der DLM zugute kommt.

Eine Besonderheit hinsichtlich der Fortführung bildeten von jeher die Seekarten, die aus Sicherheitsgründen immer sofort aktualisiert wurden, wobei z.T. bereits einzelne gedruckte Exemplare vor ihrem Verkauf noch manuell zu korrigieren waren, wenn sicherheitsrelevante Sachverhalte dies erforderten. Bei der im Aufbau befindlichen elektronischen Seekarte ist in solchen Fällen eine ‚Online-Korrektur' per Datenübertragung von Satelliten aus zum Schiff vorgesehen (vgl. 7.3.3).

9.1.2 Genauigkeit der Situationsdarstellung

Jeder Meßvorgang, sei es bei der Landesaufnahme, bei einer Kartierung, bei der Digitalisierung einer Karte oder bei der Maßentnahme aus einer Karte, ist mit Unsicherheiten behaftet, die in der begrenzten Präzision der Meßmittel, der begrenzten Leistungsfähigkeit unserer Augen und anderen Einflüssen begründet sind. Diese drückt man in der Statistik und Fehlerlehre durch die *Standardabweichung* aus, welche angibt, um wie viel ein Meßwert um seinen Mittelwert streuen kann und dass der (nicht genau zu ermittelnde) wahre Wert mit einer bestimmten Wahrscheinlichkeit innerhalb des Streuungsbereiches zu finden ist. Eine Streckenangabe von s = 42,5 ± 0,3 mm sagt demnach aus, dass die wahre Länge mit großer Wahrscheinlichkeit zwischen 42,2 und 42,8 mm liegt. Die Standardabweichung ist damit ein Maß für die *Genauigkeit* einer Messungsgröße und man kann sie, wenn keine Erfahrungswerte vorliegen, durch eine größere Zahl von (z.B. 10) Wiederholungsmessungen ermitteln (vgl. *Großmann* 1969).

Neben diesem aus *zufälligen Fehlern* ermittelten Streuungsmaß können noch systematische und grobe Fehler auftreten. *Systematische Fehler* wirken sich einseitig auf ein Meßergebnis aus und können meist durch geeignete Kontrollen aufgedeckt werden. Ein Beispiel ist der Maßverzug eines Zeichnungsträgers durch Temperatur- und Feuchtigkeitseinfluß (s.u.). *Grobe Fehler*, wie z.B. eine falsche Ablesung an einem Meßgerät, können ebenfalls durch Kontrollen erkannt werden, etwa durch Überschlagsberechnung oder Prüfung, ob ein erzieltes Ergebnis überhaupt realistisch ist. Der im Folgenden verwendete Begriff ‚Fehler' ohne den Zusatz ‚grob' oder ‚systematisch' ist immer im Sinne einer Standardabweichung zu verstehen.

Jede Maßentnahme aus einer Karte setzt neben der Sorgfalt beim Messungsvorgang auch hinreichende Kenntnisse über weitere sich auf das Endergebnis auswirkende *Fehlerquellen* voraus, um unrealistische Genauigkeitserwartungen zu vermeiden.

- Die *Genauigkeit der einer Karte zugrunde liegenden Daten* wirkt sich in unterschiedlicher Weise aus. Entstammen diese unmittelbar einer Landesaufnahme (z.B. durch Luftbildmessung) für ein Basis-DLM, so kann die Lage- und Höhengenauigkeit gut definierbarer Situationsobjekte mit ±0,1 bis 0,3 m angenommen werden. Während die Höhengenauigkeit unmittelbar mit der Höhenangabe in der Karte verknüpft ist (vgl. 9.1.3), wirkt sich die Lagegenauigkeit maßstabsabhängig aus. So bedeuten ±0,3 m in einer Karte 1:1000 einen meßbaren Betrag von ±0,3 mm und in einer Karte 1:5000 nur noch nicht mehr meßbare 0,06 mm. Werden die Daten durch Vektordigitalisierung aus einem bestehenden Kartenoriginal gewonnen, so muß mit einem erheblich größeren Lagefehler (Standardabweichung) gerechnet werden. Zur begrenzten Genauigkeit des Digitalisierens kommt die der Kartengraphik hinzu. Daher läßt man für das Basis-DLM von ATKIS eine Standardabweichung von ±3 m zu (vgl. 7.3.2). Dies entspricht einem Wert von ±0,6 mm in einer Karte 1:5000.

- Die *Kartier- und Zeichengenauigkeit* einer Karte beträgt bei Ausgabe über einen Präzisionsplotter etwa ±0,05 mm (vgl. 8.1.4) und bei manueller Zeichnung etwa ±0,2 mm. Letztgenannter Betrag, auch als *graphische Genauigkeit* bezeichnet, entspricht in einer Karte 1:5000 einem Lagefehler von ±1m in der Natur, in 1:25.000 bereits ±5 m und in 1:1Mill. schließlich ±200 m.

- Die *kartographische Generalisierung*, d.h. das Vereinfachen, Zusammenfassen, Verbreitern und Verdrängen von Objekten, führt in Karten ab 1:25.000 bereits zu Ungenauigkeiten, welche die der Kartierung bis zum 3-fachen überschreiten können. So beträgt hier die Breite einer durch eine Signatur dargestellten Bundesstraße 1,4 mm, also 35 m in der Natur, soll aber bereits für Straßen ab 6 m Fahrbahnbreite gelten. Man muß also in einer amtlichen TK 25 mit Lagefehlern von ±0,6 mm, d.h. ±15 m im Naturmaß rechnen.

- *Maßänderungen des Zeichnungsträgers* durch Temperatur- und Feuchtigkeitseinfluß führen zu systematischen Fehlern. Diese können insbesondere bei Papier o.w. 0,2% betragen, d.h. 2 mm auf 1m Länge. Durch Vergleich einer Soll- und Iststrecke, wie z.B. aus den Koordinatenlinien einer geodätischen Abbildung, kann dies berücksichtigt werden. Letztere sind i.d.R. in Abständen von 4 cm im Kartenrand enthalten. Erhält man z.B. nach Ausmessung eines Koordinatenabstandes von 280 mm (Soll) nur 279,4 mm (Ist), so ergibt sich ein Korrekturfaktor von k=1,0021, mit dem jede in der Karte gemessene Strecke zu multiplizieren ist.

- *Abbildungsverzerrungen* können sich ebenfalls systematisch auswirken. In Karten mit M≥1:1 Mill. sind sie i.d.R. nicht meßbar, da sie geringer als die Fehlereinflüsse durch Zeichnung und Generalisierung sind. Eine Ausnahme bilden Seekarten, bei denen auch im o.g. Maßstabsbereich bereits deutlich meßbare Verzerrungen auftreten können. Für alle Karten kleineren Maßstabs muß mit zunehmenden systematischen Lagefehlern durch Abbildungsverzerrungen gerechnet werden, deren Ausmaß am einfachsten durch einen Soll-Ist-Vergleich zwischen bekannten Strecken (z.B. Meridianlängen), ggf. auch aus bekannten Verzerrungsfaktoren ermittelt werden kann.

- Die *Meßgenauigkeit* bei der Maßentnahme aus einer Karte entspricht der graphischen Genauigkeit von ±0,2 mm. So muß bei einer Streckenmessung nach den Gesetzmäßigkeiten der Fehlerlehre (vgl. *Großmann* 1969) mit einer Standardabweichung von ±0,3 mm gerechnet werden. Berücksichtigt man weiterhin die Lagefehler infolge der Generalisierung, so kann die Standardabweichung unabhängig von der Streckenlänge bereits ±1mm betragen, was in 1:25.000 bereits zu ±25 m im Naturmaß führen würde.

9.1.3 Genauigkeit der Höhendarstellung

Die Wiedergabe der Höhen und Geländeformen erfolgt durch Höhenpunkte, und je nach Maßstab durch Höhenlinien, Schattenplastik und farbige Höhenschichten, wobei nur Höhenpunkte und -linien ausreichende geometrische Informationen ermöglichen (vgl. 4.5).

Höhenpunkte findet man an exponierten Geländestellen, wie Kuppen, Mulden, Sätteln, oder an definierten und damit in der Natur auffindbaren Situationspunkten, vor allem auf Kreuzungen von Verkehrswegen. Die Höhenangabe erfolgt bis M≥1:25.000 auf Dezimeter (z.B. 283,7), in kleineren Maßstäben nur noch auf Meter (z.B. 284) und sie bezieht sich auf die jeweilige Höhenbezugsfläche eines Landes (vgl. 3.2.2). Die Höhenpunkte sind unabhängig vom Kartenmaßstab immer unmittelbares Ergebnis der Landesaufnahme, d.h. sie unterliegen mit Ausnahme ihrer Dichte in der Karte keiner Generalisierung. Ihre Genauigkeit (Standardabweichung) kann für die amtlichen topographischen Karten mit ±0,3 m (vgl. *AdV* 1983) angenommen werden. Bei Angaben in Meter erhöht sich dieser Wert infolge von Auf- oder Abrundung auf ±0,6 m.

Höhenlinien sollen sowohl die Entnahme geometrischer als auch morphologischer Informationen ermöglichen. Sie sind das Ergebnis einer stereoskopischen Luftbildauswertung oder einer Interpolation aus einem Digitalen Geländemodell (vgl. 4.5.1). Ihre Lagegenauigkeit in der Karte ist von verschiedenen Einflüssen abhängig. So erfordert die vielgestaltige Geländeoberfläche bereits bei ihrer Vermessung eine Erfassungsgeneralisierung, d.h. das Weglassen kleinerer Unebenheiten, also nichtcharakteristischer Kleinformen, auch mit dem Begriff *Geländerauhigkeit* beschrieben. Die Höhenlinien geben dann eine bereits geglättete Geländeoberfläche wieder. Hinzu kommt die Lageunsicherheit der Höhenlinien bei der stereoskopischen Modellabtastung bzw. bei der Interpolation aus dem DGM-Punktfeld. Die Ableitung von Folgekarten erfordert schließlich eine kartographische Generalisierung durch Vergrößerung der Äquidistanz und Vereinfachung des Linienverlaufs, vor allem durch Weglassen zu kleiner Hohlformen.

Für die Standardabweichung eines aus benachbarten Höhenlinien interpolierten (vgl. 9.3.6) bzw. auf einer Höhenlinie befindlichen Punktes gilt nach *Koppe* (1902) die empirisch ermittelte Fehlerformel $\sigma_h = \pm (a + b \cdot \tan\alpha)$. Hierin sind α die Geländeneigung bzw. der Höhenwinkel sowie a und b konstante, weitgehend maßstabsabhängige ‚Höhen-‘ bzw. ‚Lagefehler', welche empirisch durch Vergleichsmessungen ermittelt werden können. Aus der Formel ist ersichtlich, dass die Standardabweichung mit zunehmender Geländeneigung wächst. Nach *Imhof* (1965) können folgende Werte gelten:

Maßstab	σ_h [m]	σ_h bei $\alpha = 5°$	σ_h bei $\alpha = 30°$
1 : 1.000	$\pm (0,1 + 0,3 \cdot \tan\alpha)$	± 0,1 m	± 0,3 m
1 : 5.000	$\pm (0,4 + 3 \cdot \tan\alpha)$	± 0,7 m	± 2,1 m
1 : 10.000	$\pm (1 + 5 \cdot \tan\alpha)$	± 1,4 m	± 3,9 m
1 : 25.000	$\pm (1 + 7 \cdot \tan\alpha)$	± 1,6 m	± 5,0 m
1 : 50.000	$\pm (1,5 + 10 \cdot \tan\alpha)$	± 2,4 m	± 7,3 m

Durch einfache Umrechnung erhält man aus dem o.g. Höhenfehler σ_h den Lagefehler $\sigma_l = \pm (b + a \cdot \cot\alpha)$ einer Höhenlinie. Hieraus läßt sich ein zulässiger Fehlerbereich ermitteln und graphisch darstellen, innerhalb dessen ihre Lage in der Karte noch als geometrisch richtig gilt. Dies kann jedoch im Widerspruch zur

morphologischen Wiedergabe stehen. So sind in Abb. 9.1.1 beide Höhenlinien-
verläufe geometrisch richtig, da innerhalb des Fehlerbereichs verlaufend. Im
rechten Bild sind jedoch wesentliche Kleinformen (Rinne, Hangwölbung, kanti-
ger Linienverlauf) weggefallen und das gleichmäßige Gefälle ist zu einem un-
gleichmäßigen terrassenförmigen Hang geworden.

Abb. 9.1.1: Geometrisch richtige und morphologisch fehlerhafte Höhenliniendarstellung (nach *Hake* 1982)

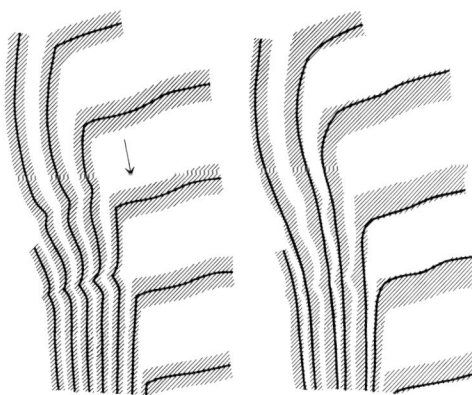

9.2 Visuelle Kartenauswertung

Unter einer visuellen Kartenauswertung sollen alle Nutzungsmöglichkeiten von
Karten verstanden werden, bei denen das Lesen und Deuten des Karteninhalts im
Vordergrund stehen. Es geht also im Wesentlichen um eine Informationsentnahme etwa zum Zweck der Orientierung, des Erkennens von räumlichen Zusam-
menhängen und des Interpretierens.

9.2.1 Kartenlesen

Grundlage jeglicher Kartenverwendung ist das *Kartenlesen*. Dass dies selbst im
Umgang mit häufig gebrauchten Karten, wie Stadtplänen, Straßen- und Wanderkarten, keineswegs ein trivialer Vorgang ist, lehrt die allgemeine Erfahrung. Ähnlich wie das Lesen und Verstehen eines Textes Kenntnisse über die Bedeutung der
Worte voraussetzt, ist das Erkennen bzw. Identifizieren der in der Karte dargestellten Objekte unabdingbar für das Kartenlesen. Im Gegensatz zu einer Bildkarte, deren Objekte ihrem natürlichen Erscheinungsbild, wenn auch aus einer
ungewohnten Perspektive, entsprechen, ist das graphische Bild einer konventionellen Strichkarte abstrahiert auf das Wesentliche, wie etwa auf den Grundriß eines Gebäudes. Objektform, Objektgröße und ggf. -farbe sowie Beziehung zur
Umgebung ermöglichen unter Zuhilfenahme der Kartenlegende mit einiger
Übung eine Assoziation zu den realen Objekten der Erdoberfläche. Insbeson-

re die Beschriftung, bildhafte Signaturen und eine symbolhafte Farbgebung unterstützen diesen Prozeß. Nach *Imhof* (1968) sind zwei Arten des Kartenlesens zu unterscheiden:

- Das *Kartenlesen im allgemeinen Sinn* hat zum Ziel, aus dem Karteninhalt ohne Kontakt mit der Natur eine Vorstellung über die räumlichen Zusammenhänge zu entwickeln, ggf. unter Zuhilfenahme anderer Informationen, wie Texte, Bilder oder weitere Karten.

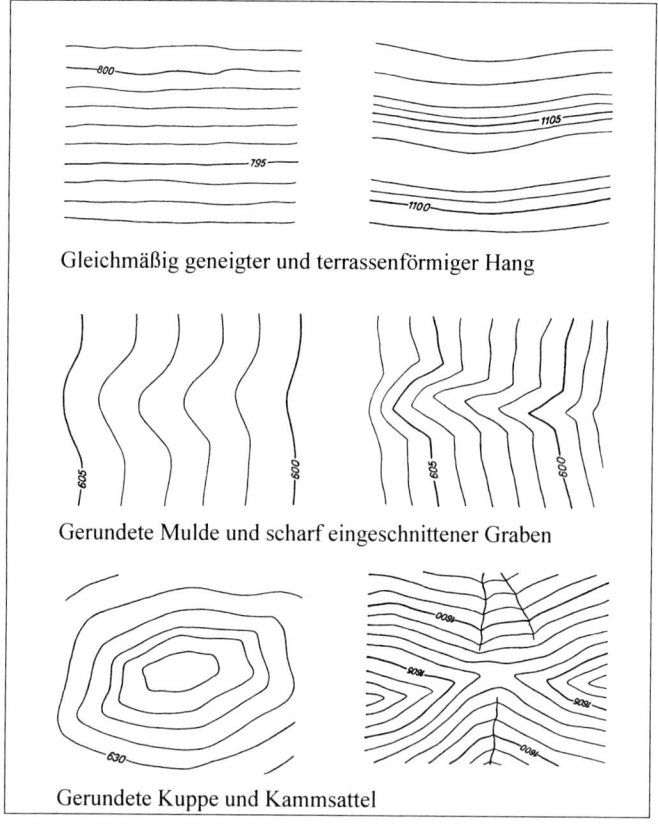

Abb. 9.2.1: Deutung von Geländeformen aus Höhenlinien (nach *Imhof* 1968)

- Das *feldmäßige Kartenlesen* erfolgt beim unmittelbaren Vergleich der Karte mit dem Gelände oder bei der Kontrolle einer Karte durch einen sog. Feldvergleich. Dieser Vorgang wird besonders durch die unterschiedlichen Perspektiven bzw. Betrachtungspositionen erschwert. Die unmittelbare Naturbetrachtung liefert uns von einem dicht am Boden befindlichen Standort zentralperspektive Bilder mit infolge zunehmender Entfernung kleiner werdenden Objekten sowie infolge von Verdeckungen nicht einsehbaren Bereichen. Die Erkennbarkeit einer räumlichen Gliederung nimmt mit zunehmendem Betrachtungsabstand rasch ab und endet praktisch bei etwa 500m. Des weiteren erscheinen uns Entfernungen zunehmend verkürzt, wodurch bei frontaler Betrachtung etwa Geländeneigungen deutlich überhöht und Kurven, z.B. von Verkehrswegen, sehr viel ausgeprägter wahrgenommen werden. Die Karte hingegen stellt als Orthogonalprojektion alle Objekte im Grundriß maßstäblich verkleinert und vereinfacht, aber weitgehend in den richtigen Größenverhältnissen und in richtiger gegenseitiger und absoluter Lage dar.

Insbesondere das feldmäßige Kartenlesen erfordert einen hinreichend großen Maßstab, da mit zunehmender kartographischer Generalisierung bereits ab dem Maßstab 1:50.000 der unmittelbare Geländevergleich erschwert wird (vgl. 9.1.1). Während die Identifizierung und Deutung definierter Grundrißobjekte noch vergleichsweise leicht erlernbar ist, stellt das ,Lesen' von Höhenlinien, d.h. ihre Umdeutung in eine Geländeform eine besondere Schwierigkeit dar. Sie setzt nicht nur ein geschultes Vorstellungsvermögen, sondern auch fachliches Verständnis zur Morphologie und Übungen durch Geländebegehung voraus.

9.2.2 Karteninterpretation

Während sich das Kartenlesen weitgehend auf das Erkennen von Objekten bzw. Sachverhalten, deren räumlicher Verteilung sowie ihrer Umdeutung in reale Objekte, also eine Art Naturvorstellung beschränkt, ist es Ziel der *Karteninterpretation*, mit Hilfe des Erkannten Aussagen über in der Karte nicht unmittelbar dargestellte Sachverhalte und Zusammenhänge zu machen. Interpretation setzt daher nicht nur hinreichende Kenntnisse über die Kartenentstehung und ihre Eigenschaften voraus, sondern auch profundes Wissen in dem Fachgebiet, dem die Interpretationsaufgabe gilt.

In aller Strenge sind bei einer solchen Aufgabe Kartenlesen und Interpretation nicht voneinander trennbar, sondern stellen einen iterativen Vorgang dar, der schließlich in ein Ergebnis mündet. Je nach Interpretationsziel können auch Messungen, Schätzungen, Zählungen oder auch andere Karten, Luft- und Satellitenbilder sowie Schrifttum die Interpretation ergänzen. Eine zentrale Bedeutung kommt der Wahl der ,richtigen' Karte zu, d.h. dem erforderlichen Detailreichtum und damit dem Maßstab, sowie dem Stand der Fortführung.

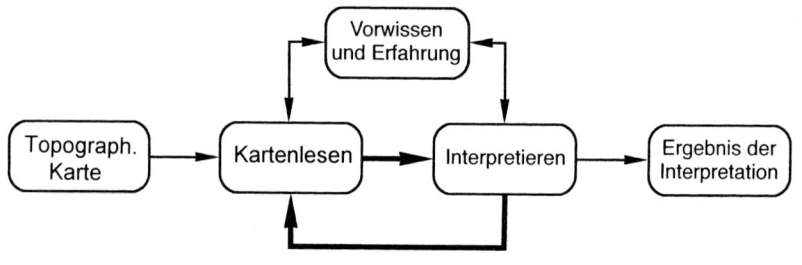

Abb. 9.2.2: Karteninterpretation als iterativer Prozeß (nach *Albertz* 2001)

Der Ablauf einer Interpretation läßt sich in vier Arbeitsschritte gliedern:

- Eine *Bestandsaufnahme* soll zunächst klären, ,Was ist wo?'. So wird man Objekte bzw. Objektbereiche, wie z.B. Siedlungen, unbebaute Flächen, Gewässer und Waldflächen, gegeneinander abgrenzen und das Ergebnis etwa auf einem transparenten Deckblatt graphisch festhalten.

- Durch eine *Analyse* werden dann je nach Interpretationsziel innerhalb der besonders interessierenden Objektbereiche Einzelobjekte mit Hilfe von Form, ggf. Farbe sowie Beziehung zur Umgebung identifiziert (qualitative Analyse) und ggf. auch eine Größen- und Mengenbestimmung vorgenommen (quantitative Analyse). So lassen sich z.B. in einem Siedlungsbereich Fabrikanlagen nicht nur durch die Größe der Gebäudeflächen, sondern auch durch umgebende Objekte, wie umzäunte Areale, Bahngleise, Tanks, Schornsteine, Verladebrücken o.ä. identifizieren.

- Eine *Synthese* ist dann die Zusammenfassung der aus Bestandsaufnahme und Analyse gewonnenen Erkenntnisse, d.h. eine Charakterisierung aufgrund festgestellter Merkmale bzw. Sachverhalte.

- Den Abschluß bildet schließlich eine *Hypothese*, d.h. eine Erklärung über mutmaßliche Gegebenheiten (Entstehung, Entwicklung, Auswirkungen, Ursachen), ggf. auch unter Verwendung weiterer Informationen. Eine Kontrolle durch einen stichprobenartigen Feldvergleich könnte die Hypothese zusätzlich absichern.

Das Interpretationsergebnis wird dann schriftlich formuliert, wobei auch graphische Darstellungen, wie Kartenausschnitte, Interpretationsskizzen, Diagramme o.ä. zur Veranschaulichung der gewonnenen Erkenntnisse beitragen.

Die aufgeführten Arbeitsschritte, und hier insbesondere Bestandsaufnahme und Analyse, sind ebenfalls als iterativer Prozeß zu verstehen. Sie stellen kein Rezept dar, sondern sind lediglich ein Leitfaden für eine sinnvolle Vorgehensweise. Ihre Ausprägung ist immer abhängig vom jeweiligen Interpretationsziel und der fachlichen Erfahrung der Interpreten.

9.3 Geometrische Kartenauswertung

Eine Karte stellt als Ergebnis einer Orthogonalprojektion die abgebildeten Objekte in ihrer gegenseitigen und absoluten Lage innerhalb eines Koordinatensystems dar. Damit können Naturmaße entweder direkt aus der Karte entnommen werden (Koordinaten, Winkel, Höhen) oder aus Messungen in der Karte errechnet werden (Strecken, Flächen). Um Fehleinschätzungen hinsichtlich der hierbei erreichbaren Genauigkeit zu vermeiden, ist die Kenntnis der ‚Fehlereinflüsse‘, wie sie im Abschnitt 9.1 erläutert wurden, erforderlich.

9.3.1 Der Kartenmaßstab

Die Maßstabsangabe in einer Karte erfolgt in der numerischen Form *1:m* (*m*…Maßstabszahl) und oft zusätzlich durch eine Maßstabsleiste am Kartenrand, aus der unmittelbar Naturentfernungen abgegriffen werden können. Aufgrund von Abbildungsverzerrungen kann eine Maßstabsangabe streng nur für längentreu abgebildete Linien gelten, wie z.B. für die längentreuen Meridiane einer mittabstandstreuen kartographischen Abbildung (vgl. 2.4) oder den längentreuen Hauptmeridian eines Gauß-Krüger-Meridianstreifens (vgl. 2.5.2). Bis zum Maßstab M≥1:1 Mill. sind jedoch Verzerrungen i.d.R. in den einzelnen Kartenblättern nicht meßbar, so dass der Maßstab praktisch überall gilt (vgl. 9.1.2). Erst ab M≤1:2 Mill. können diese die Kartier- und Meßgenauigkeit in der Karte übersteigen und etwa durch einen Soll-Ist-Vergleich zwischen bekannten Strecken, wie z.B. Meridian- oder Parallelkreisbögen, ermittelt werden. Eine weitere Möglichkeit ist die Bestimmung von Verzerrungsfaktoren (vgl. *Hake* u.a. 2001).

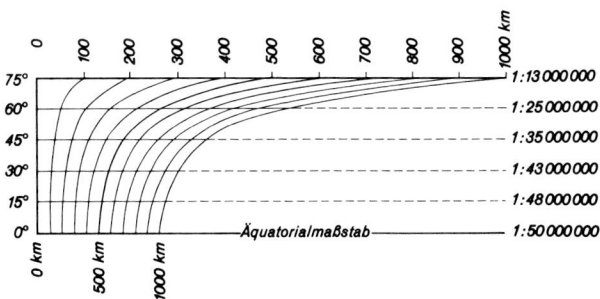

Abb. 9.3.1: Streckendehnung und Maßstabsänderung in einer winkeltreuen Zylinderabbildung nach Mercator (nach *Imhof* 1968)

Ist der Maßstab einer Karte nicht bekannt oder soll er an einer bestimmten Kartenstelle überprüft werden, so kann er durch einen Streckenvergleich bestimmt werden. Hierbei erhält man die Maßstabszahl m aus:

$$m = \frac{s_n}{s_k} = \frac{\text{Naturstrecke}}{\text{Kartenstrecke}} = \frac{s^* \cdot m^*}{s_k}$$

Anstelle der i.d.R. unbekannten Naturstrecke kann auch eine Vergleichsstrecke s^* aus einer größermaßstäbigen Karte (m^*) herangezogen werden. Grundsätzlich sind möglichst lange Strecken auszuwählen, um die Meßunsicherheit im Verhältnis zur Streckenlänge gering zu halten (vgl. 9.1.2).

9.3.2 Koordinatenermittlung

Üblicherweise enthalten großmaßstäbige Karten nur geodätische Koordinaten, mittelmaßstäbige Karten sowohl geodätische als auch geographische Koordinaten und kleinmaßstäbige Karten nur geographische Koordinaten. Die Darstellung geodätischer Koordinatenlinien beschränkt sich, da es sich um ein quadrati-

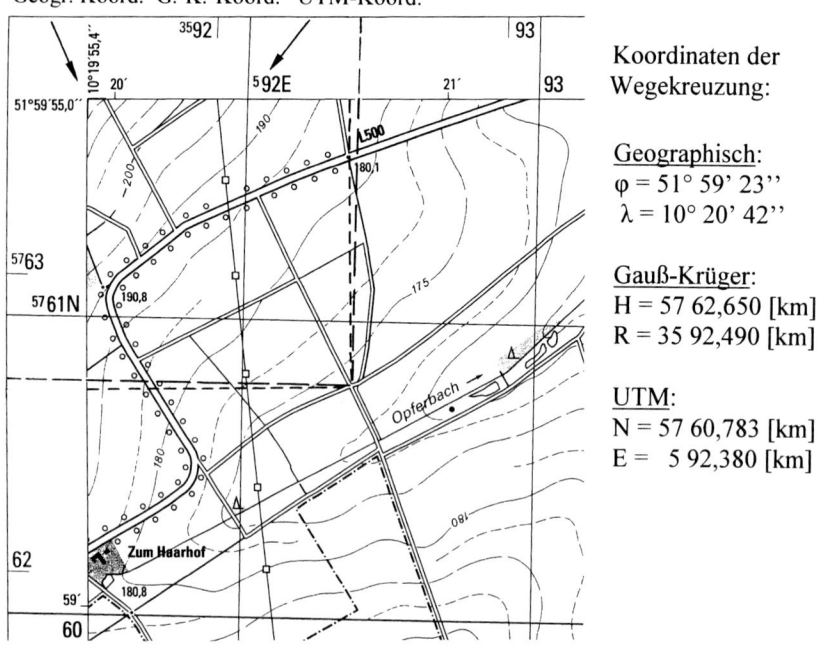

Geogr. Koord. G.-K.-Koord. UTM-Koord.

Koordinaten der Wegekreuzung:

Geographisch:
φ = 51° 59' 23''
λ = 10° 20' 42''

Gauß-Krüger:
H = 57 62,650 [km]
R = 35 92,490 [km]

UTM:
N = 57 60,783 [km]
E = 5 92,380 [km]

Abb. 9.3.2: Ermittlung von Koordinaten aus einer TK 25

sches Netz bzw. Gitter handelt, häufig auf den Kartenrahmen (vgl. 4./). Diese können zwecks Koordinatenmessung durch geradlinige Verbindungen im Karteninneren leicht ergänzt werden.

In den neueren Ausgaben der amtlichen deutschen Kartenwerke mittleren Maßstabs sind die Koordinatenlinien sowohl des Gauß-Krüger- als auch die UTM-Systems enthalten, bei letzterem auch im Karteninneren. Da die Karten durch Meridiane und Parallelkreise begrenzt sind, mit entsprechenden Angaben im Kartenrahmen, besteht zugleich die Möglichkeit der Ermittlung von geographischen Koordinaten für beliebige Kartenpunkte.

Für die Bestimmung geodätischer Koordinaten eines Punktes ergänzt man ggf. im Karteninneren die benachbarten Netzlinien, mißt dann die Teilstrecken, berechnet deren Naturstrecke mit $s_n = s_k \cdot m$ und addiert diese zu den Koordinatenwerten der angrenzenden Netzlinien. Eine Angabe auf Meter ist hierbei ausreichend, da die Streckenmeßunsicherheit von ±0,3 mm im Maßstab 1:25.000 bereits einem Betrag von ±7,5 m in der Natur entspricht (vgl. 9.1.2). In ähnlicher Weise geht man bei der Ermittlung geographischer Koordinaten vor. Ist eine Randunterteilung vorhanden, zeichnet man Parallelen zu den vorhandenen Netzlinien durch den betreffenden Punkt bis zum Rand und kann dann die entsprechenden Werte ablesen bzw. Teile davon schätzen. Fehlt die Randunterteilung, verfährt

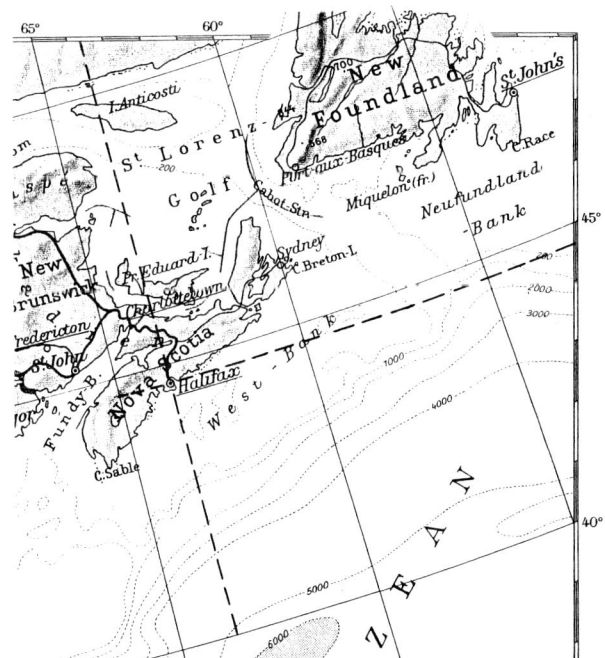

Geographische Koordinaten von *Halifax*

aus <u>Randunterteilung</u>:
$\varphi = 44°\ 40'$ n.B.
$\lambda = 63°\ 40'$ w.L.

aus <u>Strecken</u>:
$\varphi = 44°\ 41'$ n.B.
$\lambda = 63°\ 38'$ w.L.

Abb. 9.3.3: Ermittlung geographischer Koordinaten in einer Karte 1: 15 Mill.

man in gleicher Weise wie bei der Bestimmung geodätischer Koordinaten, d.h. man mißt zwischen den umgebenden Netzlinien die Strecken sowie den Abstand zum gesuchten Punkt und erhält aus den Streckenproportionen die Koordinatenzuschläge. In kleinmaßstäbigen Karten ist nur eine Angabe auf zwei ggf. auch nur eine Nachkommastelle bzw. auf Minuten sinnvoll.

9.3.3 Ermittlung von Entfernungen

Hierbei ist zunächst zwischen der Ermittlung direkter Entfernungen und solchen längs eines bestimmten Linienverlaufes zu unterscheiden. In beiden Fällen besteht die Möglichkeit der Messung in der Karte, im ersten Fall auch die der Berechnung aus Koordinaten. Da die Karte eine Orthogonalprojektion darstellt, erhält man immer die Horizontalentfernung. Geradlinige Strecken bestimmt man am einfachsten durch Messung mit einem Anlegemaßstab. Sog. Reduktionsmaßstäbe besitzen Teilungen für verschiedene Maßstabsverhältnisse und erleichtern die unmittelbare Umrechnung in ein Naturmaß. Liegen bei groß- und mittelmaßstäbigen Karten die Streckenendpunkte in verschiedenen Kartenblättern, ist eine Berechnung aus geodätischen Koordinaten sinnvoll. Diese ermittelt man entsprechend Abschnitt 9.3.2 und berechnet dann aus den Koordinatendifferenzen die Strecke s. In Ausnahmefällen kann auch die Schrägentfernung s' von Interesse sein. Zu ihrer Berechnung ist die Kenntnis des Höhenunterschiedes Δh oder des Höhenwinkels α zwischen den Streckenendpunkten erforderlich (vgl. 9.3.6).

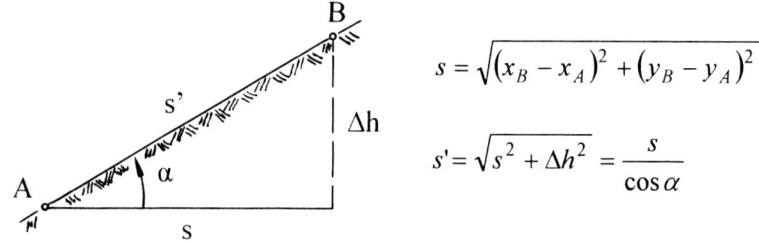

$$s = \sqrt{\left(x_B - x_A\right)^2 + \left(y_B - y_A\right)^2}$$

$$s' = \sqrt{s^2 + \Delta h^2} = \frac{s}{\cos\alpha}$$

Abb. 9.3.4: Berechnung von Horizontal- und Schrägentfernung

Für die Entfernungsbestimmung in kleinmaßstäbigen Karten sind die zunehmenden Abbildungsverzerrungen zu beachten. Hinzukommt, dass die kürzeste Entfernung auf der Erdoberfläche unter Annahme einer Kugelgestalt ein Großkreisbogen (Orthodrome) ist, der i.a. nicht als Gerade in der Karte abgebildet wird (vgl. 2.3). Hierfür empfiehlt sich die Entfernungsberechnung aus geographischen Koordinaten φ und λ, die man für die jeweiligen Streckenendpunkte aus einer nicht zu kleinmaßstäbigen Karte gemäß Abschnitt 9.3.2, ggf. auch aus dem Register eines Handatlasses entnimmt. Zu beachten ist, dass für Punkte mit westlicher

Länge bzw. südlicher Breite für die Koordinaten negative Vorzeichen gelten. Bei Nichtbeachtung ergeben sich grobe Fehler, die durch eine wenn auch ungenaue direkte Messung aufgedeckt werden können. Für die Entfernung auf der Orthodromen gilt dann mit R = 6371 km (vgl. *Wagner* 1962):

$$s_o = \frac{R \cdot \delta^\circ \cdot \pi}{180^\circ} \qquad \cos\delta = \sin\varphi_A \cdot \sin\varphi_B + \cos\varphi_A \cdot \cos\varphi_B \cdot \cos(\lambda_B - \lambda_A)$$

Für die Entfernungsberechnung auf der (längeren) Loxodromen ergibt sich mit α_L als Kurswinkel (vgl. 9.3.5):

$$s_L = \frac{(\varphi_B - \varphi_A) \cdot R \cdot \pi}{\cos\alpha_L \cdot 180^\circ} \qquad \text{für } \alpha_L \neq 90^\circ$$

$$s_L = \frac{(\lambda_B - \lambda_A) \cdot R \cdot \cos\varphi \cdot \pi}{180^\circ} \qquad \text{für } \alpha_L = 90^\circ \text{ bzw. } \varphi_A = \varphi_B$$

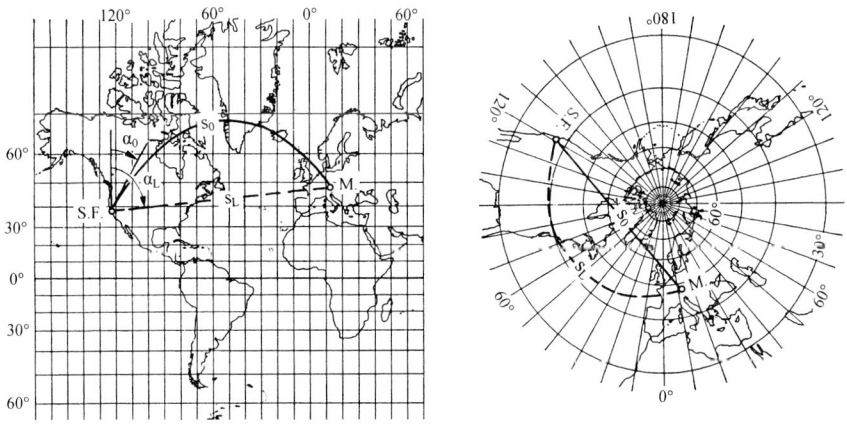

Abb. 9.3.5: Orthodrome (s_o) und Loxodrome (s_L) zwischen San Francisco und München in der winkeltreuen Zylinderabbildung nach Mercator und in der polständigen gnomonischen Azimutalabbildung

Die Ausmessung einer nicht geradlinig verlaufenden Strecke, z.B. längs eines Weges oder eines Flusses, kann durch Zerlegung in geradlinige Teilstrecken erfolgen, deren Anzahl vom Krümmungsverlauf abhängt. Hierbei ist stets mit Ungenauigkeiten durch die Linearisierung sowie durch ungünstige Summierung der Teilstreckenfehler zu rechnen. Letzteres vermeidet man bei fortlaufender Addition der Teilstrecken mit einem Stechzirkel. Man erfaßt zunächst die erste Teilstrecke, dreht den Zirkel dann im Streckenendpunkt in Richtung der zweiten Strecke, erweitert die Zirkelöffnung um deren Länge usw.. Die gesamte Zirkelöffnung ergibt dann die gesuchte Strecke. Für sehr häufige Streckenmessungen lohnt sich auch der Einsatz eines Kurvenmessers mit Skalen für verschiedene Kartenmaßstäbe sowie digital arbeitender Längen- und Flächenmeßgeräte (vgl. 9.3.4).

Zu beachten ist schließlich, dass lineare Objekte mit vielen insbesondere auch engen Krümmungen, wie bei Wasserläufen, Ufer- und Küstenlinien, aber auch Serpentinen, mit kleiner werdendem Maßstab durch die Generalisierung zunehmend verkürzt werden. So wurde für einen Küstenabschnitt von Istrien an der Adria im Maßstab 1: 75000 eine Länge von 223,8 km und in 1: 15 Mill. nur noch eine Länge von 105 km ermittelt (vgl. *Hake* 1982).

9.3.4 Flächenermittlung

Die Bestimmung des Flächeninhalts ist häufig Aufgabe in Zusammenhang mit der Karteninterpretation. Flächen von politischen oder Verwaltungseinheiten, wie Stadtteile, Bezirke, Gemeinden, Kreise oder Staaten, erhält man am einfachsten aus statistischen Jahrbüchern oder Nachschlagewerken. Sind diese nicht verfügbar oder handelt es sich um Naturflächen, wie Siedlungen, Vegetationsgebiete, Gewässer oder Höhenschichten, so bestehen zu ihrer Ermittlung folgende Möglichkeiten:

- Anwendung einfacher graphischer Verfahren in der Karte,
- Ausmessung in der Karte mittels Flächenmeßgeräts,
- Berechnung aus kartesischen Koordinaten.

Graphische Verfahren kommen in Betracht, wenn nur wenige Flächen mit möglichst geringem Aufwand zu ermitteln sind. Bei geradlinigen oder durch einfache Krümmungen begrenzte Flächen ist die Methode der *Dreieckszerlegung* sinnvoll. Hierbei bilden die Flächengrenzen Dreiecksseiten, wobei bei gekrümmt verlaufenden Linien ein visueller Ausgleich erfolgt. Nach Dreiecksbildung und Ausmessung von Grundlinien g und Höhen h der Dreiecke ergibt sich für eine Kartenfläche mit n Dreiecken:

$$F_k = \frac{1}{2} \cdot \sum_{i=1}^{n} g_i \cdot h_i$$

Die Verwendung eines *Millimetergitters*, z. B. in Form von transparentem Millimeterpapier, ist bei sehr unregelmäßig begrenzten Flächen zu empfehlen. Hierbei werden zunächst die vollständigen cm- und mm-Felder ausgezählt und summiert

(F_1) und anschließend die von der Umringslinie durchschnittenen mm-Felder (F_2). Für die Kartenfläche gilt dann:

$$F_k = F_1 + \frac{1}{2} F_2$$

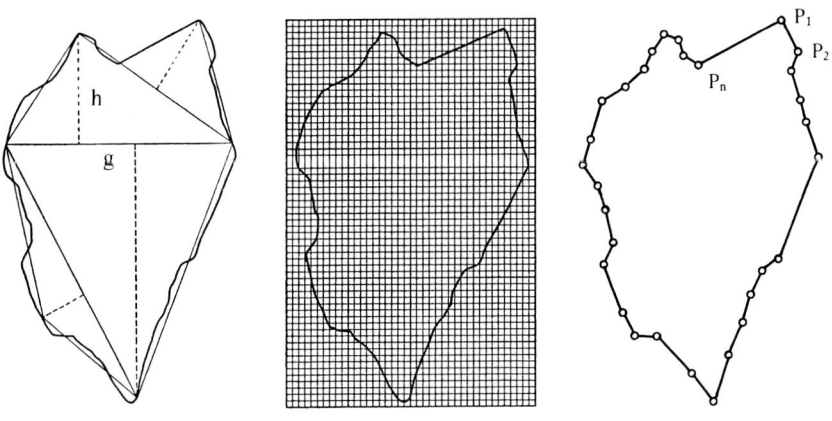

Abb. 9.3.6: Flächenermittlung mittels Dreieckszerlegung und Millimetergitter (nach *Imhof* 1968) sowie durch Vektorisierung

Maßänderungen der Zeichnungsträger, ggf. auch des Millimetergitters, können durch Streckenvergleich mit Hilfe einer Maßstabsleiste, ggf. auch aus geodätischen Koordinaten berücksichtigt werden (vgl. 9.1.2), so dass, wenn k der Korrekturfaktor wegen Maßverzugs ist, für die Naturfläche gilt:

$$F_n = F_k \cdot m^2 \cdot k^2 \qquad m \dots \text{Kartenmaßstabszahl}$$

Für sehr häufige Flächenbestimmungen verwendet man eigens hierfür konstruierte *Planimeter*, die beim Umfahren der Umringslinie den Flächeninhalt durch Integration ermitteln und unter Berücksichtigung des Kartenmaßstabs, ggf. auch eines Korrekturfaktors, die Naturfläche anzeigen.

Liegen für eine geradlinig begrenzte Fläche kartesische Koordinaten x, y (oder Gauß-Krüger- bzw. UTM-Koordinaten) vor, so läßt sich die Fläche mit der *Gaußschen Flächenformel* berechnen:

$$F = \frac{1}{2} \cdot \sum_{i=1}^{n} x_i \left(y_{i+1} - y_{i-1} \right).$$

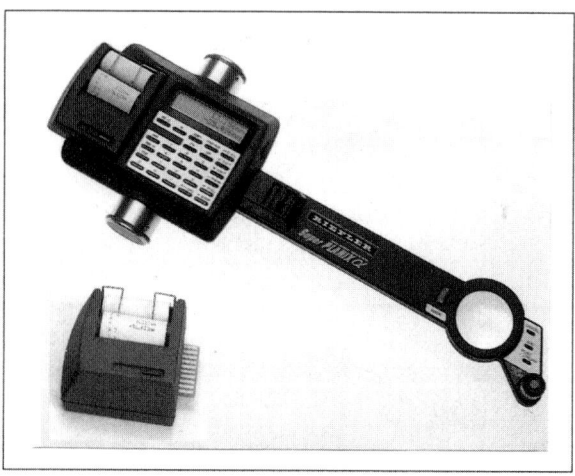

Abb. 9.3.7: Planimeter zur Flächen- und Streckenbestimmung mit Drucker und Interface-schnittstelle (Riefler GmbH, Nesselwang)

Hierbei ist i die Nummer des jeweiligen Flächeneckpunktes und n deren Anzahl. Der x-Wert eines jeden Punktes wird mit der Differenz aus den y-Werten des Folgepunktes und des vorhergehenden Punktes multipliziert und das jeweilige Ergebnis aufsummiert. Handelt es sich um eine Flächenberechnung aus Gauß-Krüger- oder UTM-Koordinaten, so ist das Ergebnis noch durch das Quadrat des Dehnungsfaktors $(1+y^2_m/2R^2)$ und bei UTM zusätzlich durch das Quadrat des Maßstabsfaktors $(0,9996)$ zu teilen (vgl. 2.5.2 u. 2.5.3). Die Formel ist auch für nicht geradlinig begrenzte Flächen anwendbar, wenn man die Umringslinie vektorisiert, d.h. durch kleine Geradenstücke ersetzt (vgl. 7.2.1). Das Verfahren setzt eine Digitalisiereinrichtung und die Software für die Flächenberechnung voraus.

Insbesondere die Ermittlung nicht geradlinig begrenzter Flächen ist in ihrer Genauigkeit neben der Erfassungsgenauigkeit vor allem auch von der maßstabsabhängigen Generalisierung beeinflusst. Es muß daher in jedem Fall mit einem ‚Flächenfehler' von ±1% gerechnet werden.

9.3.5 Ermittlung und Übertragung von Winkeln

Ein Winkel ist die Differenz zweier von einem Punkt ausgehenden Richtungen, gemessen in Grad (engl. Degree) oder in Gon (engl. Grade), wobei der Vollkreis 360° oder 400 gon umfasst. Das letztgenannte dezimal geteilte System ist im Vermessungswesen üblich. Im sexagesimal geteilten Gradsystem gilt 1°=60' (Minuten) und 1'=60" (Sekunden). Häufig findet man auch eine für viele Zwecke geeignetere dezimalgeteilte Angabe, z.B. statt 52° 12' 14" lautet der Wert 52,2039°, wobei 1'= 0,0167° und 1"= 0,0167'.

Eine Karte ermöglicht lediglich die Entnahme bzw. Übertragung von *Horizontalwinkeln*. Vertikal- oder Höhenwinkel lassen sich nur aus Höhenunterschieden berechnen (vgl. 9.3.6). Die Messung oder Übertragung eines Horizontalwinkels in einer Karte erfolgt mit einem Winkelmesser bzw. einem sog. Geodreieck. Die hierbei erreichbare Genauigkeit liegt allenfalls bei 0,1°. Hinzu kommen Einflüsse durch die in 9.1.2 genannten Fehlerquellen.

Von besonderer Bedeutung sind in der Geodäsie und in der Navigation die *Richtungswinkel*, d.h. die Winkel zwischen einer definierten Bezugsrichtung und der Richtung zu einem beliebigen Zielpunkt. Der *geodätische Richtungswinkel t* ist der Winkel zwischen den Abszissenlinien der geodätischen Koordinaten und der Richtung vom Standpunkt zum Zielpunkt. Er kann nicht gemessen werden, sondern wird aus den Koordinatendifferenzen des Standpunktes A und eines bekannten Festpunktes B berechnet. Er ermöglicht dann die fortlaufende Berechnung von Neupunktkoordinaten mittels der vom Standpunkt aus durchgeführten Richtungs- und Streckenmessungen (vgl. 3.3.1). Die Richtung der Abszissenlinien wird auch als *Gitter-Nord (GiN)* bezeichnet.

Der *geographische Richtungswinkel*, das *Azimut* α_0, ist der Winkel zwischen dem Meridian, dh. der Richtung *Geographisch-Nord (GeoN)* durch den Standort A (φ_A, λ_A) und der Orthodrome von A nach B (φ_B, λ_B). Bei Annahme einer Kugel als Bezugsfläche gilt (vgl. *Wagner* 1962):

$$\tan \alpha_0 = \frac{\sin (\lambda_B - \lambda_A)}{\cos \varphi_A \cdot \tan \varphi_B - \sin \varphi_A \cdot \cos (\lambda_B - \lambda_A)}$$

Für die Azimutmessung bzw. -übertragung in eine Karte ist wiederum, ebenso wie bei der Entfernungsbestimmung, zu beachten, dass die Orthodrome in kleinmaßstäbigen Karten i.a. keine Gerade darstellt. Besonders deutlich wird dies in der winkeltreuen Abbildung nach Mercator (vgl. Abb. 9.3.5). Zugleich ändert sich längs einer Orthodrome das Azimut kontinuierlich, so dass etwa bei deren Verwendung im Schiffs- oder Flugverkehr ständig eine Neuberechnung von α_0 zur Kurseinhaltung erforderlich ist. Eine Ausnahme bilden die Meridiane mit $\alpha_0 = 0°$ bzw. der Äquator mit $\alpha_0 = 90°$. Will man die ständige Kurskorrektur vermeiden und stets einem gleich bleibenden Kurswinkel α_L folgen, so bewegt man sich auf der Loxodromen, welche die Meridiane stets unter demselben Winkel schneidet. Für diesen gilt dann (vgl. *Wagner* 1962):

$$\tan \alpha_L = \frac{(\lambda_B - \lambda_A)}{\ln \tan \left|45° + \frac{1}{2}\varphi_B\right| - \ln \tan \left|45° + \frac{1}{2}\varphi_A\right|} \cdot \frac{\pi}{180°}$$

Nur auf den Meridianen und dem Äquator sind α_o und α_L identisch. Ansonsten können sich beträchtliche Unterschiede ergeben. So beträgt auf der Flugroute von San Francisco nach München das Ausgangsazimut längs der Orthodrome $\alpha_0 = 28{,}92°$ und der Kurswinkel der Loxodromen $\alpha_L = 83{,}67°$. Die Flugstrecke ist auf letzterer allerdings mit 10930 km gegenüber 9452 km auf der Orthodromen um 1478 km länger.

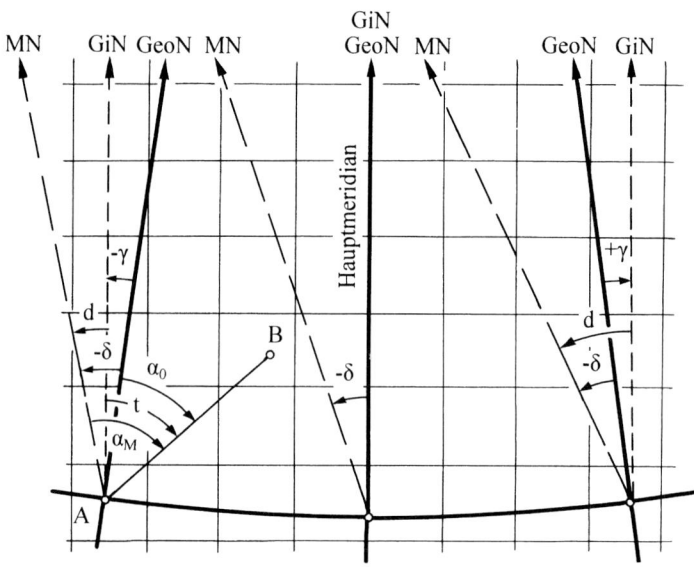

Abb. 9.3.8: Nordrichtungen, Richtungsdifferenzen und Richtungswinkel

Der *magnetische Richtungswinkel* α_M ist der Winkel zwischen der Richtung der magnetischen Feldlinien, d.h. *Magnetisch-Nord (MN)*, und der Richtung zum Zielpunkt. Dieser läßt sich unmittelbar mit Hilfe der Magnetnadel einer Bussole (Kompaß mit Visiereinrichtung) messen. Da der magnetische und der geographische Pol nicht identisch sind, weichen GeoN und MN je nach geographischer Länge des Standortes voneinander ab. Zugleich ist das Magnetfeld regionalen und zeitlichen Schwankungen bzw. Veränderungen unterworfen. Diese werden auf sog. Isogonenkarten sowie Karten gleicher Nadelabweichung dargestellt und aktualisiert (vgl. *Kahmen* 1997). Zwischen den Nordrichtungen bestehen folgende Beziehungen:

$\gamma \approx \Delta\gamma \cdot \sin\varphi$ ... *Meridiankonvergenz*, Winkel zwischen GeoN und GiN

$\Delta\lambda$ ... geogr. Längenunterschied zum Hauptmeridian

φ ... geogr. Breite des Standortes

δ ... *Deklination*, Winkel zwischen MN und GeoN (auch Mißweisung der Magnetnadel)

$d = \delta - \gamma$ ... *Nadelabweichung*, Winkel zwischen MN und GiN

9.3.6 Höhen- und Neigungsbestimmung

Die Angabe von *Höhenpunkten* in der Karte bezieht sich auf die jeweilige Bezugsfläche eines Landes (z.B. NHN) und wird auch als Meereshöhe bezeichnet. Sie erfolgt i.d.R. maßstabsabhängig auf Dezimeter oder Meter (vgl. 9.1.3), in den Karten Großbritanniens und der USA sowie in Luftfahrtkarten in Fuß (ft), wobei 1 ft = 0,3048 m bzw. 1m = 3,2804 ft.

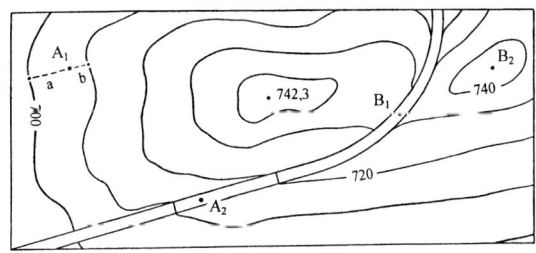

$$H_A = H_1 + \left(H_2 - H_1\right) \cdot \frac{a}{a+b} = H_2 - \left(H_2 - H_1\right) \cdot \frac{b}{a+b}$$

H_1 ... Höhe der unteren Höhenlinie
H_2 ... Höhe der oberen Höhenlinie
a, b ... Kartenstrecken

A_1 = 706,7 m ... interpoliert in Gefällsrichtung
A_2 = 712,5 m ... interpoliert längs des Weges
B_1 > 730 und < 740 m
B_2 > 740 und < 750 m

Abb. 9.3.9: Interpolation und Schätzung von Höhenpunkten

Die Entnahme der *Höhe für beliebige Kartenpunkte* ist nur in Karten mit äquidistanten Höhenlinien, also für M ≥1:250.000 möglich. Sie kann durch Schätzen oder genauer, insbesondere bei weit auseinander liegenden Höhenlinien, durch lineare Interpolation zwischen den benachbarten Höhenlinien erfolgen. Hierbei geht man immer von einem gleichmäßigen, also linearen Gefälle zwischen diesen aus. An Geländestellen, wie Kuppen, Mulden oder Sattelpunkten ist nur eine Schätzung möglich.

Die Genauigkeit der Höhenentnahme verringert sich mit kleiner werdendem Maßstab. Eine wichtige Rolle spielt hierbei, dass die Annahme gleichmäßigen Gefälles zwischen zwei Höhenlinien immer weniger zutreffend ist, da durch die Generalisierung sowohl die Äquidistanz vergrößert als auch der Höhenlinienverlauf vereinfacht wird (vgl. 4.5.1). So muß man für die Höhe eines interpolierten Punktes bei einer Geländeneigung von 30° im Maßstab 1:5000 mit einer Standardabweichung von ±2,1 m und im Maßstab 1:50.000 von ±7,3 m rechnen (vgl. 9.1.3).

Die Ermittlung von Höhenwinkeln (in °) bzw. Geländeneigungen (in %) setzt die Kenntnis des Höhenunterschiedes Δh zwischen zwei, ggf. auch interpolierten Punkten oder zwischen benachbarten Höhenlinien voraus. Gemäß Abb. 9.3.4 gilt dann mit der Kartenstrecke s_k und m als Maßstabszahl:

$$\tan\alpha = \frac{H_B - H_A}{s_k \cdot m} = \frac{\Delta h}{s_k \cdot m} \quad \text{und} \quad \alpha[\%] = \frac{\Delta h}{s_k \cdot m} \cdot 100$$

Eine häufige Aufgabe ist die Höhenentnahme für die Konstruktion von Vertikalschnitten, sog. Geländeprofilen, die entweder geradlinig oder gekrümmt, wie das Längsprofil eines zu planenden Verkehrsweges, verlaufen. Eine einfache graphische Methode besteht darin, nach Eintragung des Profilverlaufs in die Karte die Schnittpunkte der Profillinie mit den Höhenlinien auf einem geraden Papierstreifen zu markieren und diese dann auf die Abszissenachse eines Achsenkreuzes zu übertragen. Über diesen Punkten trägt man dann die Höhen der zugehörigen Höhenlinien im Kartenmaßstab ab, wobei man i.d.R. nicht von der Höhenbezugsfläche ausgeht, sondern von einem runden Wert unterhalb der niedrigsten Höhenlinie. Bei geringen Höhenunterschieden ist es sinnvoll, den Höhenmaßstab größer als den Kartenmaßstab zu wählen. Die so ermittelten Profilpunkte werden dann durch eine ausgerundete Kurve miteinander verbunden.

Anschauliche Geländedarstellungen lassen sich durch *Panoramen* und *Blockbilder* (Blockdiagramme) erzeugen. Letztere ermöglichen neben der perspektiven Geländeansicht zugleich die Wiedergabe des vertikalen geologischen Aufbaus und sind daher in Zusammenhang mit geologischen, morphologischen oder geographischen Sachverhalten von besonderem Interesse. Einzelheiten zu ihrer Konstruktion findet man bei *Hake* (1985 bzw. 2002). Die Berechnung und Präsentation von Panoramen und Blockbildern wird heute durch Digitale Geländemodelle in Verbindung mit entsprechender Software vereinfacht (vgl. 7.3.4).

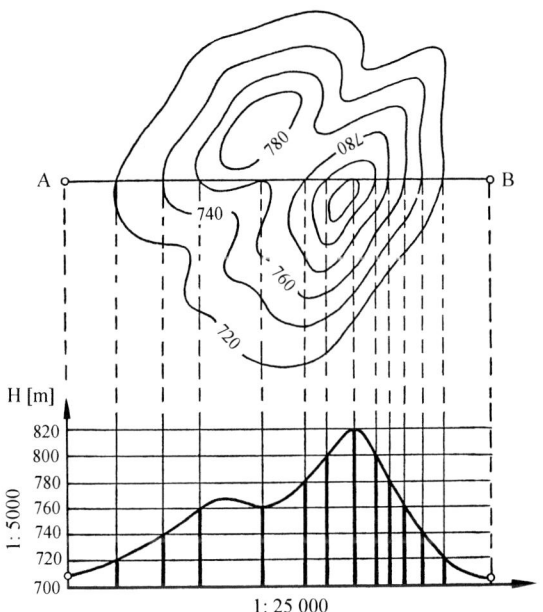

Abb. 9.3.10: Konstruktion eines Geländeprofils mit 5-facher Überhöhung

9.4 Urheberrechtliche Aspekte der Kartennutzung

Grundsätzlich gehören Karten nach dem „Gesetz über Urheberrecht und verwandte Schutzrechte (Urheberrechtsgesetz)" aus dem Jahre 1965 als „Darstellungen wissenschaftlicher oder technischer Art (§2, Abs.1) zu den geschützten Werken, wenn ihnen „persönliche geistige Schöpfungen" (Abs.2) zugrunde liegen. Der Urheberschutz umfaßt das Recht auf Veröffentlichung und Verwertung, wie das der Vervielfältigung und Verbreitung, wobei für Karten diese Rechte i.a. nicht einer einzelnen Person sondern einem kartographischen Verlag, einem Landesvermessungsamt oder einer ähnlichen Einrichtung zustehen. Gleiches gilt seit 1998 für Datenbanken bzw. Datenbankwerke (§4), wie z.B. das ‚Amtliche Topographisch-kartographische Informationssystem ATKIS' (vgl. *Appelt* 2001). Der Inhalt einer Karte, wie etwa die Objekte in einer topographischen Karte oder die statistischen Daten einer thematischen Darstellung, stellt i.d.R. keine individuelle geistige Leistung dar. Maßgebend ist hierfür vielmehr die graphische Gestaltung durch Signaturen, Farben, Beschriftung sowie durch Art und Umfang der Generalisierung.

Zunächst besteht bei Inanspruchnahme eines geschützten Werkes das Recht der freien Benutzung, wie bei der visuellen und geometrischen Kartenauswertung, sowie das Entlehnungsrecht (z.B. durch Zitat) unter Angabe der Quelle, also Autor, Titel und Jahr der Veröffentlichung (§63). Letzteres gilt allerdings nicht für Karten, d.h. die Kopie oder der Nachdruck eines Kartenausschnittes setzt immer das schriftliche Einverständnis des Urhebers voraus. Eine Ausnahme bildet die Anfertigung einer geringeren Anzahl von Vervielfältigungen für den persönlichen Gebrauch, etwa zum Zwecke wissenschaftlicher Arbeit oder zur Gestaltung von Unterricht (vgl. *Hake u.a.* 2002).

Die Herstellung, Veröffentlichung und Verbreitung thematischer Karten, wie z.B. Wanderkarte, Stadtplan oder Straßenkarte, aber auch solcher für wissenschaftliche Zwecke, setzt immer die Nutzung anderer, insbesondere topographischer Karten voraus. Ob und in welchem Umfang hierbei urheberrechtliche Bestimmungen verletzt werden können, hängt von der Zielsetzung der neuen Karte sowie vom Ausmaß der Umgestaltung ab. Dies kann oft nicht zweifelsfrei geklärt werden, so dass in solchen Fällen grundsätzlich das schriftliche Einverständnis der Urheber eingeholt werden sollte.

Literaturverzeichnis

Lehrbücher:

Ahnert, F.: Einführung in die Geomorphologie. UTB Uni-Taschenbücher, Stuttgart 1996.

Albertz, J.: Einführung in die Fernerkundung. 2. Auflage. Wissenschaftliche Buchgesellschaft, Darmstadt 2001.

Arnberger, E.: Thematische Kartographie. Westermann, Braunschweig 1993.

Bauer, M.: Vermessung und Ortung mit Satelliten. 5. Auflage. Wichmann, Heidelberg 2003.

Bill, R.: Grundlagen der Geo-Informationssysteme. Band 1 u. 2. Wichmann, Heidelberg 1999.

Großmann, W.: Geodätische Rechnungen und Abbildungen. Wittwer, Stuttgart 1964.

Haberäcker, P.: Digitale Bildverarbeitung. Grundlagen und Anwendungen. 4. Auflage. Hanser, München 1995.

Hake, G.; D. Grünreich & L. Meng: Kartographie. 8. Auflage. De Gruyter, Berlin/New York 2002.

Hüttermann, A.: Karteninterpretation in Stichworten. Hirt, Stuttgart. Band 1: Topographische Karten, 1993, Band 2: Thematische Karten 1979.

Imhof, E.: Kartographische Geländedarstellung. De Gruyter, Berlin 1965.

Imhof, E.: Gelände und Karte. Rentsch, Zürich 1968.

Imhof, E.: Thematische Kartographie. De Gruyter, Berlin/New York 1972.

Jordan/Eggert/Kneißl: Handbuch der Vermessungskunde. Band III: Höhenmessung und Tachymetrie. Metzler, Stuttgart 1956.

Kahmen, H.: Vermessungskunde. De Gruyter, Berlin/New York 1997.

Kuntz, E.: Kartennetzentwurfslehre. Grundlagen und Anwendungen. Wichmann, Karlsruhe 1983.

Kraus, K.: Photogrammetrie. De Gruyter, Berlin/New York. Band 1: Geometrische Informationen aus Photographien und Laserscanneraufnahmen (2004). Band 2: Verfeinerte Methoden und Anwendungen (1996). Band 3: Topographische Informationssysteme (2000).

Schneider, S.: Luftbild und Luftbildinterpretation. De Gruyter, Berlin/New York 1974.

Seeber, G.: Satellitengeodäsie. Grundlagen, Methoden und Anwendungen. De Gruyter, Berlin/New York 1989.

Torge, W.: Geodäsie. De Gruyter, Berlin/New York 2003.

Wagner, K.H.: Kartographische Netzentwürfe. Bibliographisches Institut, Mannheim 1962.

Wilhelmy, H.; A. Hüttermann & P. Schröder: Kartographie in Stichworten. Gebr. Bornträger, Berlin 2002.

Sonstiges Schrifttum:

AdV (Arbeitsgemeinschaft der Vermessungsverwaltungen der Länder der Bundesrepublik Deutschland): Musterblatt für die Deutsche Grundkarte 1:5000, 1983; Musterblatt für die Topographische Karte 1: 25 000, 1989.

Albertz, J. & W. Kreiling: Photogrammetrisches Taschenbuch. Wichmann, Karlsruhe 1989.

Altmann, J.; B. Ittermann ; M. Riehl & K.H. Schild: Cruise Missile. In: Physik und Rüstung. Fachbereich Physik, Universität Marburg 1983.

Appelt, G.: Die Topographische Karte 1: 100 000. In: Draheim, H. (Hrsg.): Die amtlichen topographischen Kartenwerke der Bundesrepublik Deutschland. Wichmann, Karlsruhe 1969.

Appelt, G.: Aktuelle Aspekte zum Urheberrecht bei konventionellen u. elektronischen Kartenprodukten. Kartograph. Nachrichten 2001, S.91-96.

Arnberger, E. & *F. Mayer*: Schulkartographie im Wandel. In Draheim, H. (Hrsg.): Atlaskartographie. Wichmann, Karlsruhe 1973.

Asche, H.: Auf dem Weg zum virtuellen Atlas – Stand und Perspektiven der Atlasnutzung im Medienzeitalter. In: Buzin & Wintges (Hrsg.): Kartographie 2001 – multidisziplinär und multimedial. Wichmann, Heidelberg 2001.

Bartelme, N.: Geoinformatik. Springer, Heidelberg 1995.

Bauer, H.: Die Bedeutung der Kurhannoverschen Landesaufnahme. Nachrichten der Niedersächs. Vermessungs- und Katasterverw., Nr.3/1993.

Beck, W.: Die Topographische Karte 1: 50 000. In: Draheim, H. (Hrsg.): Die amtlichen topographischen Kartenwerke der Bundesrepublik Deutschland. Wichmann, Karlsruhe 1969.

Berger, A. & *H. Moehl*: Seevermessung. In: 125 Jahre amtliche deutsche Hydrographie 1861 – 1986. Festschrift des DHI, Hamburg 1986.

Bestenreiner, F.: Vom Punkt zum Bild. Wichmann, Karlsruhe 1988.

Bettac, W.: 125 Jahre amtliche deutsche Hydrographie -125 Jahre Dienst des Staates für die Schiffahrt. In: 125 Jahre amtliche deutsche Hydrographie 1861-1986. Festschrift des DHI, Hamburg 1986.

Bialas, V.: Erdgestalt, Kosmologie und Weltanschauung. Wittwer, Stuttgart 1982.

Birth, K.: ATKIS – Projekt Modell- und kartographische Generalisierung. Kartographische Nachrichten 2003, S. 119-126.

Böhme, R.: Die Internationale Weltkarte 1: 1000 000. In Draheim, H.(Hrsg.): Chorographische Kartographie. Wichmann, Karlsruhe 1971.

Bormann, W.: Erdatlanten. In Draheim, H. (Hrsg.): Atlaskartographie. Wichmann, Karlsruhe 1973.

Buckreuß, S.; J. Moreira; H. Rinkel & *G. Wallner*: Advanced SAR Interferometry Study. Mitteilung der Deutschen Forschungsanstalt für Luft- und Raumfahrt, Köln 1994.

Cramer, M.: Sensorintegration GPS und INS. Proc. Workshop „Sensorsysteme im Precision Farming", Rostock 1999.

Cummerwie, H. & *R. Jerosch*: Aspekte zur Automatisierung der Stadtgrundkarte mit SICAD und Lichtzeichentechnik in Wuppertal. In: Schilcher, M. (Hrsg.): CAD-Kartographie. Wichmann, Karlsruhe 1985.

Eden, J.A.: The Airborne Profile Recorder. Photogrammetric Record 1957, S.263-278.

Endrullis, M.: Bundesweite Geodatenbereitstellung durch das Bundesamt für Kartographie und Geodäsie (BKG). In: Atkis – Stand und Fortführung. Schriftenreihe des DVW, Band 39.Wittwer, Stuttgart 2000.

Finsterwalder, R.: Stand und Entwicklung der Topographie. Allgemeine Vermessungsnachrichten 1957, S. 261-272.

Friess, P.: Laserscannermessung – Basisdaten für Geoinformationssysteme. In: Intergeo 1998, 82. Dt. Geodätentag, Kongressdokumentation, Stuttgart 1998, S. 151-162.

Gigas, E.: Die Universale Transversale Mercatorprojektion (UTM). Vermessungstechnische Rundschau 9/1962, S.329-334.

Göpfert, W.: Raumbezogene Informationssysteme. Wichmann, Karlsruhe 1991.

Grimm, A.: 25 Jahre IGI, vom *CPNS* zu *CCNS* und *Aerocontrol*. Photogrammetrie, Fernerkundung und Geoinformation 2003, S. 245-258.

Grothenn, D.: Inhalt und Festsetzungen des ATKIS. Nachrichten der Niedersächsischen Vermessungs- und Katasterverwaltung, Nr.3/1988.

Großmann, W.: Grundzüge der Ausgleichsrechnung. Springer, Berlin Heidelberg New York 1969.

Gruber, M.; F. Leberl & *R. Perko*: Paradigmenwechsel in der Photogrammetrie durch digitale Luftbildaufnahme? Photogrammetrie, Fernerkundung und Geoinformation 2003, S. 285-297.

Habermeyer, A.: Die topographische Landesaufnahme von Bayern im Wandel der Zeit. Wittwer, Stuttgart 1993.

Haack, E.: Die 2. Ausgabe der Weltkarte 1: 2500 000 unter besonderer Berücksichtigung der verbesserten Darstellung des Karteninhalts. Vermessungstechnik 1989, S. 218-220.

Hake, G.: Kartographie I, 1982. Kartographie II, 1985. Sammlung Göschen. De Gruyter, Berlin.

Hake, G.: Die Entwicklung der Kartentechnik seit 1950. Kartographische Nachrichten 1991, S.50-59.

Harbeck, R.: Das topographische Informationssystem ATKIS. Stand und Entwicklung aus Sicht der AdV. In: Atkis – Stand und Fortführung. Schriftenreihe des DVW, Band 39.Wittwer, Stuttgart 2000.

Hartl, Ph.; W. Liu & *K.-H. Thiel*: Einsatz eines flugzeuggetragenen Radar-Altimeters für genaue Höhenbestimmung. Zeitschrift für Vermessungswesen 1992, S.14-23.

Hecht, H.: Innovationen bei der Herstellung und Fortführung von Seekarten. Kartographische Nachrichten 1989, S. 143 -152.

Hecht, H.; B. Berking; G. Büttgenbach & *M. Jonas*: Die elektronische Seekarte. Wichmann, Heidelberg 1989.

Heck, B.: Rechenverfahren und Auswertmodelle der Landesvermessung. Wichmann, Karlsruhe 1987.

Herzfeld, G. & *O. Kriegel*: Katasterkunde in Einzeldarstellungen. (Loseblattsammlung mit Ergänzungen). Wichmann, Karlsruhe 1973 ff..

Hinz, A.; C. Dörstel & *H. Heier*: DMC – Digital Modular Camera: Systemkonzept und Ablauf der Datenverarbeitung. Photogrammetrie, Fernerkundung und Geoinformation 2001, S. 189-198.

Hoffmann, W.: Geländeaufnahme – Geländedarstellung. Westermann, Braunschweig 1971.

Hoffmann-Wellenhof, B.; G. Kienast & *H. Lichtenegger*: GPS in der Praxis. Springer, Wien/New York 1994

Hoss, H.: Einsatz des Laserscanner-Verfahrens beim Aufbau des Digitalen Geländemodells (DGM) in Baden-Württemberg. Photogrammetrie, Fernerkundung und Geoinformation 1997, S. 131-142.

Hurni, L.: Atlas der Schweiz – interaktiv. In: Neue Wege für die Kartographie? Kartographische Schriften Bd. 4, Bonn 2000, S. 35-42.

Hurni, L.; A. Neumann & *M. Winter*: Aktuelle Webtechniken und deren Anwendung in der thematischen Kartographie und in der Hochgebirgs-Kartographie. In: Buzin/Wintges (Hrsg.): Kartographie 2001 – multidisziplinär und multimedial. Wichmann, Heidelberg 2001.

Imhof, E.: Schweizerischer Mittelschulatlas. Zürich 1962.

Jäger, E.: ATKIS – Modell- und kartographische Generalisierung. In: Atkis -Stand und Fortführung. Schriftenreihe des DVW, Band 39. Wittwer, Stuttgart 2000.

Jäger, E.: ATKIS als Gemeinschaftsaufgabe des Bundes und der Länder. Kartographische Nachrichten 2003, S. 113-119.

Jensch, G.: Die Erde und ihre Darstellung im Kartenbild. Westermann Braunschweig 1970.

Kappel, W.: Nautische Kartographie. In: 125 Jahre amtliche deutsche Hydrographie 1861 – 1986. Festschrift des DHI, Hamburg 1986.

Kilian, J. & *M. Englich*: Topographische Geländeerfassung mit flächenhaft abtastenden Lasersystemen. Zeitschrift für Photogrammetrie und Fernerkundung 1994, S.207-214.

Knorr, H.: Die Topographische Übersichtskarte 1:200 000. In: Draheim, H. (Hrsg.): Die amtlichen topographischen Kartenwerke der Bundesrepublik Deutschland. Wichmann, Karlsruhe 1969.

Koch, A.; Ch. Heipke & *P. Lohmann*: Bewertung von SRTM Digitalen Geländemodellen – Methodik und Ergebnisse. Photogrammetrie, Fernerkundung und Geoinformation 2002, S. 389 -398.

Kohlstock, P.: Topographische Vermessung durch elektronische Tachymetrie unter Anwendung des Blockverfahrens. Allgemeine Vermessungsnachrichten 1986, S. 264-273.

Konecny, G.: Hochauflösende Fernerkundungssensoren für kartographische Anwendungen in Entwicklungsländern. Zeitschrift für Photogrammetrie und Fernerkundung 1996, S.39-51.

Koppe, C.: Die neue topographische Landeskarte des Herzogtums Braunschweig. Zeitschrift für Vermessungswesen 1902, S.397.

Krauß, G.: Die topographische Karte 1: 25 000. In: Draheim, H. (Hrsg.): Die amtlichen topographischen Kartenwerke der Bundesrepublik Deutschland. Wichmann, Karlsruhe 1969.

Krauß, G. & *R. Harbeck*: Die Entwicklung der Landesaufnahme. Wichmann, Karlsruhe 1985.

Kruse, I.: TASH – Ein System zur EDV-unterstützten Herstellung topographischer Grundkarten. NaKaVerm IfaG, Reihe I, Heft 79, 1979, S. 95-107.

Kruse, I.: Neue Entwicklungen und Einsatzmöglichkeiten des Programmsystems TASH. Kartographische Nachrichten 1990, S.90-93.

Lang, H.: Vorbereitende Arbeiten des IfAG zur Ausgleichung des deutschen Haupthöhennetzes 1992 (DHHN 1992). Allgemeine Vermessungsnachrichten 1994, S. 367-380.

Lindenberger, J.: Laser-Profilmessungen zur topographischen Geländeaufnahme. DGK Reihe C, Nr.400, München 1993.

Lohr, U.: Digitale lagerichtige Orthophotos und LIDAR-Höhenmodelle. Geoinformationssysteme (GIS) 2003, S. 26-29.

Meine, K.-H.: Weltkarte 1: 2500 000. In Draheim, H. (Hrsg.): Chorographische Kartographie. Wichmann, Karlsruhe 1971.

Meinel, G. & *J. Reder*: IKONOS-Satellitenbilddaten – ein erster Erfahrungsbericht. Kartographische Nachrichten 2001, S.40-46.

Müller, F. & *G. Strunz*: Kombinierte Punktbestimmung mit Daten aus analogen und digital aufgezeichneten Bildern. Bildmessung und Luftbildwesen 1987, S. 163-174.

Olbrich, G.; M. Quick & *J. Schweikart*: Desktop Mapping. Grundlagen und Praxis in Kartographie und GIS. Springer, Berlin 2002.

Sammet, G.: Der vermessene Planet. Gruner u. Jahr, Hamburg 1990.

Schaub, H.: The International Atlas von Rand McNally. In Draheim, H. (Hrsg.): Atlaskartographie. Wichmann, Karlsruhe 1973.

Schilcher, M. (Hrsg.): CAD-Kartographie. Anwendungen in der Praxis. Wichmann, Karlsruhe 1985.

Schilcher, M. & *D. Fritsch (Hrsg.)*: Geo-Informationssysteme. Wichmann, Karlsruhe 1989.

Schiewe, J.: Potenzial und Probleme neuer hochauflösender Weltraumsensoren für kartographische Anwendungen. Kartographische Nachrichten 2001, S.273-278.

Schüttel, M.: ALB und ALK – fit für ALKIS. Zeitschrift für Vermessungswesen 2003, S.185-192.

Schuhr, P.: Konforme Transformationen zwischen deutschen Gauß-Krüger- und UTM-Koordinaten. Allgemeine Vermessungsnachrichten 3/1997, S.106-112.

Schwäbisch, M.: Die SAR-Interferometrie zur Erzeugung digitaler Geländemodelle. Deutsche Forschungsanstalt für Luft- und Raumfahrt, Oberpfaffenhofen 1995.

Schwäbisch, M. & *J. Moreira*: Das hochauflösende SAR-System AeS-1-Konzeption, Datenaufbereitung und Anwendungsspektrum. Photogrammetrie, Fernerkundung und Geoinformation 2000, S. 237-246.

Schriftenreihe der Schweizerischen Gesellschaft für Kartographie (Hrsg.): Kartographische Generalisierung, 1975.

Seeber, G.: Grundprinzipien zur Vermessung mit GPS. Verm.ing. 1996, S.53-64.

Tegeler, W.: ETRS 89 und UTM in amtlichen Karten. Nachrichten der Niedersächs. Vermessungs- und Katasterverw., Nr.4/2000.

Wewel, F.; F. Scholten; G. Neukum & J. Albertz: Digitale Luftbildaufnahme mit der HRSC – Ein Schritt in die Zukunft der Photogrammetrie. Photogrammetrie, Fernerkundung und Geoinformation 1998, S. 337-348.

Witt, W.: Regional- und Planungsatlanten. In Draheim, H. (Hrsg.): Atlaskartographie. Wichmann, Karlsruhe 1973.

Zahn, J.: Kartographische Aspekte von ATKIS. Kartographische Nachrichten 2002, S.201-209.

Sachregister

Dank

Folgende Personen, Institutionen und Firmen haben freundlicherweise Abbildungen oder Karten zur Verfügung gestellt:

- Prof. Dr.-Ing. Jörg Albertz, Technische Universität Berlin,
- Dipl.-Ing. Markus Englich, Universität Stuttgart,
- Bundesamt für Kartographie und Geodäsie, Frankfurt a. M.,
- Bundesamt für Landestopographie, Wabern (Schweiz),
- Bundesamt für Seeschifffahrt und Hydrographie,
- Deutsches Zentrum für Luft- und Raumfahrt (DLR), Oberpfaffenhofen,
- Intermap Technologies GmbH, Oberpfaffenhofen,
- Landesvermessungsamt Nordrhein-Westfalen, Bonn,
- Landesvermessung und Geobasisinformation Niedersachsen, Hannover,
- Leica Geosystems GmbH, Heerbrugg (Schweiz),
- Mairs Geographischer Verlag, Fildern,
- Riefler GmbH, Nesselwang,
- Schweizerische Gesellschaft für Kartographie, Wabern (Schweiz),
- Trimble GmbH, Raunheim,
- Vermessungsamt des Kantons Bern, Bern (Schweiz),
- Z/I Imaging, Aalen.